高等院校计算机应用系列教材

JSP Web 开发基础教程

(微课版)

郑义 编著

清华大学出版社

北京

内 容 简 介

本书由浅入深、循序渐进地介绍了 JSP Web 的技术原理。书中每个知识点都配有实例说明，并以网上购物商城为案例对全书知识进行了综合运用。

本书内容丰富、结构合理、思路清晰、语言简练流畅、示例典型。全书共 15 章：前 14 章内容为 Java Web 应用开发概述、HTML 与 CSS 网页开发基础、JavaScript 脚本语言、JSP 基本语法、JSP 内置对象、JavaBean 技术、Servlet 技术、过滤器和监听器、Java Web 的数据库操作、表达式语言(EL)、JSTL 标签、自定义标签、XML 概述、资源国际化等；最后一章安排了综合实例，用于提高和拓宽读者对 JSP 的掌握和应用，也可作为课程设计的参考案例。

本书注重理论与实践结合，内容安排科学合理，体系结构清晰，言简意赅，可满足既要掌握扎实理论基础，又要达到应用型人才培养目标的教学要求。本书不仅可以作为高等院校计算机及相关专业的教材，也适合 JSP 技术开发人员参考使用。

本书配套的电子课件、实例源文件、习题答案可以到 http://www.tupwk.com.cn/downpage 网站下载，也可以扫描前言中的"学习资源"二维码获取。扫描前言中的"教学视频"二维码可以直接观看教学视频。

图书在版编目(CIP)数据

JSP Web 开发基础教程：微课版 / 郑义编著. 一北京：清华大学出版社，2022.8
高等院校计算机应用系列教材
ISBN 978-7-302-61673-3

Ⅰ. ①J… Ⅱ. ①郑… Ⅲ. ①JAVA 语言—网页制作工具—高等学校—教材 Ⅳ. ①TP312.8 ②TP393.092.2

中国版本图书馆 CIP 数据核字(2022)第 145013 号

责任编辑：胡辰浩
封面设计：高娟妮
版式设计：孔祥峰
责任校对：成凤进
责任印制：曹婉颖

出版发行：清华大学出版社
    网 址：http://www.tup.com.cn，http://www.wqbook.com
    地 址：北京清华大学学研大厦 A 座   邮 编：100084
    社 总 机：010-83470000   邮 购：010-62786544
    投稿与读者服务：010-62776969，c-service@tup.tsinghua.edu.cn
    质 量 反 馈：010-62772015，zhiliang@tup.tsinghua.edu.cn
印 装 者：天津鑫丰华印务有限公司
经 销：全国新华书店
开 本：185mm×260mm   印 张：23.25   字 数：595 千字
版 次：2022 年 10 月第 1 版   印 次：2022 年 10 月第 1 次印刷
定 价：88.00 元

产品编号：088031-01

前　言

Java 是 Sun 公司推出的能够跨越多平台的、可移植性较好的一种面向对象的编程语言，也是特征丰富、功能强大的计算机编程语言之一。编程工作者利用 Java 可以编写桌面应用程序、Web 应用程序、分布式系统应用程序、嵌入式系统应用程序等，从而使其成为应用范围广泛的开发语言，特别是在 Web 程序开发方面。

目前，Java Web 开发领域的书籍很多，但是能真正地把技术讲解透彻的图书并不多，尤其是结合项目的书籍就更少了。本书从初学者的角度，循序渐进地讲解使用 JSP 技术进行 Web 程序开发应该掌握的各项技术，以及 HTML、JavaScript 等前端技术。

本书内容

本书介绍了使用 JSP 开发 Web 应用的相关技术，全书共 15 章。

第 1 章：Java Web 应用开发概述，包括应用程序 C/S 和 B/S 体系结构、Web 应用程序的工作原理、客户端和服务器端使用到的技术、Web 开发与运行环境介绍、JSP 开发环境的配置、JSP 开发工具 Eclipse 的下载与使用等内容。

第 2 章：HTML 与 CSS 网页开发基础，主要介绍 HTML、HTML5 新增内容、CSS、CSS3 新特性，为读者奠定网页开发前端技术的基础。

第 3 章：JavaScript 脚本语言，主要介绍 JavaScript 语言及其特点、JavaScript 语言基础、流程控制语句、函数、事件处理、常用对象、DOM 技术等，为读者奠定网页前端交互技术的基础。

第 4 章：JSP 基本语法，主要介绍 JSP 页面结构、指令标识、脚本标识、JSP 注释、动作标识等内容，使读者能够认识 JSP 文件的结构，并能开发出简单的 JSP 程序。

第 5 章：JSP 内置对象，内容包括 JSP 内置对象及其作用域、request 对象、response 对象、session 对象、application 对象、out 对象、pageContext 对象、config 对象、page 对象、exception 对象，使读者能够利用内置对象进行 Web 开发。

第 6 章：JavaBean 技术，主要介绍 JavaBean 的概念、JavaBean 的分类、JavaBean 的创建、JavaBean 的应用等。

第 7 章：Servlet 技术，内容包括 Servlet 结构体系、技术特点、代码结构、Servlet API 编程常用接口、Servlet 的开发与配置等。

第 8 章：过滤器和监听器，内容包括过滤器的概念、核心对象、创建与配置、字符编码过滤器，以及 Servlet 监听器、Servlet 3.0 新特性等。

第 9 章：Java Web 的数据库操作，内容包括 JDBC 技术、JDBC API、JDBC 数据库的基本操作，JDBC 在 Java Web 中的应用等。

第 10 章：表达式语言(EL)，内容包括 EL 的特点、基本语法、兼容设置、启用/禁用、关键字、运算符、隐含对象、函数等。

第 11 章：JSTL 标签，内容包括 JSTL 的概述和配置、JSTL 标准库介绍、表达式标签、URL 相关标签、流程控制标签、循环标签等。

第 12 章：自定义标签，内容包括自定义标签的一般步骤、自定义普通标签、自定义嵌套标签、JSP 2.X 标签。

第 13 章：XML 概述，内容包括 XML 文档用途、XML 文档结构、XML 基本语法、JDK 中的 XML API、常见的 XML 解析方法、XML 与 Java 类映射 JAXB 等。

第 14 章：资源国际化，内容包括资源国际化的必要性、资源国际化编程的常用方法。

第 15 章：购物网站。本章介绍的购物网站是一个综合网站，综合应用了前面所有章节所学到的知识点，并且按照软件工程设计思想，带领读者进行系统需求分析、系统总体架构、数据库设计、系统详细设计、Web 页面设计，以及首页、用户登录、用户管理、购物车、商品、支付等模块的开发。

本书特点

由浅入深，循序渐进。本书讲解过程中步骤详尽，版式新颖，在配图上突出重点，让读者在阅读时一目了然，从而快速掌握书中内容。

实例典型，轻松易学。结合实例进行学习是最好的学习方式，本书通过"一个知识点、一个实例、一个结果、一段评析、一个综合应用"的模式，透彻详尽地讲述了实际开发中所需的各类知识。另外，为了便于读者阅读程序代码，快速学习编程技能，书中大多代码都提供了注释。

精彩栏目，贴心提醒。本书根据需要在各章使用了很多"注意""说明""技巧"等小栏目，让读者在学习的过程中可以更轻松地理解相关知识点及概念，更快地掌握技术的应用技巧。

应用实践，随时练习。书中几乎每章都提供了"实践与练习"，读者能够通过对问题的解答重新回顾、熟悉所学的知识，为进一步学习做好充分的准备。

读者对象

初学编程的入门者；编程爱好者；高等院校的老师和学生；相关培训机构的老师和学员；做毕业设计的学生；程序测试及维护人员；参加实习的"菜鸟"程序员。

本书共 15 章，全书由北京师范大学珠海分校的郑义编写。由于作者水平有限，本书难免有不足之处，欢迎广大读者批评指正。我们的邮箱是 992116@qq.com，联系电话是 010-62796045。

本书提供配套的电子课件、实例源文件、习题答案，读者可以到 http://www.tupwk.com.cn/downpage 网站下载，也可以扫描下方的"学习资源"二维码获取。扫描下方的"教学视频"二维码可以直接观看教学视频。

学习资源

教学视频

作　者
2022 年 5 月

目 录

❀ 第 1 章 ❀

Java Web应用开发概述

随着网络技术的迅猛发展，国内外的信息化建设已经进入基于 Web 应用为核心的阶段。与此同时，Java 语言也在不断完善优化，使自己更适合开发 Web 应用。为此，越来越多的程序员或是编程爱好者走上了 Java Web 应用开发之路。

在进行 Java Web 应用开发前，技术人员需要对 Web 应用基础知识、相关技术、开发环境工具有初步的了解。在开启 Web 开发之前，需要先搭建开发环境，例如，若使用 Java 技术进行 Web 开发，首先需要安装 Java 开发工具包 JDK、Web 服务器(如 Tomcat)和 IDE 开发工具。本章就来重点介绍这些内容。

本章的学习目标：

- 了解软件结构，包括 C/S 结构和 B/S 结构
- 理解 Web 应用程序的工作原理
- 了解 Web 应用的客户端应用技术
- 了解 Web 应用的服务器端应用技术
- 掌握 Tomcat 服务软件的下载
- 掌握 Tomcat 服务软件的配置方法
- 掌握 Eclipse 开发工具的下载和安装
- 掌握在 Eclipse 中创建及发布 Web 程序

1.1 应用程序体系结构

在 PC(个人计算机)时代，由于网络技术未发达，应用程序主要以本地软件为主，即将要使用的软件安装在自己的计算机上运行使用。

随着网络技术的不断发展，从 2G、3G、4G 到正在进行的 5G 网络技术，促进了云移动办公的需求，人、物、事在物理上的距离不再像过去深度绑定。因此，过去的单机形式的软件程序已难以满足现实需要，现实对软件提出了更高要求，期望系统能够拥有可方便移动的终端应用，以方便异地办公的需要。

程序开发体系结构也跟随网络技术的进步、实际业务的需要，在不断地进步，使软件体系结构能够不断满足业务需要。

网络应用最多的体系结构有两种：一种是基于客户/服务器(C/S)结构；另一种是基于浏览器

/服务器(B/S)结构。目前的主流结构是 B/S 结构。下面对两种体系结构进行详细介绍。

1.1.1 C/S 体系结构

C/S 是 Client/Server 的缩写，即客户/服务器。在 C/S 结构中，服务器端通常采用高性能的 PC 或工作站，并安装大型数据库系统，如 Oracle、SQL Server；客户端在使用系统时，需要安装专用的客户端软件，如图 1-1 所示。这种结构可以充分利用两端硬件环境的优势，将任务合理分配到客户端和服务器端，以降低系统的通信开销。在 2000 年以前，C/S 结构占据网络程序开发领域的主流。

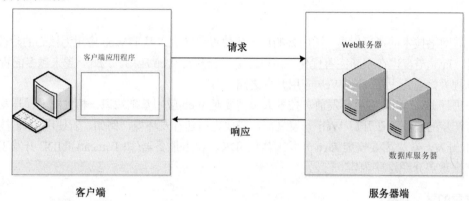

图 1-1　C/S 体系结构

1.1.2 B/S 体系结构

B/S 是 Browser/Server 的缩写，即浏览器/服务器。在 B/S 结构中，客户端不需要开发任何用户界面，而统一采用如 IE 和 Firefox 等浏览器，通过 Web 浏览器向 Web 服务器发送请求，由 Web 服务器进行处理，并将处理结果逐级传回客户端，如图 1-2 所示。这种结构利用不断成熟和普及的浏览器技术，实现原来需要复杂专用软件才能实现的强大功能，从而节约了开发成本，是一种全新的软件体系结构。这种体系结构已经成为当今应用软件的首选体系结构。

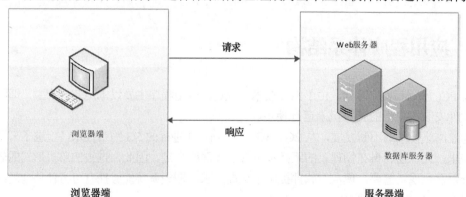

图 1-2　B/S 体系结构

1.1.3　两种体系结构的比较

C/S 结构和 B/S 结构是网络程序技术史上的两大主流体系结构，这两种结构有各自的市场份额和客户群。两种体系结构各有优缺点，下面从 3 方面进行比较。

1. 开发和维护成本

从开发和维护成本来比较，C/S 结构的开发和维护成本比 B/S 结构高。

采用 C/S 结构，当客户端设备或环境有差异时，要为不同的客户端开发不同的客户端应用程序，并且客户端应用程序的安装、调试和升级均需要在客户端设备上进行。

例如，如果一个企业有 10 个客户端使用一套 C/S 结构的客户端软件，则这 10 个客户端都需要安装客户端使用程序。

因此，当这套软件进行了即使很小的改动后，都要将原来的客户端使用程序卸载，再安装新的版本并进行配置。即使是可以直接升级，也需要在 10 个客户端上分别进行操作，客户端的维护工作必须不折不扣地进行 10 次。若某个客户端忘记进行更新时，该客户端会因软件版本不一致而无法工作。

而 B/S 结构的软件，则不必在客户端进行安装和维护。如果将前面企业的 C/S 结构的软件换成 B/S 结构，在软件升级后，系统维护人员只需要将服务器的软件升级到最新版本；客户端只要重新登录系统，即可使用最新版本的软件。

2. 客户端负载

C/S 结构的客户端除了负责与用户进行交互以收集信息，还负责向服务器发出请求，对数据库、电子表格或文档等信息进行处理。因此，应用程序的功能越复杂，客户端程序也就越庞大，这给软件的维护工作带来了困难。

而 B/S 结构的客户端把事务处理的逻辑部分交给了服务器，由服务器进行处理，客户端只需要进行显示。因此，应用服务器负荷较重，一旦服务器发生"崩溃"问题，所有客户端均不能使用应用程序。所以，在使用 B/S 结构的应用程序时，一般都配有备份服务器，以防出现上述问题。

3. 安全性

C/S 结构适用于专人使用的系统，可以通过严格的管理派发软件，达到保证系统安全的目的，这样的软件相对来说安全性比较高。而对于 B/S 结构的软件，用户主要通过浏览器来使用应用程序，使用人数不固定，相对来说安全性较低。

综上可见，B/S 相对于 C/S 来说更符合目前的网络与移动的发展趋势。许多公司的 C/S 结构的 To B 系统已改成了 B/S 结构，以利用强大的移动网络功能。特别是新冠肺炎疫情后的在线移动办公，B/S 结构更能满足移动商务办公的需求。因此，企业与国家更重视 B/S 结构系统在数据安全传输上的管控。

1.2　Web 应用程序的工作原理

Web 应用程序大体上可以分为两种，即静态网站和动态网站。早期的 Web 应用主要是静态页面的浏览,即静态网站。这些网站使用 HTML 来编写,放在 Web 服务器上,用户通过浏览器以 HTTP 请求方式,请求 Web 服务器上的静态页面;服务器端的 Web 服务器接收到用户请求后,将客户端请求的静态页面,发送回客户端浏览器,呈现给用户。整个过程如图 1-3 所示。

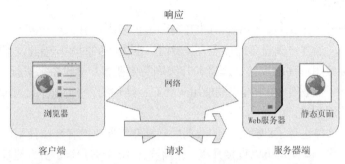

图 1-3　静态网站的工作流程

随着网络技术的发展和商业模式的改变,许多企业将地面业务转到线上,静态网站无法支撑大规模业务需要。比如,一个厂家有大量的产品需要挂到网上出售,为每一种产品制作一个静态页面,耗费大量人工;当产品信息改变时,需要逐个页面去修改。

因此,业务需求驱动人们去思考:能否对数据进行单独的管理?能否自动根据业务信息动态生成需要的静态页面?当接收到请求之后,才去动态生成页面是否可行?于是产生了动态网站的概念与技术,即当用户请求页面时,Web 服务器才去处理用户请求,精准返回用户需要的信息。

动态网站通常使用 HTML 和动态脚本语言(如 JSP、PHP、Python、ASP.NET 等)编写。开发人员将动态网站编写好后,部署到 Web 服务器上,由 Web 服务器对动态脚本代码进行处理,并转换为浏览器可以解析的 HTML 代码即静态网页,返回给客户端浏览器,显示给用户。整个过程如图 1-4 所示。

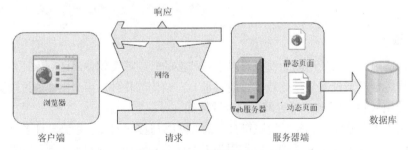

图 1-4　动态网站的工作流程

初学者经常误以为带有动态效果的网页就是动态网页,其实不然,动态网页主要是指具有交互性、可以根据用户的实时需要更新和提供信息的网页。动态网站的内容会根据用户访问的时间而改变,比如,查询天气时,温度数据是实时的。另外,动态网页的交互性是指网页可以根据用户的请求内容来动态返回需要的数据,例如,用户要查看不同城市的天气时,虽然请求的是同一个页面,但由于请求的城市不同,页面返回的是不同城市的天气情况。

1.3　Web 应用技术

在开发 Web 应用程序时，需要用到客户端和服务器端技术。其中，客户端技术主要用于展现网页内容；服务器端技术主要用于接收客户端请求，进行业务逻辑处理、数据库交互，返回用户需要的页面内容等。下面对客户端和服务器端技术分别进行概要介绍。

1.3.1　客户端技术

客户端技术主要用来接收用户请求，给用户呈现网页内容。目前主流的客户端基础技术包括 HTML、CSS、JavaScript。传统的 Flash 技术目前使用较少，不少功能已被 CSS3 替代。

随着业务与技术的发展，以及业务对效率的诉求，逐渐出现了基于客户端基础技术之上的前端技术框架，如目前主流的 Vue、React 前端框架。开发人员通过这些前端框架，可以迅速生成一个客户端程序结构框架，只需专注于前端业务逻辑的开发，不需要再去自行建立程序目录框架、常见通用网络请求代码等，从而提高了客户端开发的效率，缩短了开发周期，能够满足当下业务对程序的迭代要求。相应的客户端开发程序员一般称为"前端工程师"。

下面对常见的客户端基础技术进行简单介绍。

1. HTML

HTML 是客户端基础技术，主要用于为用户显示网页信息，不需要编译，由浏览器解释执行。HTML 最新版本为第五版本，即 HTML5。HTML 为标签式语言，通过标签控制文本的字体、字号、样式和图形及其效果，展示如头元素、列表、表格、表单、框架、图像和多媒体等，并通过超链接标记将所有关联的网页链接起来。例如，在 HTML 页面中，如百度搜索页面(如图 1-5 所示)，可在浏览器中查看其源代码(如图 1-6 所示)，显示网页通过链接将页面中所有元素组织起来。

图 1-5　百度搜索页面

图1-6 源代码

> **说明：**
> HTML 不区分大小写，例如图 1-6 中的 HTML 标记<body></body>也可以写成
> <BODY></BODY>。

2. CSS

CSS 是一种样式表(Style Sheet)技术，称为层叠样式表(Cascading Style Sheet)，最新版本为 CSS3。CSS 主要用来对页面的布局、字体、颜色、背景和其他效果进行控制。通过 CSS 技术，开发人员只需要对相应的 CSS 代码做修改，就可以改变整个页面的效果。因此，CSS 提高了开发者对信息呈现效果的控制能力，特别是在 CSS+DIV 布局的网站中，CSS 的作用更是举足轻重。例如，在百度搜索页面中，搜索框的"百度一下"按钮的效果如图1-7所示；删除 CSS 代码后，该按钮的显示效果如图1-8所示。

图1-7 未删除 CSS 的"百度一下"按钮

图1-8 删除 CSS 后的"百度一下"按钮

> **技巧：**
> 在网页中使用 CSS，不仅可以美化页面，而且可以优化网页速度。因为 CSS 文件只是简单的文本格式，不需要安装额外的第三方插件。另外，由于 CSS 提供了很多滤镜效果，从而避免使用大量的图片，这样将大大缩小文件的体积，提高下载速度。

3. JavaScript

JavaScript 是客户端脚本语言，主要用于实现用户与网页、网页与服务端的交互。这是一种嵌入 Web 页面中的脚本语言，通过浏览器解释执行。

通过 JavaScript 脚本语言，开发人员可以对页面的 HTML 元素、CSS、交互行为等进行控制。JavaScript 脚本语言是目前应用最为广泛的客户端脚本语言，它是 Ajax 的重要组成部分。本书后续章节将对 JavaScript 脚本语言进行详细介绍。

1.3.2　服务器端技术

在开发动态网站时，离不开服务器端技术。目前，比较常用的服务器端技术主要有 CGI、ASP、PHP、ASP.NET 和 JSP，下面对它们进行详细介绍。

1. CGI

CGI 是最早用来创建动态网页的一种技术，它可以使浏览器与服务器之间产生互动关系。CGI 的全称是 Common Gateway Interface，即通用网关接口。它允许使用不同语言来编写适合的 CGI 程序，该程序被放在 Web 服务器上运行。当客户端给服务器发出请求时，服务器根据用户请求建立一个新的进程来执行指定的 CGI 程序，并将执行结果以网页的形式传输到客户端的浏览器上显示。CGI 可以说是当前应用程序的基础技术，但这种技术编制方式比较困难且效率低下，因为每次页面被请求时，都要求服务器重新将 CGI 程序编译成可执行代码。在 CGI 中使用最为常见的语言为 C/C++、Java 和 Perl。

2. ASP

ASP(Active Server Page)是一种使用很广泛的开发动态网站的技术。它通过在页面代码中嵌入 VBScript 或 JavaScript 脚本语言生成动态的内容，因此在服务器端必须安装适当的解释器，然后才可以通过调用此解释器来执行脚本程序，再将执行结果和静态内容部分合并传送到客户端浏览器上。对于一些复杂的操作，ASP 可以调用存在于后台的 COM 组件来完成，所以 COM 组件无限地扩充了 ASP 的能力。然而，也正因 ASP 如此依赖本地的 COM 组件，使得它主要用于 Windows NT 平台，故 Windows 本身存在的问题都会映射到它的身上。当然，该技术也有很多优点，简单易学，并且 ASP 是与微软的 IIS 捆绑在一起的，在安装 Windows 操作系统的同时安装上 IIS 即可运行 ASP 应用程序。

3. PHP

PHP 来自 Personal Home Page 一词，但现在的 PHP 已经不再表示名词的缩写，而是一种开发动态网页技术的名称。PHP 语法类似于 C 语言，并且混合了 Perl、C++和 Java 的一些特性。它是一种开源的 Web 服务器脚本语言，与 ASP 一样可以在页面中加入脚本代码来生成动态内容。对于一些复杂的操作，可以将 PHP 封装到函数或者类中。在 PHP 中提供了许多已经定义好的函数，例如提供的标准的数据接口，使得数据库连接方便，扩展性强。PHP 可以被多个平台支持，但主要广泛应用于 UNIX/Linux 平台。由于 PHP 本身的代码对外开放，并且经过许多软件工程师的检测，因此到目前为止该技术具有公认的安全性能。

4. ASP.NET

ASP.NET 是一种建立动态 Web 应用程序的技术。它是.NET 框架的一部分，可以使用任何.NET 兼容的语言来编写 ASP.NET 应用程序。使用 Visual Basic.NET、C#、J#、ASP.NET 页面(Web Forms)进行编译，可以提供比脚本语言更出色的性能表现。Web Forms 允许在网页基础上建立强大的窗体。当建立页面时，可以使用 ASP.NET 服务器端的空间来建立常用的 UI 元素，并对它们编程来完成一般的任务。这些控件允许开发者使用内建可重用的组件和自定义组件来快速建立 Web Forms，使代码简单化。

5. JSP

JSP 的全称为 Java Server Page。JSP 是以 Java 为基础开发的，所以它沿用 Java 强大的 API 功能。JSP 页面中的 HTML 代码用来显示静态内容部分，嵌入页面中的 Java 代码与 JSP 标记用来生成动态的内容部分。JSP 允许程序员编写自己的标签库来完成应用程序的特定要求。JSP 可以被预编译，提高了程序的运行速度。另外，JSP 开发的应用程序经过一次编译后，便可随时随地运行。所以在绝大部分系统平台中，代码无须做修改即可在支持 JSP 的任何服务器中运行。

1.4 Web 开发与运行环境概述

在前面的章节中为大家介绍的都是静态网页。静态网页的开发环境非常简单，即使使用记事本也可以开发。但是动态网站，如 Java Web 应用程序，就需要搭建好开发环境。在搭建 Java Web 应用的开发环境时，首先需要安装开发工具包 JDK，然后安装 Web 服务器和数据库，这时 Java Web 应用的开发环境就搭建完成了。为了提高开发效率，通常还需要安装 IDE(集成开发环境)工具。Java Web 应用的开发环境如图 1-9 所示。

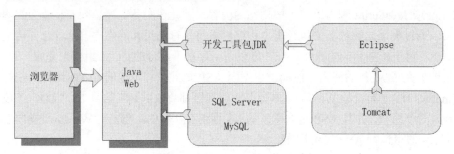

图 1-9　Java Web 应用的开发环境

1.5 Tomcat 的配置

Tomcat 服务器是 Apache Jakarta 项目组开发的产品。本书采用的版本是 Tomcat 8，它能够支持 Servlet 3.0 和 JSP 2.2 规范，并且具有免费和跨平台等诸多特性。Tomcat 服务器已经成为学习开发 Java Web 应用的首选，本节主要介绍 Tomcat 的配置。

1.5.1 Tomcat 的下载

本书采用的是 Tomcat 8 版本，读者可以到 Tomcat 官方网站下载最新的版本。下面将介绍 Tomcat 8 下载的具体步骤。

(1) 在 IE 地址栏中输入 http://tomcat.apache.org/，进入 Tomcat 官方网站，如图 1-10 所示。

图 1-10　Tomcat 官方网站首页

(2) 在左侧的 Download 列表中有 Tomcat 的各种版本，单击 Tomcat 8 超链接，进入 Tomcat 8 的下载页面，如图 1-11 所示。

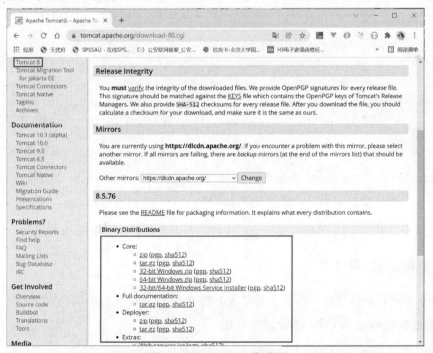

图 1-11　Tomcat 8 下载页面

(3) 在 Core 节点下包含了 Tomcat 8 服务器安装文件在不同平台下的不同版本，单击 64-bit Windows zip(pgp,sha512)超链接，打开文件下载对话框，在该对话框中单击"保存"按钮，即可将 Tomcat 的安装文件下载到本地计算机中。

> **说明:**
> 下载的安装文件是一个 zip 格式的压缩包,将其解压缩即可使用,并不需要进行安装。

1.5.2 Tomcat 的目录结构

Tomcat 服务器文件解压缩成功后,将会出现 7 个文件夹,Tomcat 目录下的文件结构如图 1-12 所示。

图 1-12 Tomcat 目录下的文件结构

1.5.3 修改 Tomcat 的默认端口

Tomcat 默认的服务器端口为 8080,但该端口不是固定的,可以通过 Tomcat 的配置文件进行修改。下面介绍如何通过 Tomcat 配置文件修改默认端口。

(1) 通过记事本打开 Tomcat 目录的 conf 文件夹下的 servlet.xml 文件。

(2) 在 servlet.xml 文件中找到以下代码:

```
<Connector port="8080" protocol="HTTP/1.1"
           connectionTimeout="20000"
           redirectPort="8443" />
```

(3) 将上面代码中的 port="8080"修改为 port="8081",即可将 Tomcat 的默认端口设置为 8081。

> **说明:**
> 在修改端口时,应避免与公用端口冲突,建议采用默认的 8080 端口,不要修改端口,除非 8080 端口被其他程序所占用。

(4) 修改成功后,为了使新设置的端口生效,还需要重新启动 Tomcat 服务器。

1.5.4 部署 Web 应用

将开发完成的 Java Web 应用程序部署到 Tomcat 服务器上,可以通过以下两种方法实现。

1. 通过复制 Web 应用到 Tomcat 中实现

首先需要将 Web 应用文件夹复制到 Tomcat 目录的 webapps 文件夹中,然后启动 Tomcat 服务器,再打开 IE 浏览器,最后在 IE 浏览器的地址栏中输入"http://服务器 IP:端口/应用程序名称"形式的 URL 地址(例如 http://127.0.0.1:8080/firstProject),即可运行 Java Web 应用程序。

2. 通过在 server.xml 文件中配置<Context>元素实现

首先打开 Tomcat 目录的 conf 文件夹下的 server.xml 文件，然后在<Host></Host>元素中间添加<Context>元素。例如，要配置 C:\sites 文件夹下的 Web 应用 example01，可以使用以下代码：

```
<Context path="/01" docBase="C:/sites/example01"/>
```

最后保存修改的 server.xml 文件，并重启 Tomcat 服务器，在 IE 地址栏中输入 URL 地址 http://localhost:8080/01/访问 Web 应用 example01。

注意：
在设置<Context>元素的 docBase 属性值时，路径中的斜杠"\"应该使用反斜杠"/"代替。

1.6　Eclipse 的下载与使用

要进行 Java Web 应用开发，选择好的开发工具非常重要。Eclipse 开发工具正是 Java 开发者的首选。对于 Java 应用程序开发者来说，可以下载普通的 J2SE 版本；而对于 Java Web 程序开发者来说，需要使用 J2EE 版本的 Eclipse。Eclipse 是一款完全免费的工具，使用起来简单方便，深受广大开发者喜爱。

1.6.1　Eclipse 的下载与安装

读者可以从官方网站下载最新版本的 Eclipse，下面详细介绍 Eclipse for J2EE 版本的下载过程。

(1) 进入 Eclipse 官方网站，如图 1-13 所示。

图 1-13　Eclipse 官方网站首页

(2) 单击 Download 按钮，进入 Eclipse 的下载列表页面，如图 1-14 所示。在该页面中显示很多 Eclipse IDE 开发工具，它们可用于不同的开发语言，如 C/C++、PHP 等。

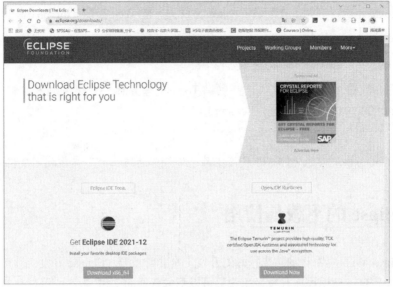

图 1-14　Eclipse 下载列表页面

(3) 在图 1-14 中单击 Get Eclipse IDE 2021-12 下的 Download x86_64 按钮，进入 Eclipse IDE 的下载页面，如图 1-15 所示。

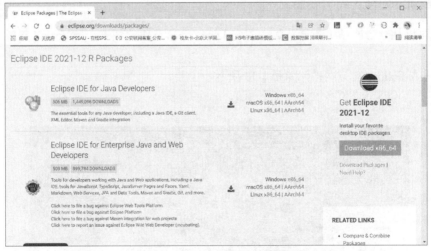

图 1-15　Eclipse IDE 的下载页面

(4) 单击 Eclipse IDE for Enterprise Java and Web Developers 右侧的 Windows x86_64 超链接，打开文件下载页面，单击 Download 按钮，如图 1-16 所示，即可将 Eclipse 的安装文件下载到本地计算机中。

(5) 下载完成后，双击下载的安装文件，即可进入安装过程，每一步单击 Next 按钮直至结束，即可完成安装。

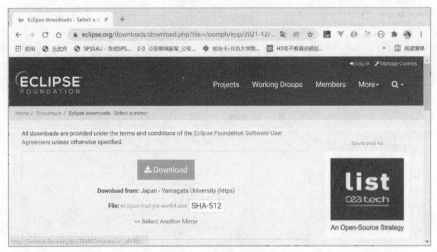

图 1-16　文件下载页面

1.6.2　启动 Eclipse

Eclipse 安装完成后，即可启动 Eclipse。双击 Eclipse 安装目录下的 eclipse.exe 文件，即可启动 Eclipse。初次启动 Eclipse 时，需要设置工作空间，这里将工作空间设置在 Eclipse 根目录的 workspace 目录下，如图 1-17 所示。

每次启动 Eclipse 时，都会弹出设置工作空间的对话框，如果想在以后启动时不再进行工作空间设置，可以选中 Use this as the default and do not ask again 复选框。单击 Launch 按钮后，即可启动 Eclipse。

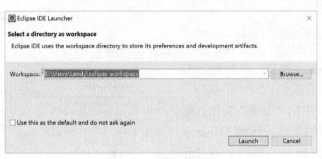

图 1-17　设置工作空间

1.6.3　Eclipse 的工作台

启动 Eclipse 后，关闭欢迎界面，将进入 Eclipse 的主界面，即 Eclipse 的工作台窗口。Eclipse 的工作台主要由菜单栏、工具栏、透视图工具栏、项目资源管理器视图、大纲视图、编辑器和其他视图组成。Eclipse 的工作台如图 1-18 所示。

> **说明：**
> 在应用 Eclipse 时，各视图的内容会有所改变，例如，打开一个 JSP 文件后，在大纲视图中将显示该 JSP 文件的节点树。

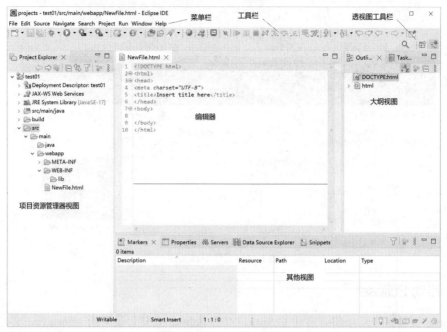

图 1-18　Eclipse 的工作台

1.6.4　创建一个 Web 程序

Eclipse 安装完成后，就可以在 Eclipse 中开发 Web 应用了。下面通过一个简单的例子，介绍使用 Eclipse 开发 Web 应用的操作步骤。

1. 创建项目

在 Eclipse 中，创建一个名为 first 的项目。操作步骤如下：

(1) 启动 Eclipse，并选择一个工作空间，进入 Eclipse 的开发界面。

(2) 单击工具栏中的"新建"按钮右侧的黑三角，在弹出的菜单中选择 Dynamic Web Project(动态 Web 项目)命令，将打开 New Dynamic Web Project(新建动态 Web 项目)窗口，在该窗口的 Project name(项目名称)文本框中输入项目名称，本节新建的项目名称为 first，在 Dynamic web module version 下拉列表中选择 3.0 选项，其他采用默认设置，如图 1-19 所示。

(3) 单击 Next(下一步)按钮，打开如图 1-20 所示的配置 Java 应用的界面，这里采用默认设置。

(4) 单击 Next(下一步)按钮，打开配置

图 1-19　New Dynamic Web Project 窗口

Web 模块设置的界面，Content directory 文本框中采用默认设置 src/main/webapp，如图 1-21 所示。

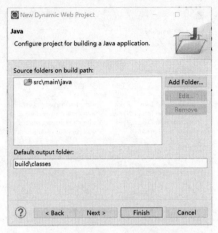

图 1-20　配置 Java 应用的界面

图 1-21　配置 Web 模块设置的界面

> **说明：**
> 实际上，Content directory 文本框中的值采用什么并不影响程序的运行，因此也可以修改。

(5) 单击 Finish(完成)按钮，即可完成项目 first 的创建。此时在 Eclipse 平台左侧的项目资源管理器中将显示项目 first，依次展开节点，项目结构如图 1-22 所示。

图 1-22　项目 first 的目录结构

2. 创建 JSP 文件

项目创建完成后，即可根据实际需要创建类文件、JSP 文件或其他文件。下面将创建一个名为 index.jsp 的 JSP 文件。

(1) 在 Eclipse 的项目资源管理器中，选中 first 节点下的 src/main/webapp 节点，并右击，在弹出的快捷菜单中选择 New | JSP File 命令，打开 New JSP File 窗口，在该窗口的 File name(文件名)文本框中输入文件名 index.jsp，其他采用默认设置，如图 1-23 所示。

(2) 单击 Next(下一步)按钮, 打开选择 JSP 模板的界面, 这里采用默认设置即可, 如图 1-24 所示。

图 1-23　New JSP File 窗口

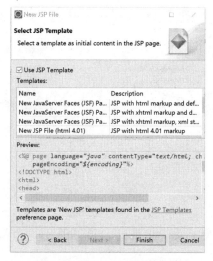

图 1-24　选择 JSP 模板的界面

(3) 单击 Finish(完成)按钮, 即可完成 JSP 文件的创建。此时, 在项目资源管理器的 src/main/webapp 节点下, 将自动添加一个名为 index.jsp 的节点, 同时, Eclipse 会自动以默认的、与 JSP 文件关联的编辑器, 将文件在右侧的编辑窗口中打开。

(4) 将 index.jsp 文件中的默认代码修改为以下代码:

```
<%@ page language="Java" contentType="text/html; charset=UTF8"
    pageEncoding="UTF8"%>
<!DOCTYPE html>
<html>
<head>
<meta charset="utf8">
<title>第一个 JavaWeb 应用</title>
</head>
<body>
<center>这是第一个 JSP 应用</center>
</body>
</html>
```

(5) 将编辑好的 JSP 页面保存, 至此, 完成了一个简单的 JSP 程序的创建。

技巧:

在默认情况下, 系统创建的 JSP 文件采用 ISO-8859-1 编码, 不支持中文。为了让 Eclipse 创建的文件支持中文, 可以在首选项中将 JSP 文件的默认编码设置为 GB18030。具体的方法是: 首先选择菜单栏中的 Project(项目) | Preference Settings(首选项)" 命令, 在打开的 Preference Settings(首选项)对话框中, 选中左侧的 Web 节点下的 JSP 文件子节点, 然后在右侧 Coding(编码)下拉列表框中选择 Chinese,National Standard 项目, 最后单击 OK(确定)按钮完成编码的设置。

3. 配置 Web 服务器

在发布和运行项目之前，需要先配置 Web 服务器，如果已经配置好了，就不需要再重新配置。配置 Web 服务器的具体步骤如下：

(1) 在 Eclipse 工作台的其他视图中，选中 Server(服务器)视图，在该视图的空白区域右击，在弹出的快捷菜单中选择 New | Server 命令，将打开 New Server(新建服务器)窗口，在该窗口中展开 Apache 节点，选中该节点下的 Tomcat v8.0 Server 子节点(当然也可以选择其他版本的服务器)，其他采用默认设置，如图 1-25 所示。

(2) 单击 Next(下一步)按钮，将打开指定 Tomcat 服务器安装路径的窗口，单击 Browse(浏览)按钮，选择 Tomcat 的安装路径，其他采用默认设置，如图 1-26 所示。

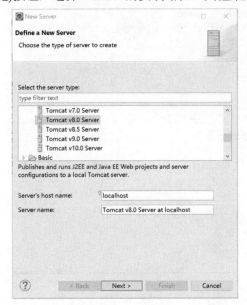
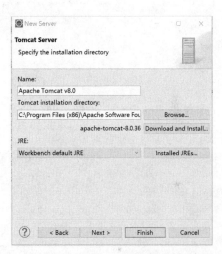

图 1-25　New Server 窗口　　　　　　　图 1-26　指定 Tomcat 服务器安装路径的窗口

(3) 单击 Finish(完成)按钮，即可完成 Tomcat 服务器的配置。这时在 Server(服务器)视图中，将显示一个 Tomcat v8.0 服务器@localhost(已停止)节点，这表示 Tomcat 服务器没有启动。

> **说明：**
> 在 Server(服务器)视图中选中服务器节点，单击 Run(运行)按钮，可以启动服务器，服务器启动后，单击 Stop(停止)按钮，可以停止服务器。

4. 发布项目到 Tomcat 并运行

Java Web 项目创建完成后，即可将项目发布到 Tomcat 并运行该项目。下面将介绍具体的方法。

(1) 在项目资源管理器中选择项目名称节点，在工具栏上单击"运行"按钮中的黑三角，在弹出的菜单中选择 Run As(运行方式) | Run on Server(在服务器上运行)命令，将打开 Run On Server(在服务器上运行)窗口，在该窗口中选中 Always use this server when running this project(将服务器设置为默认值)复选框，其他采用默认设置，如图 1-27 所示。

图 1-27　Run On Server 窗口

(2) 单击 Finish(完成)按钮，即可通过 Tomcat 运行该项目，运行效果如图 1-28 所示。

图 1-28　运行 first 项目

1.7　本章小结

　　本章首先介绍了网络程序开发的体系结构，并对两种体系结构进行了比较；然后详细介绍了静态网站和动态网站的工作流程，并对 Web 应用技术进行了简要介绍，使读者对 Web 应用开发所需的技术有所了解；接着介绍了 Java Web 开发的前奏篇——环境搭建。

　　在介绍环境搭建内容时，首先介绍了 Java Web 应用所需的开发环境，之后详细介绍了 Tomcat 服务器的配置、Eclipse 的下载与使用等内容，并通过一个具体实例介绍了使用 Eclipse 开发 Web 应用的具体过程，最后介绍了学习 Java Web 常用的网络资源。

1.7　实践与练习

　　1. 简述 C/S 和 B/S 应用程序体系结构及其区别。

2. 简述 Tomcat 的安装与配置步骤。

3. 简述在 Tomcat 服务器上部署 Web 应用的步骤。

4. 简述在 Eclipse 中创建 JSP 程序的步骤。

5. 列举网上常见的 JSP 资源网站。

第 2 章

HTML与CSS网页开发基础

HTML 的英文全称是 Hyper Text Markup Language，即超文本标记语言。HTML 是互联网上一种常见的标记语言，用来制作网页，规定网页的显示结构。HTML 并不能算作一种程序设计语言，因为它相对于程序设计语言来说缺少了应有的特征。

HTML 文档通过浏览器翻译，将网页中的内容呈现给用户。在设计网页时，只使用 HTML 是不够的，还需结合 CSS。HTML 与 CSS 的关系是"内容"与"样式"的关系。HTML 用来确定网页的结构和内容，CSS 用来呈现内容的表现形式。HTML 与 CSS 的完美搭配，使页面呈现变得美观，且易维护。

本章的学习目标：
- 掌握 HTML 文档的基本结构
- 掌握各种 HTML 标记的使用
- 了解 HTML5 新增的内容
- 使用 CSS 渲染页面
- 了解 CSS3 的新特征

2.1 HTML

在浏览器地址栏中输入一个网址后，按 Enter 键，浏览器就会打开该网址对应的网页内容。网页内容一般由文字、图片、动画、声音和视频等组成。由此可见，网页就是向访问者展示信息的页面。

HTML 作为一种标记语言，定义了许多标记，用来以不同形式展现内容。例如，使用标记 <h1> 来展示一级标题，使用 <table> 展示表格等。下面通过举例简单介绍如何制作一个网页。

2.1.1 创建第一个 HTML 文件

可以通过两种方式编写 HTML 文件：一种是手工编写 HTML 代码；另一种是借助一些开发软件，例如 Adobe 公司的 Dreamweaver 或者微软公司的 Expression Web 这样的网页制作软件。在 Windows 操作系统中，最简单的文本编辑软件就是记事本。

【例 2-1】使用记事本编写 HTML 文件。

(1) 单击"开始"按钮，输入"记事本"进行搜索，搜索到"记事本"应用，单击打开"记事本"应用。

(2) 在打开的记事本窗口中编写代码，如图 2-1 所示。

(3) 编写完代码后，将文档保存为 HTML 格式的文件。在"记事本"应用中选择"文件" | "另存为"命令，打开"另存为"对话框。在该对话框的"保存类型"下拉列表中选择"所有文件(*.*)"选项，然后在"文件名"文本框中输入一个文件名。注意，文件扩展名为.html 或.htm，如图 2-2 所示。

图 2-1　在记事本中输入 HTML 文件内容　　　　图 2-2　保存 HTML 文件

说明：

"保存类型"默认为".txt 文件"选项，即普通文本文件，而不是网页类型的文件，因此需要将该选项设置为"所有文件(*.*)"。

(4) 单击"保存"按钮，当前文件被保存为 HTML 文件。此时，双击该 HTML 文件，就会显示页面内容，效果如图 2-3 所示。尽管这个 HTML 文件的内容很简单，但是完全展现了 HTML 文件的结构。

技巧：

以 Google 浏览器为例，在显示的网页中右击，在弹出的快捷菜单中选择"查看网页源代码"命令，这时会自动打开一个页面，显示网页对应的 HTML 源代码。

图 2-3　运行 HTML 文件

2.1.2　HTML 文档结构

HTML 文档由 4 个主要标记组成，这 4 个标记是\<html\>、\<head\>、\<title\>和\<body\>。前面介绍的实例中就包含了这 4 个标记。这 4 个标记是一个 HTML 页面必不可少的 4 个基本元素。

1. \<html\>标记

\<html\>标记是 HTML 文件的开始，\</html\>标记是 HTML 文件的结束。HTML 文件的所有内容被包在标记\<html\>\</html\>之间。

说明：

HTML 中的标记不区分字母大小写。

2．<head>标记

<head>标记是 HTML 文件的头标记，作用是放置 HTML 文件属性的信息。例如，定义 CSS 的代码可放置在<head>与</head>标记中。

3．<title>标记

<title>标记为标题标记，可将网页的标题定义在<title>与</title>标记中。例如，例 2-1 中定义的网页标题为"HTML 页面"，其显示效果如图 2-4 所示。<title>标记被包在<head>与</head>标记中。

图 2-4　使用<title>标记定义页面标题

4．<body>标记

<body>是 HTML 页面的主体标记。页面中的所有内容都定义在<body>标记中。<body>标记也是以标记对<body></body>出现。<body>标记也可以控制页面的一些属性，如控制页面的背景图片和颜色等。

2.1.3　HTML 常用标记

HTML 提供的标记，可以用来设计需要展示给用户浏览的文字、图片、超链接等。下面介绍一些常用标记。

**1．换行标记
**

在网页中对展现内容进行排版时，经常需要换行，但在 HTML 文件中直接按 Enter 键进行换行是不生效的，需要使用
标记，才能在浏览器中实现换行效果。

与前面为大家介绍的 HTML 标记不同，
标记是独立标记，不是标记对，不会成对出现。下面通过实例来介绍
换行标记的使用。

【例 2-2】用 HTML 页面来展现一首诗。

```
<html>
    <head>
        <title>应用换行标记实现页面文字换行</title>
    </head>
    <body>
        <b>
```

```
        春晓
    </b><br>
    春眠不觉晓，处处闻啼鸟。<br>
    夜来风雨声，花落知多少。
</body>
</html>
```

运行本实例，效果如图 2-5 所示。

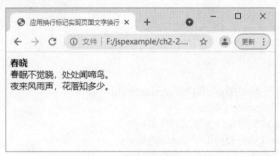

图 2-5　在页面中展现古诗

2. 段落标记

HTML 中的段落标记<p></p>也是一个很重要的标记，成对出现。段落标记在展现内容时，段落前和段落后会添加一空行，而段落中的内容不受影响。

3. 标题标记

在 Word 文档中，可以设置不同级别的标题。HTML 也提供了系列标题标记来实现不同级别的标题。HTML 提供了 6 个标题标记对，分别为<h1>至<h6>，其中，<h1>代表一级标题，<h2>代表二级标题，……，<h6>代表六级标题。数字越小，表示标题级别越高，文字的字体也就越大。

【例 2-3】通过标题标记和段落标记来布局页面。

```
<html>
<head>
<title>段落与标题</title>
</head>
<body>
<h1>IPMS 管理体系的收益和价值</h1>
<h2>协同作战</h2>
<p>围绕爆款操盘，形成集团军协同作战的理念</p>
<h2>共识爆品成功的协同策略</h2>
<p>各部门协同做好产品组合操盘和单产品操盘</p>
<h2>系统作战</h2>
<p>通过委员会运作机制，各司其职，有效集成各领域能力，系统作战</p>
<h2>构建长效运作机制</h2>
<p>让爆款从偶然走向必然，让天下没有卖不出去的产品</p>
</body>
</html>
```

运行本实例，结果如图 2-6 所示。

4. 居中标记

HTML 页面的默认布局方式是从左到右依次排列。如果需要居中显示页面内容，可以使用 标记对，标记中的内容会居中显示。下面对例 2-3 进行修改，居中显示各标题。

【例 2-4】使用居中标记对标题进行处理。

```
<html>
<head>
<title>段落与标题</title>
</head>
<body>
<h1><center>IPMS 管理体系的收益和价值</center></h1>
<h2><center>协同作战</center></h2>
<p>围绕爆款操盘，形成集团军协同作战的理念</p>
<h2><center>共识爆品成功的协同策略</center></h2>
<p>各部门协同做好产品组合操盘和单产品操盘</p>
<h2><center>系统作战</center></h2>
<p>通过委员会运作机制，各司其职，有效集成各领域能力，系统作战</p>
<h2><center>构建长效运作机制</center></h2>
<p>让爆款从偶然走向必然，让天下没有卖不出去的产品</p>
</body>
</html>
```

运行程序，页面效果如图 2-7 所示。

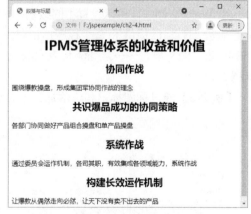

图 2-6　使用标题标记和段落标记设计页面　　　　图 2-7　将页面中的标题内容进行居中处理

5. 文字列表标记

文字列表以列表形式依次排列文字。HTML 提供了文字列表标记。文字列表标记有无序列表和有序列表两种。

1）无序列表

无序列表是在每个列表项的前面添加一个圆点符号。通过符号标记对 <ul></ul> 可以创建一组无序列表，其中的每一个列表项以 <li></li> 表示。

【例 2-5】创建无序文字列表。

```
<html>
<head>
<title>无序文字列表</title>
</head>
<body>
<h1>IPMS 管理体系的收益和价值</h1>
<ul>
<li>协同作战-围绕爆款操盘，形成集团军协同作战的理念</li>
<li>共识爆品成功的协同策略-各部门协同做好产品组合操盘和单产品操盘</li>
<li>系统作战-通过委员会运作机制，各司其职，有效集成各领域能力，系统作战</li>
<li>构建长效运作机制-让爆款从偶然走向必然，让天下没有卖不出去的产品</li>
</ul>
</body>
</html>
```

运行程序，效果如图 2-8 所示。

2）有序列表

有序列表和无序列表的区别是，使用有序列表标记可以将列表项进行排号。有序列表的标记对为<ol></ol>，每一个列表项仍以<li></li>表示。有序列表中的项目是有顺序的。下面对例 2-5 进行修改，使用有序列表进行展示。

【例 2-6】使用有序列表展示内容。

```
<html>
<head>
<title>有序文字列表</title>
</head>
<body>
<h1>IPMS 管理体系的收益和价值</h1>
<ol>
<li>协同作战-围绕爆款操盘，形成集团军协同作战的理念</li>
<li>共识爆品成功的协同策略-各部门协同做好产品组合操盘和单产品操盘</li>
<li>系统作战-通过委员会运作机制，各司其职，有效集成各领域能力，系统作战</li>
<li>构建长效运作机制-让爆款从偶然走向必然，让天下没有卖不出去的产品</li>
</ol>
</body>
</html>
```

运行程序，效果如图 2-9 所示。

图 2-8　无序列表

图 2-9　有序列表

2.1.4 表格标记

表格主要用来展示记录式、结构化的数据。表格包含标题、表头、行和单元格。在 HTML 中，定义表格需要使用到以下标记。

(1) 表格标记：<table></table>标记对用来定义一个表格。<table>标记中有很多属性，例如 width 属性用来设置表格的宽度；border 属性用来设置表格的边框；align 属性用来设置表格的对齐方式；bgcolor 属性用来设置表格的背景色等。

(2) 标题标记：表格标题以<caption></caption>标记对表示。该标记有一些修饰属性，如水平对齐属性 align、垂直对齐属性 valign 等。

(3) 表头标记：表头以<th></th>标记对表示。该标记拥有 align、background、colspan、valign 等属性，用来设置表头样式。

(4) 表格行标记：表格行以<tr></tr>标记对表示。该标记也具有 align、background 等属性。一个<tr></tr>标记对表示表格的一行。<tr>标记对要嵌套在<table>标记对中。

(5) 单元格标记：单元格以<td></td>标记对表示，又称为列标记。一个<tr></tr>行标记对可以嵌套若干<td></td>标记对。该标记也具有 align、background、valign 等属性。

【例 2-7】在页面中使用表格。

```
<body>
<table width="318"height="167"border="1"align="center">
<caption>消费统计</caption>
<tr>
  <th align="left">消费项目</th>
  <th align="right">一月</th>
  <th align="right">二月</th>
</tr>
<tr>
  <td align="left">衣服</td>
  <td align="right">$241.10</td>
  <td align="right">$50.20</td>
</tr>
<tr>
  <td align="left">化妆品</td>
  <td align="right">$30.00</td>
  <td align="right">$44.45</td>
</tr>
<tr>
  <td align="left">食物</td>
  <td align="right">$730.40</td>
  <td align="right">$650.00</td>
</tr>
<tr>
  <th align="left">总计</th>
  <th align="right">$1001.50</th>
  <th align="right">$744.65</th>
</tr>
</table>
</body>
```

运行程序，效果如图 2-10 所示。

图 2-10　在页面中使用表格展示信息

> **说明：**
> 表格不仅可以用于显示数据，还可以用来布局页面。在页面中创建一个表格，并设置没有
> 边框，通过该表格将页面划分为几个区域，之后分别对几个区域进行设计。这是一种非常方便
> 的设计页面的布局方式。

2.1.5　HTML 表单标记

在浏览网站时，用户登录功能是使用频率极高的操作。登录页面一般提供用户名与密码文
本框，供用户输入用户名与密码。这里的用户名与密码文本框，就是 HTML 表单标记。表单标
记在网页中起着非常重要的作用，是用户与网页交互信息的重要手段。

1. <form>...</form>表单标记

表单标记以<form></form>标记对表示。在表单标记中，可以定义处理表单数据的接口程序
信息。该标记的基本语法如下：

```
<form action="url" method="get | post" name="name" onSubmit="funtion" target="_blank">
</form>
```

其中各属性说明如下。
- action：该属性用来指定处理表单数据的接口程序的 URL 地址。
- method：该属性用来指定数据传输到服务器的方式，有 get 与 post 两种方式。其中，get
  传输方式表示将输入的数据追加在 action 指定的 URL 地址后传输到服务器；post 传输
  方式表示将输入的数据作为 HTTP 中的数据体传输到服务器。get 方式传输有长度限制，
  且为明文方式。post 方式由于将参数放在协议体中传输，因此可以传输更长的内容，并
  且不会暴露参数内容。
- name：该属性用来指定表单名称，由开发人员指定属性值。
- onSubmit：该属性用于指定当单击提交表单时触发的事件。
- target：该属性指定提交表单后将服务器反馈的结果显示在哪个窗口中，其属性值可以
  设置为_blank、_self、_parent 和_top。其中，_blank 表示在新窗口中打开目标文件；_self
  表示在同一个窗口中打开，这是默认方式；_parent 表示在父窗口中打开，在使用框架
  页时经常使用；_top 表示在浏览器的整个窗口中打开，忽略任何框架。

下面的例子创建一个表单，名称为 form1。当提交表单时，提交至 action.jsp 页面进行处理。

【例 2-8】创建一个简单的表单。

```
<form id="form1" name="form1" method="post" action="action.jsp" target="_blank">
</form>
```

2. <input>输入标记

输入标记是使用最频繁的表单标记，通过这个标记可以向页面中添加单行文本、多行文本、按钮等。该标记的语法格式如下：

```
<input type="image" disabled="disabled" checked="checked" width="digit" height="digit" maxlength="digit"
readonly="true|false" size="digit" src="uri" usemap="uri" alt="" name="checkbox" value="checkbox" />
```

<input>标记的属性如表 2-1 所示。

表 2-1　<input>标记的属性

属性	描述
type	指定添加的是哪种类型的输入字段，共有 10 个可选值，如表 2-2 所示
disabled	指定输入字段不可用，即字段变成灰色。其属性值可以为空值，也可以指定为 disabled
checked	指定输入字段是否处于被选中状态，用于 type 属性值为 radio 和 checkbox 的情况下。其属性值可以为空值，也可以指定为 checked
width	type 属性值为 image 时，该属性用于指定输入字段的宽度
height	type 属性值为 image 时，该属性用于指定输入字段的高度
maxlength	type 属性值为 text 和 password 时，该属性用于指定输入字段为可输入文字数
readonly	指定输入字段为只读。其属性值可以为空值，也可以指定为 readonly
size	指定图片的来源，只有当 type 属性为 text 和 password 时，以文字个数为单位；当 type 属性为其他值时，以像素为单位
src	当 type 属性为 image 时，该属性用于指定图像的来源
usemap	为图片设置热点地图,只有当 type 属性为 image 时有效。属性值为 URI,URI 格式为"#+<map>标记的 name 属性值"。例如，<map>标记的 name 属性值为 Map，该 URI 为#Map
alt	当 type 属性为 image 时，用于指定当图像无法显示时显示的文字
name	指定输入字段的名称
value	指定输入字段默认的数据值。当 type 属性为 checkbox 和 radio 时，不可省略此属性；当为其他值时，可以省略。当 type 属性为 button、reset 和 submit 时，指定的是按钮上的显示文字；当 type 属性为 checkbox 和 radio 时，指定的是数据选项选定时的值

type 属性是<input>标记中非常重要的属性，决定了输入数据的类型。该属性的可选值如表 2-2 所示。

表 2-2　type 属性的可选值

可选值	描述	可选值	描述
text	文本框	submit	提交按钮
password	密码域	reset	重置按钮
file	文件域	button	普通按钮
radio	单选按钮	hidden	隐藏域
checkbox	复选框	image	图像域

【例 2-9】创建一个注册表单。

首先应用<form>标记添加一个表单，将表单的 action 属性设置为 registerdeal.jsp，method 属性设置为 post，然后应用<input>标记添加"用户名" 和 E-mail 文本框、"密码"和"确认密码"文本框、"性别"单选按钮、"爱好"复选框、"提交"按钮、"重置"按钮。关键代码如下：

```
<form action="registerdeal.jsp" method="post" name="register">
用户名：
<input id="username" name="username" type="text" maxlength="20"><br>
密码：
<input id="pwd" name="pwd" type="password" size="20" maxlength="20"><br>
确认密码：
<input id="pwd1" name="pwd1" type="password" size="20" maxlength="20"><br>
性别：
<input id="sex1" name="sex" type="radio" value="男" checked>男
<input id="sex2" name="sex" type="radio" value="女">女<br>
爱好：
<input id="ike1" name="favor" type="checkbox" value="体育">体育
<input id="ike2" name="favor" type="checkbox" value="旅游">旅游
<input id="ike3" name="favor" type="checkbox" value="音乐">音乐
<input id="ike4" name="favor" type="checkbox" value="看书">看书<br>
E-mail：
<input id="email1" name="email" type="text"    size="50"><br><br>
<input id="submit_btn" name="Submit" type="submit" value="提交">
<input id="reset_btn" name="Reset" type="reset" value="重置">
</form>
```

运行程序，结果如图 2-11 所示。

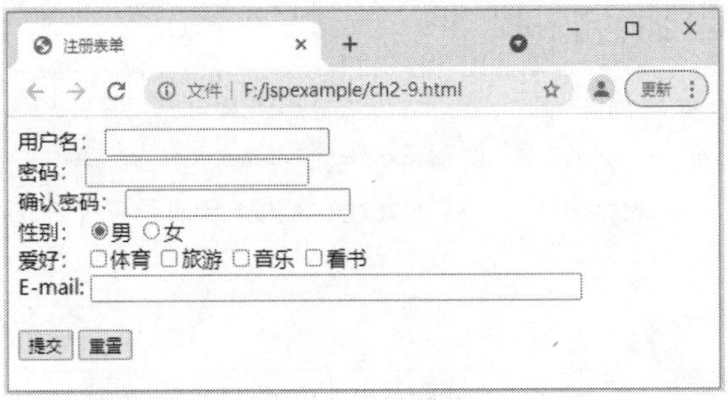

图 2-11　注册表单

3. <select>...</select>下拉列表框标记

<select>标记可以在页面中创建下拉列表框。只有一个<select></select>标记对时，下拉列表框是空的，若要展示下拉列表项，需要在<select></select>标记对中嵌套使用<option>标记。语法格式如下：

```
<select name="name" size="digit" multiple="multiple" disabled="disabled">
</select>
```

<select>标记的属性如表 2-3 所示。

表 2-3　<select>标记的属性

属性	描述
name	列表框的名称
size	列表框中显示的选项数量，超出该数量的选项可以通过拖动滚动条查看
disabled	当前列表框不可使用(变成灰色)
multiple	让多行列表框支持多选

【例 2-10】在网页中使用下拉列表框。

关键代码如下：

```
<form action="registerdeal.jsp" method="post" name="register">
一个简单的列表框：
<select>
    <option value ="volvo">Volvo</option>
    <option value ="saab">Saab</option>
    <option value="opel">Opel</option>
    <option value="audi">Audi</option>
</select>
设置了默认选项的列表框：
<select name="cars">
<option value="volvo">Volvo</option>
<option value="saab">Saab</option>
<option value="fiat" selected="selected">Fiat</option>
<option value="audi">Audi</option>
</select>
</form>
```

运行程序，结果如图 2-12 所示。

图 2-12　在网页中使用下拉列表框

4. <textarea>多行文本标记

<textarea>为多行文本标记,可用于输入多行文本。<textarea>标记一般置于<form></form>标记对之间。其语法格式如下:

```
<textarea cols="digit" rows="digit" name="name" disabled="disabled" readonly="readonly" wrap="value">默认值
</textarea>
```

<textarea>标记的属性如表 2-4 所示。

表 2-4 <textarea>标记的属性

属性	描述
name	多行文本框的名称。当表单提交后,在服务器端获取表单数据时使用
cols	多行文本框的列数(宽度)
rows	多行文本框的行数(高度)
disabled	当前多行文本框不可使用(变成灰色)
readonly	当前多行文本框为只读
wrap	多行文本中的文字是否自动换行,可选值如表 2-5 所示

表 2-5 wrap 属性的可选值

可选值	描述
hard	默认值,表示自动换行,如果文字超过 cols 属性所指的列数就自动换行,提交到服务器时换行符同时被提交
soft	表示自动换行,如果文字超过 cols 属性所指的列数就自动换行,但提交到服务器时换行不被提交
off	表示不自动换行,如果想让文字换行,只能按 Enter 键强制换行

【例 2-11】在页面中创建表单对象,并在表单中添加一个多行文本框,文本框的名称为content,文字换行方式为 hard。

关键代码如下:

```
<form name="form1" method="post" action="url">
    <textarea name="content" cols="5" rows="5" wrap="hard"></textarea>
</form>
```

运行程序,在多行文本框中任意输入内容,结果如图 2-13 所示。

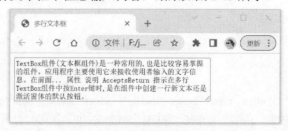

图 2-13 在文本框中输入内容

31

2.1.6 超链接与图片标记

除了上面介绍的常用标记外，还有两个标记必须介绍，即超链接标记与图片标记。

1. <a>超链接标记

超链接标记是页面中非常重要的元素。当在网页上单击某条新闻标题，跳转到另一个页面显示详细的新闻内容时，就是通过超链接标记来实现的。其语法格式如下：

```
<a href="url"></a>
```

例如：

```
<a href="https://www.baidu.com">百度一下</a>
```

运行程序后，单击"百度一下"超链接，将会在当前窗口打开百度搜索网站。

2. <img>图片标记

图片是修饰网页、阐述内容的重要元素。在网页中添加图片通过<img>标记实现，语法格式如下：

```
<img src="uri" width="value" height="value" border="value" alt="提示文字">
```

<img>标记的属性如表 2-6 所示。

表 2-6　<img>标记的属性

属性	描述
src	图片的来源
width	图片的宽度
height	图片的高度
border	图片外边框的宽度，默认值为 0
alt	当图片无法显示时替代显示的文字

【例 2-12】使用表格布局页面，插入图片和超链接。

```
<table width="409" height="523" border="1" align="center">
    <tr>
        <td width="199" height="208">
            <img src="1.jpg"/>
        </td>
        <td width="194">
            <img src="2.jpg"/>
        </td>
    </tr>
    <tr>
        <td height="35" align="center" valign="middle"><a href="message.html">查看详情</a></td>
        <td align="center" valign="middle"><a href="message.htm">查看详情</a></td>
    </tr>
    <tr>
        <td height="227"><img src="3.jpg"></td>
```

```
        <td><img src="4.jpg"/></td>
    </tr>
    <tr>
        <td height="35" align="center" valign="middle"><a href="message.html">查看详情</a></td>
        <td align="center" valign="middle"><a href="message.htm">查看详情</a></td>
    </tr>
</table>
```

message.html 页面的关键代码如下：

```
<body>
    这是图书详情页，用于显示图书内容简介。
</body>
```

运行程序，结果如图 2-14 所示。单击"查看详情"超链接，跳转至 message.html 页面，结果如图 2-l5 所示。

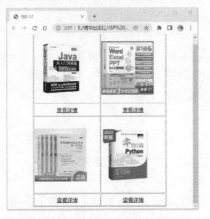

图 2-14　在网页中使用图片与超链接　　　　　图 2-15　message.html 页面效果

2.1.7　HTML5 新增内容

自 HTML5 推出以来，各知名浏览器厂商对 HTML5 大力支持。例如，微软对 IE 做了标准上的改进，使其能够支持 HTML5，而且 HTML5 在老版本的浏览器上也可以正常运行。本节介绍与 HTML4 相比，HTML5 新增的元素与属性。

注意：

HTML5 的出现代表着 Web 开发进入了一个新的时代，但是并不表示现在用 HTML 开发的网站要重新创建。因为 HTML5 内部功能并不是革命性的，而是发展性的。这正是 HTML5 兼容性的体验。

1. 新增的元素

HTML5 新增了以下元素。

1) <section>元素

<section>元素在页面中定义一个区域，例如章节、页眉、页脚或页面中的其他部分。它可以与<hl>、<h2>、<h3>、<h4>等元素结合起来使用。

【**例 2-13**】应用<section>标记在页面中定义一个区域。

```
<section>
<h2>section 标记的使用</h2>
<p>完成百分比：100%</p>
<input type="button" value="请单击"/>
</section>
```

这段代码相当于 HTML4 中使用<div>标记在页面中定义一个区域。

2) <article>元素

<article>元素表示页面中的一块与上下文不相关的独立内容，例如一篇文章、一段评论等。除了内容部分，一个<article>元素通常有自己的标题、脚注等内容。

【**例 2-14**】应用<article>元素在页面中定义一个区域。

```
<article>
<header>
<h1>山竹</h1>
</header>
简介：山竹一般指莽吉柿。 莽吉柿(学名：Garcinia mangostana L.)，俗称山竹，或山竺、山竹子、倒捻子。
小乔木，高 12~20 米，分枝多而密集，交互对生，小枝具明显的纵棱条。叶片厚革质，具光泽，椭圆形或椭圆
状矩圆形，顶端短渐尖，基部宽楔形或近圆形。
<footer>
2022-1-27
</footer>
</article>
```

3) <header>元素

<header>元素表示页面中一个内容区域或整个页面的标题。在例 2-14 已演示了<header>元素的应用。

4) <footer>元素

<footer>元素表示整个页面或页面中一个内容区域块的脚注，如日期、作者信息等。在例 2-14 中已演示了<footer>元素的应用。

5) <aside>元素

<aside>元素用来表示当前页面或文章的附属信息部分。可以包含与当前页面或主要内容相关的引用、侧边栏、广告、导航条等信息。

【**例 2-15**】应用<aside>元素定义页面侧栏。

```
<aside>
<nav>
<h2>侧栏</h2>
<ul>
    <li><a href="#">计算机图书</a>2022-1-27</li>
    <li><a href="#">计算机软件</a>2022-1-27</li>
    <li><a href="#">Web 开发</a>2022-1-27</li>
</ul>
</nav>
</aside>
```

运行程序，效果如图 2-16 所示。

图 2-16　侧栏效果

2. 新增的 input 元素类型

HTML5 中新增了很多 input 元素类型，这些新增元素更方便开发人员创建页面。新增的元素类型如下。

- email：将 input 元素的类型设置为 email，表示文本框的内容必须是 E-mail 地址。
- url：文本框的值必须是 URL 地址。
- number：文本框的值必须是数值。
- range：文本框中必须输入一定范围的数值。

2.2　CSS

CSS 是 W3C 协会为弥补 HTML 在显示属性上的不足而制定的一套扩展样式标准，它的全称是 Cascading Style Sheet。CSS 标准中重新定义了 HTML 中原来的文字显示样式，增加了一些新概念，如类、层等，可以对文字重叠、定位等。在 CSS 还没有被引入页面设计之前，传统的 HTML 要在设计上实现页面美化是十分麻烦的，例如要设计页面中文字的样式，如果使用传统的 HTML 语句来设计页面就不得不在每个需要设计的文字上都定义样式。CSS 的出现改变了这一传统模式。

2.2.1　CSS 规则

CSS 中包括 3 部分内容：选择符、属性和属性值。语法格式如下：

```
选择符{属性:属性值;}
```

参数说明如下。

- 选择符：又称选择器，HTML 中的所有标记都是通过不同的 CSS 选择器进行控制的。
- 属性：主要包括字体、文本、背景、布局、边界、列表项目、表格等属性。其中一些属性只有部分浏览器支持，这让 CSS 属性的使用变得更加复杂。
- 属性值：属性的有效值。属性与属性值之间以 "：" 号分隔。当有多个属性时，使用 "；" 分隔。图 2-17 所示为 CSS 语法中的选择器、属性与属性值。

图 2-17 CSS 语法

2.2.2 CSS 选择器

CSS 选择器常用的是标记选择器、类别选择器、id 选择器等。使用选择器可对不同的 HTML 标记进行控制，以实现所需的显示效果。下面对常用选择器进行详细介绍。

1. 标记选择器

HTML 页面是由很多标记组成的，例如图像标记<img>、超链接标记<a>、表格标记<table> 等。而 CSS 标记选择器就是声明页面中哪些标记采用哪些 CSS 样式。例如 a 选择器，就是用于定义页面中<a>标记的样式风格。

【例 2-16】通过定义 a 标记选择器，设置超链接的字体与颜色。

```
<style>
a{
    font-size:9px;
    color:#F93;
}
</style>
```

2. 类别选择器

使用标记选择器会有一定的局限性，比如页面中该标记的所有元素内容都会统一改变。假如页面中有 3 个<h2>标记，如果想要每个<h2>的显示效果都不一样，标记选择器就无法实现，需要引入类别选择器。

类别选择器的名称由用户自己定义，并以"."号开头，定义的属性与属性值也要遵循 CSS 规范。要应用类别选择器的 HTML 标记，只需使用 class 属性来声明即可。

【例 2-17】使用类别选择器控制页面中字体的样式。

```
<head>
<title>CSS</title>
<!--以下为定义的 CSS 样式 -->
<style>
.one{ <!--定义类名为 one 的类别选择器-->
    font-family:宋体;<!--设置字体-->
    font-size:24px;<!--设置字体大小-->
    color:red;<!--设置字体颜色-->
}
.two{
    font-family:宋体;
```

```
        font-size:16px;
        color:red;
}
.three{
        font-family:宋体;
        font-size:12px;
        color:red;
}
</style>
</head>
<body>
<h2 class="one">应用了选择器 one</h2><!--定义样式后页面会自动加载样式-->
<p>正文内容 1</p>
<h2 class="two">应用了选择器 two</h2>
<p>正文内容 2</p>
<h2 class="three">应用了选择器 three</h2>
<p>正文内容 3</p>
</body>
```

在上面的代码中，页面中的第一个<h2>标记应用了 one 选择器，第二个<h2>标记应用了 two 选择器，第 3 个<h2>标记应用了 three 选择器。运行程序，效果如图 2-18 所示。

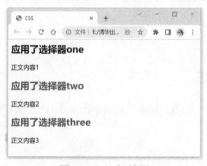

图 2-18　运行效果

说明：

在 HTML 标记中，可以应用一种或多种类别选择器，这样可使 HTML 标记同时使用多个类别选择器的样式。在多种类别选择器之间用空格进行分割即可，例如"<h2 class="size color">"。

3. id 选择器

id 选择器是通过 HTML 页面中的 id 属性来选择增添样式，与类别选择器基本相同。但需要注意的是，由于 HTML 页面中不能包含两个相同的 id 标记，因此定义的 id 选择器也就只能被使用一次。

命名 id 选择器要以"#"号开始，后加 HTML 标记中的 id 属性值。

【例 2-18】使用 id 选择器控制页面中字体的样式。

```
<title>CSS</title>
<!--以下为定义的 CSS 样式 -->
<style>
#first{
```

```
            font-size:18px;
    }
    #second{
            font-size:24px;
    }
    #three{
            font-size:36px;
    }
    </style>
    <body>
    <p id="first">ID 选择器</p>    <!--在页面中定义标记，则自动应用样式-->
    <p id="second">ID 选择器 2</p>
    <p id="three">ID 选择器 3</p>
    </body>
```

运行程序，效果如图 2-19 所示。

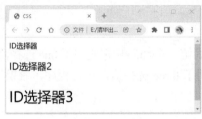

图 2-19　运行效果

2.2.3　在页面中包含 CSS

在对 CSS 有一定了解后，下面介绍如何实现在页面中包含 CSS 样式，其中包括行内样式、内嵌式和链接式。

1. 行内样式

行内样式直接定义在 HTML 标记之内，通过 style 属性实现。这种方式对于初学者来说容易入门，但是灵活性不强。

【例 2-19】通过行内样式控制页面文字的颜色和大小。

```
<table width="300" border="1" align="center">
<tr>
    <td><p style="color:#000;font-size:12px;">行内样式一</p></td>
</tr>
<tr>
    <td><p style="color:#000;font-size:24px;">行内样式二</p></td>
</tr>
<tr>
    <td><p style="color:#000;font-size:36px;">行内样式三</p></td>
</tr>
<tr>
    <td><p style="color:#000;font-size:48px;">行内样式四</p></td>
</tr>
</table>
```

运行程序，效果如图 2-20 所示。

2. 内嵌式

内嵌式样式表就是在页面中使用<style></style>标记，将 CSS 样式包含在页面中，例如例 2-18。内嵌式样式表的形式没有行内标记直观，但是使页面结构更加清晰。

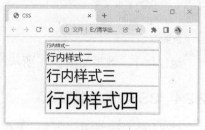

图 2-20　行内样式

与行内样式相比，内嵌式样式表更加易于维护。但是每个网站都不可能由一个页面构成，而每个页面中相同的 HTML 标记又都要求有相同的样式，这时候就要用到链接式样式表。

3. 链接式

链接外部 CSS 是最常用的一种引用样式表的方式。将 CSS 样式放在一个单独的样式文件中，然后在页面中通过<link>标记引用该样式文件。

<link>标记的语法结构如下：

```
<link rel="stylesheet" href="path" type="text/css">
```

参数说明如下。

- rel：定义外部文档和调用文档间的关系。
- href：CSS 文档的绝对或相对路径。
- type：指的是外部文件的 MIME 类型。

【例 2-20】在页面中通过链接式样式表形式引入 CSS 样式。

(1) 创建名称为 mycss.css 的样式表，在该样式表中定义<h1>、<h2>、<h3>、<p>标记的样式。代码如下：

```
//定义 CSS 样式
h1,h2,h3{
    color:#000;
    font-family:"Times New Roman",Georgia,Serif;
}
p{
    color:#aaa;
    font-weight:200;       //定义颜色
    font-size:24px;        //设置字体大小
}
```

(2) 在页面中通过<link>标记将 CSS 引入页面中，此时 CSS 定义的样式将自动应用到页面的对应元素上。代码如下：

```
<head>
<title>通过链接形式引入 CSS 样式</title>
<!--在页面中引入 CSS-->
<link href="mycss.css"/>
</head>
<body>
```

```
    <h2>页面文字一</h2>
    <p>页面文字二</p>
</body>
```

运行程序,效果如图 2-21 所示。

2.2.4　CSS3 的新特征

CSS3 是 CSS 的升级版本,是由 Adobe Systems、Apple、Google、HP、IBM、Microsoft、Mozilla、Opera、Sun Microsystems 等许多 Web 巨头联合组成的 CSS Working Group 组织共同协商策划的。

图 2-21　通过链接式样式表引入 CSS 样式

1.　模块与模块化结构

CSS3 中并没有采用总体结构,而是采用了分工协作的模块化结构。采用这种模块化结构,是为了避免产生浏览器无法完全支持某个模块的问题。如果把整体分成几个模块,各浏览器可以选择支持哪个模块或不支持哪个模块。例如,普通 PC 浏览器和手机浏览器应该针对不同的模块进行支持。如果采用模块分工协作,不同设备上所用的浏览器都可以选用不同模块进行支持。CSS3 中的常用模块如表 2-7 所示。

表 2-7　CSS3 中的常用模块

模块名称	功能描述
basic box model	与盒子相关的样式
Line	与直线相关的样式
Lists	与列表相关的样式
Text	与文字相关的样式
Color	与颜色相关的样式
Font	与字体相关的样式
Background and border	与背景和边框相关的样式
Paged Media	与页眉、页脚、页数等页面元素相关的样式
Writing Modes	页面中文本数据的布局方式

2.　一个简单的 CSS3 实例

对 CSS3 中模块的概念有了一定的了解之后,本节通过实例为大家介绍 CSS3 与 CSS2 在页面设计中的区别。在 CSS2 中如果要对页面中的文字添加彩色边框,可以通过 DIV 层来进行控制。

【例 2-21】在 CSS2 中使用 DIV 层对页面中的文字添加彩色边框。

```
<head>
<style>
#boarder{
    margin:3px;
    width:180px;
```

```
        padding-left:14px;
        border-width:5px;
        border-color:blue;
        border-style:solid;
        height:104px;
    }
    </style>
    </head>
    <body>
        <div id="boarder">文字一<br>
        文字二<br>
        文字三<br>
        文字四<br>
        文字五<br>
        </div>
    </body>
```

运行代码，效果如图 2-22 所示。

在 CSS3 中添加些新样式，例如边框，可通过 CSS3 中的 border-radius 属性指定圆角的半径，即可绘制圆角边框。

【例 2-22】使用 CSS3 的 border-radius 属性对文字添加边框。

```
    <head>
    <style>
    #boarder{
        border:solid 5px blue;
        border-radius:20px;
        -moz-border-radius:20px;
        padding:20px;
        width:180px;
    }
    </style>
    </head>
    <body>
    <div id="boarder">文字一<br>
        文字二<br>
        文字三<br>
        文字四<br>
        文字五<br>
    </div>
    </body>
```

说明：

在使用 border-radius 属性时，在 Firefox 浏览器中需要将样式写成 "-moz-border-radius"；在 Safari 浏览器中写成 "-webkit-border-radius"；在 Opera 浏览器中写成 "border-radius"；在 Chrome 浏览器中写成 "border-radius" 或 "-webkit-border-radius"。

在 Chrome 浏览器中运行该程序，效果如图 2-23 所示。

图 2-22　CSS2 文字边框

图 2-23　CSS3 文字边框

上面的两个实例都是对文字添加边框，但是如果多添加几行文字，即可发现运行效果的变化，如图 2-24 和图 2-25 所示。

图 2-24　CSS2 文字超过边框高度

图 2-25　CSS3 边框自动延长

从图 2-24 和图 2-25 中的运行效果不难看出，CSS3 中新增的一些属性，可以摆脱 CSS2 中存在的一些束缚，使网页设计进入一个新的台阶。

2.3　本章小结

本章介绍了 HTML 标记与 CSS 样式。对于制作一般的静态网页而言，HTML 可以完全胜任。而 CSS3 的出现，使网页的设计感更上一个台阶。本章除了对 HTML 标记与 CSS 样式的基础内容进行介绍外，还对 HTML5 与 CSS3 进行了简单介绍。

2.4　实践与练习

1. 创建一个 HTML 页面。
2. 在第 1 题创建的 HTML 页面中，使用删除线样式标注商品特价。
3. 创建 HTML 页面，定义一个表格，通过 CSS3 实现效果：不同的表格行显示不同的背景色。
4. 创建 HTML 页面，添加超链接，当鼠标经过超链接时，鼠标指针变为不同的形状。
5. 创建 HTML 页面，实现一个用户注册表单。

第 3 章

JavaScript脚本语言

JavaScript 是一种轻量级、解释型的编程语言。JavaScript 因作为开发 Web 页面的脚本语言而出名，但是它也可以用到非浏览器环境中。JavaScript 脚本语言由客户端浏览器解释执行，可以应用到各种语言编写的网页中。Ajax 技术的出现，又将 JavaScript 带向了新的高度。因此，熟练掌握 JavaScript 对于网站开发人员很重要。本章详细介绍 JavaScript 的基本语法、常用对象及 DOM 技术。

本章的学习目标：
- 了解 JavaScript 语言及其特点
- 掌握 JavaScript 语言基础
- 掌握 JavaScript 的流程控制语句
- 掌握 JavaScript 中函数的应用
- 掌握 JavaScript 常用对象的应用
- 掌握 DOM 技术

3.1 了解 JavaScript

3.1.1 JavaScript 简介

JavaScript 是一种基于对象和事件驱动且安全的解释型脚本语言。在使用 JavaScript 语言时，直接将脚本嵌入网页中，即可实现将静态页面转变成支持用户交互并响应应用事件的动态页面。在 Java Web 程序中，经常应用 JavaScript 进行数据验证、控制浏览器以及生成时钟、日历和时间戳文档等。

3.1.2 JavaScript 的主要特点

JavaScript 语言具有解释型、基于对象、事件驱动、安全性和跨平台等特点。

(1) 解释型。JavaScript 是一种解释型的脚本语言，由浏览器直接解释执行。JavaScript 脚本程序可以直接嵌入在 HTML 网页文件中；也可以写到一个独立 JavaScript 文件中，然后通过 <script></script>标记将文件引入 HTML 中。

(2) 基于对象。JavaScript 是一种基于对象的语言。开发者可以通过 JavaScript 语言创建并使用对象，因此能够通过对象的方法与脚本来实现许多功能。

(3) 事件驱动。JavaScript 语言支持事件驱动，可以直接对客户端的输入做出响应。因此，当不进行复杂数据处理时，无须经过服务器端程序处理，通过客户端 JavaScript 即可进行处理。

> **说明：**
> 事件驱动就是用户进行某种操作(如按下鼠标、选择菜单等)时，网页可以直接做出相应的响应。这里的某种操作被称为事件，而计算机做出的响应被称为事件响应。

(4) 安全性。JavaScript 是安全的语言，它不允许脚本程序访问本地硬盘，不能将数据写入服务器上，不允许对网络文档进行修改和删除，只能通过浏览器实现信息浏览或动态交互，能够有效防止数据丢失。

(5) 跨平台。JavaScript 依赖于浏览器本身，只要浏览器支持 JavaScript 脚本，JavaScript 程序就可以执行。

3.2 JavaScript 语言基础

要使用 JavaScript 语言编写脚本，首先要掌握其语法。本节从 JavaScript 语言基础开始介绍，内容包括 JavaScript 的语法、关键字、数据类型、变量的定义和使用、运算符的应用。

3.2.1 JavaScript 的语法

JavaScript 作为一种客户端脚本语言，语法较为简单。和其他语言相比，JavaScript 的语法方面需要重点关注以下几方面。

(1) JavaScript 区分大小写。例如，变量 username 与变量 UserName 是两个不同的变量。

(2) 每行结尾的分号可有可无。JavaScript 并不要求必须以分号(;)作为语句的结束标记。如果语句的结束处没有分号，JavaScript 会自动将该行代码的结尾作为语句的结尾。

【例 3-1】语句结束添加分号和不添加分号。

实例代码如下：

```
alert("hello world")
alert("hello world");
```

> **说明：**
> 最好的代码编写习惯是在每行代码的结尾处加上分号，这样可以保证每行代码的准确性、可读性。

(3) JavaScript 的变量是弱类型的。因此在定义变量时，只使用 var 运算符，就可以将变量初始化为任意类型的值。例如，可以将变量 username 初始化为 landy，而将变量 age 初始化为 30。

【例 3-2】定义变量。

```
var username="landy";     //将变量 username 初始化为 landy
```

```
var age=30;              //将变量 age 初始化为 30
```

（4）JavaScript 使用一对大括号标记代码块，被封装在大括号内的语句将按顺序执行。

（5）JavaScript 提供了两种注释方式，即单行注释和多行注释。其中，单行注释使用双斜线"//"开头，在"//"后面的内容为注释内容，在代码执行过程中不会被执行。例如，在下面的代码中，"这是单行注释"为注释内容，在代码执行时不会被执行。

【例 3-3】单行注释。

```
var hello="hello world";    //这是单行注释
```

多行注释以"/*"开头，以"*/"结尾；在"/*"和"*/"之间的内容为注释内容，在代码执行过程中不会被执行。例如，在下面的代码中，"功能：向登录用户问候""参数：指定获取的用户姓名""时间：2022-01-09"和"作者：landy"等为注释内容，在代码执行时不会被执行。

【例 3-4】多行注释。

```
/*
功能：向登录用户问候
参数：指定获取的用户姓名
时间：2022-01-09
作者：landy
*/
function test(username){
    console.log("hello,"+username);
}
```

3.2.2　JavaScript 中的关键字

JavaScript 中的关键字是指具有特定含义的、属于 JavaScript 语法一部分的字符。与其他编程语言一样，JavaScript 中也有许多关键字，如表 3-1 所示。

表 3-1　JavaScript 中的关键字

abstract	continue	finally	instanceof	private	this
boolean	default	float	int	public	throw
break	do	for	interface	return	typeof
byte	double	function	long	short	true
case	else	got	native	static	var
catch	extends	implements	new	super	void
char	false	import	null	switch	while
class	final	in	package	synchronized	with

注意：
JavaScript 中的关键字不能用作变量名、函数及循环标签。

3.2.3 JavaScript 的数据类型

JavaScript 的数据类型比较简单，主要有数值型、字符型、布尔型、转义字符、空值(null)和未定义值 6 种。下面分别进行介绍。

1. 数值型

JavaScript 的数值型数据又可以分为整型和浮点型两种。

(1) 整型数据包括正整数、负整数和 0。整型可以采用十进制、八进制或十六进制表示。

【例 3-5】定义整型变量。

```
123      //表示十进制的 123
062      //表示八进制的 62
0x505B   //表示十六进制的 505B
```

说明：

以 0 开头的数为八进制数，以 0x 开头的数为十六进制数。

(2) 浮点型数据由整数部分加小数部分组成，只能采用十进制。浮点型可以使用科学记数法或标准方法来表示。

【例 3-6】定义浮点型变量。

```
3.1415926  //采用标准方法表示
1.2E3      //采用科学记数法表示，代表 1.2×10³
```

2. 字符型

字符型数据是使用单引号或双引号括起来的一个或多个字符。

【例 3-7】使用单引号定义字符型变量。

```
'abc'
'熊猫'
```

【例 3-8】使用双引号定义字符型变量。

```
"buter"
"冰墩墩"
```

说明：

JavaScript 与 Java 不同，它没有 char 数据类型，若要表示单个字符，则需要使用长度为 1 的字符串。

3. 布尔型

布尔型数据只有两个值，即 true 或 false，主要用来说明或代表一种状态或标志。在 JavaScript 中，可以使用整数 0 表示 false，使用非 0 整数表示 true。

4. 转义字符

以反斜杠开头的不可显示的特殊字符通常称为控制字符，也称为转义字符。通过转义字符可以在字符串中添加不可显示的特殊字符，或者防止引号匹配混乱的问题。常用的转义字符如表 3-2 所示。

表 3-2　常用的转义字符

转义字符	描述	转移字符	描述
\b	退格	\n	换行
\f	换页	\t	Tab 符
\r	回车符	\'	单引号
\"	双引号	\\	反斜杠
\xnn	十六进制代码 nn 表示的字符	\unnn	十六进制代码 nnnn 表示的 unicode 字符
\0nnn	八进制代码 nn 表示的字符		

【例 3-9】在网页中弹出一个提示对话框，并应用转义字符"\r"将文字分两行显示。实现代码如下：

```
alert("欢迎百度一下！\rhttps://www.baidu.com");
```

执行程序，效果如图 3-1 所示。

图 3-1　弹出提示对话框

5. 空值

JavaScript 中的空值(null)用于定义空的或不存在的引用。当试图引用没有定义的变量时，返回 null 值。

> **注意：**
> 空值不等于空的字符串(" ")或 0。

6. 未定义值

当使用了未声明的变量，或使用了已经声明但没有赋值的变量时，返回未定义值 (undefined)。

> **说明：**
> JavaScript 中还有一种特殊类型的数字常量 NaN，即"非数字"。当在程序中发生计算错误后，将产生一个没有意义的数字，此时返回的数字值就是 NaN。

3.2.4　变量的定义及使用

变量是指程序中一个已经命名的存储单元,其主要作用是为数据操作提供存放信息的容器。

在使用 JavaScript 编程之前，必须先学习变量的命名规则、变量的声明及变量的作用域。

1. 变量的命名规则

JavaScript 变量的命名规则如下。
- 变量名以字母或下画线开头，由字母、数字或下画线组成。
- 变量名中不能有空格、加号、减号或逗号等符号。
- 不能使用 JavaScript 关键字。
- 变量名严格区分大小写。例如，username 与 userName 是两个不同的变量。

> **说明：**
> JavaScript 的变量名，最好使用便于记忆且有意义的变量名，以增加程序的可读性。

2. 变量的声明

在 JavaScript 中，可以使用关键字 var 声明变量，其语法格式如下：

```
var variable;
```

参数 variable 是变量名。变量名需遵守变量的命名规则。

声明变量时，需要注意以下 5 点。

(1) 可以同时声明多个变量。

【例 3-10】同时声明多个变量。

```
var now,year,month,date;
```

(2) 在声明变量的同时对变量赋值，即变量的定义和初始化同时进行。

【例 3-11】定义变量同时赋值。

```
var now="2022-01-20",year="2022",month="1",date="20";
```

(3) 如果只是声明了变量，但未对其赋值，则默认值为 undefined。

(4) 当给一个尚未声明的变量赋值时，JavaScript 会自动用该变量名创建一个全局变量。在一个函数内部，通常创建的是仅在函数内部起作用的局部变量，而不是全局变量。若要创建一个全局变量，必须使用 var 关键字来定义。

(5) 由于 JavaScript 采用弱类型，因此在声明变量时不需要指定变量的类型，变量的类型根据变量的值来确定。

【例 3-12】定义变量并赋值。

```
var num=5    //数值型
var info="欢迎访问我公司网站！\rhttps://www.baidu.com";    //字符型
var flag=true    //布尔型
```

3. 变量的作用域

变量的作用域是指变量在程序中的有效范围。变量的作用域分为全局变量和局部变量两种。其中，全局变量是定义在所有函数之外，作用于整个脚本代码的变量；局部变量是定义在函数体内，只作用于函数体内的变量。

【例 3-13】定义并使用全局变量和局部变量。

```
var company="百度科技";              //该变量在函数外声明，全局变量，作用于整个脚本
function hello(str){
    var url="https://www.baidu.com";   //该变量在函数内声明，局部变量，只作用于该函数体
    alert(company+url);
}
```

3.2.5　运算符的应用

运算符是用来完成计算或者比较数据的符号。常用的 JavaScript 运算符有赋值运算符、算术运算符、比较运算符、逻辑运算符、条件运算符和字符串运算符。

1. 赋值运算符

赋值运算可以分为简单赋值运算和复合赋值运算。其中，简单赋值运算是将赋值运算符(=)右边表达式的值保存到左边的变量中；而复合赋值运算混合了其他操作(如算术运算操作、位操作等)和赋值操作。

赋值运算符如表 3-3 所示。

表 3-3　JavaScript 中的赋值运算符

运算符	描述	示例
=	将右边表达式的值赋给左边的变量	username="landy"
+=	将运算符左边的变量加上右边表达式的值赋给左边的变量	a+=b //相当于 a=a+b
-=	将运算符左边的变量减去右边表达式的值赋给左边的变量	a-=b //相当于 a=a-b
*=	将运算符左边的变量乘以右边表达式的值赋给左边的变量	a*=b //相当于 a=a*b
/=	将运算符左边的变量除以右边表达式的值赋给左边的变量	a/=b //相当于 a=a/b
%=	将运算符左边的变量用右边表达式的值求模，并将结果赋给左边的变量	a%=b //相当于 a=a%b
&=	将运算符左边的变量与右边表达式的值进行逻辑与运算，并将结果赋给左边的变量	a&=b //相当于 a=a&b
| =	将运算符左边的变量与右边表达式的值进行逻辑或运算，并将结果赋给左边的变量	a|=b //相当于 a=a|b
^=	将运算符左边的变量与右边表达式的值进行异或运算，并将结果赋给左边的变量	a^=b //相当于 a=a^b

【例 3-14】使用赋值运算符。

```
sum+=i;   //等同于 sum=sum+i;
```

2. 算术运算符

算术运算符用于在程序中进行加、减、乘、除等运算。常用的算术运算符如表 3-4 所示。

表 3-4 常用的算术运算符

运算符	描述	示例
+	加运算符	1+3 //返回值为 4
-	减运算符	3-1 //返回值为 2
*	乘运算符	1*3 //返回值为 3
/	除运算符	3/1 //返回值为 3
%	求模运算符	8%3 //返回值为 2

++	自增运算符。该运算符有两种情况：i++(在使用 i 之后，使 i 的值增加 1)；++i(在使用 i 之前，先使 i 的值增加 1)	i=1; j=i++ //j 的值为 1，i 的值为 2
		i=1;j=++i //j 的值为 2，i 的值为 2

--	自减运算符。该运算符有两种情况：i--(在使用 i 之后，使 i 的值减 1)；--i(在使用 i 之前，先使 i 的值减 1)	i=6; j=i-- //j 的值为 6，i 的值为 5
		i=6;j=--i //j 的值为 5，i 的值为 5

注意

执行除法运算时，0 不能作除数。如果 0 作除数，返回结果为 Infinity。

【例 3-15】使用算术运算符。

```
var price=10;          //定义商品单价
var number=10;         //定义商品数量
var sum=price*number;  //计算商品金额
alert(sum);            //显示商品金额
```

运行程序，效果如图 3-2 所示。

图 3-2 显示运算数据

3. 比较运算符

比较运算符的比较思路是：首先对操作数进行比较，这个操作数可以是数字或字符串，然后返回一个布尔值 true 或 false。常用的比较运算符如表 3-5 所示。

表 3-5 常用的比较运算符

运算符	描述	示例
<	小于	1<2 //返回值为 true
>	大于	1>2 //返回值为 false
<=	小于或等于	1<=1 //返回值为 true
>=	大于或等于	1>=2 //返回值为 false
==	等于。只根据表面值进行判断，不涉及数据类型	"1"==1 //返回值为 true
===	绝对等于。根据表面值和数据类型同时进行判断	"1"===1 //返回值为 false
!=	不等于。只根据表面值进行判断，不涉及数据类型	"1"!=1 //返回值为 false
!==	不绝对等于。根据表面值和数据类型同时进行判断	"1"!==1 //返回值为 false

4. 逻辑运算符

逻辑运算符通常和比较运算符一起使用，用来表示复杂的比较运算，常用于 if、while 和 for 语句中，其返回结果为一个布尔值。常用的逻辑运算符如表 3-6 所示。

表 3-6　常用的逻辑运算符

运算符	描述	示例
!	逻辑非。否定条件，即!假=真，!真=假	!true　//值为 false
&&	逻辑与。只有当两个操作数的值都为 true 时，值才为 true	true&&false　//值为 false
||	逻辑或。只要两个操作数其中之一为 true，值就为 true	true||false　//值为 true

5. 条件运算符

条件运算符是 JavaScript 支持的三目运算符，其语法格式如下：

```
操作数? 结果 1:结果 2
```

如果"操作数"的值为 true，则表达式的结果为"结果 1"，否则为"结果 2"。

【例 3-16】求两个数中的较大者。

```
var x=1;
var y=2;
var z=x>y?x:y     //z 的值为 2
```

6. 字符串运算符

字符串运算符是用于两个字符型数据之间的运算符，除了比较运算符外，还可以是+和+=运算符。其中，+运算符用于连接两个字符串，而+=运算符则用于连接两个字符串，并将结果赋给第一个字符串。

【例 3-17】连接字符。

```
var str1="One "+"more ";     //将两个字符串连接后的值赋值给变量 str1
str1 += "time";              //连接两个字符串，并将结果赋给第一个字符串 str1
alert(str1);                 //显示连接的结果
```

运行程序，效果如图 3-3 所示。

图 3-3　连接两个字符串后的显示效果

3.3　流程控制语句

流程控制语句对于任何一门编程语言都是必须学习的。JavaScript 语言提供了 if 条件判断语句、switch 多分支语句、for 循环语句、while 循环语句、do…while 循环语句、break 语句和 continue

语句 7 种流程控制语句。

3.3.1 if 条件判断语句

if 条件判断语句是最基本、最常用的流程控制语句，可以根据条件表达式的值进行相应的处理。其语法格式如下：

```
if(expression) {
    statement 1;
}else{
    statement 2;
}
```

参数说明如下。
- expression：必选项。用于指定条件表达式，可以使用逻辑运算符。
- statement 1：当 expression 的值为 true 时，执行该语句序列。
- statement2：当 expression 的值为 false 时，执行该语句序列。

if…else…条件判断语句的执行流程如图 3-4 所示。

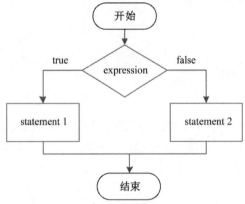

图 3-4 if…else…条件判断语句的执行流程

if 语句是典型的二路分支结构。其中，else 部分可以省略，当 statement 为单一语句时，其两边的大括号可以省略。例如，下面 3 段代码的执行结果是一样的，都可以计算 2 月份的天数。

```
<script>
/*代码段 1*/
//计算 2 月份的天数
var year=2022;
var month=0;
if((year%4==0 && year%100!=0)||year%400==0){ //判断指定年是否为闰年
    month=29;
}else{
    Month=28;
}
/*代码段 2*/
//计算 2 月份的天数
var year=2022;
```

```
var month=0;
if((year%4==0 && year%100!=0)||year%400==0) //判断指定年是否为闰年
    month=29;
else {
    month=28;
}
/*代码段 3*/
//计算 2 月份的天数
var year=2022;
var month=0;
if((year%4==0 && year%100!=0)||year%400==0){ //判断指定年是否为闰年
    month=29;
}else month=28;
</script>
```

if 语句除了有 if…else…形式，还有 if…else if...形式。if…else if...形式的语法格式如下：

```
if (expression 1) {
    statement 1;
}else if(expression 2){
    statement 2;
}
…
else if(expression n){
    statement n;
}else{
    statement n+1;
}
```

if…else if...语句的执行流程如图 3-5 所示。

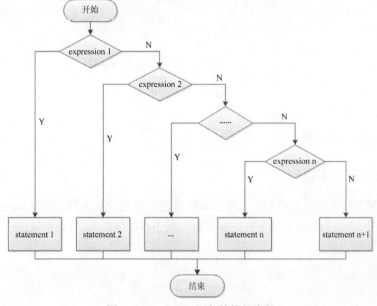

图 3-5　if...else if...语句的执行流程

【例3-18】验证用户登录信息。

(1) 在页面中创建表单，代码如下：

```
<form name="login"method="post" action="">
用户名：<input id="username" name="username" type="text">
密码：<input id="pwd" name="pwd" type="password">
<input id="login_btn" name="login_btn" type="button" value="登录">
<input id="rest_btn" name="rest_btn" type="reset" value="重置">
</form>
```

(2) 编写函数 check()，通过 if 语句验证登录信息是否为空。具体代码如下：

```
function check(){
    if(login.username.value==""){         //判断用户名是否为空
        alert("请输入用户名！");
        login.username.focus();
        return;
    }else if(login.password.value=="") {  //判断密码是否为空
        alert("请输入密码！");
        login.password.focus();
        return;
    }else{
        login.submit();                   //提交表单
    }
}
```

(3) 在"登录"按钮的 onclick 事件中调用 check()函数。具体代码如下：

```
<input id="login_btn" name="login_btn" type="button" value="登录" onclick="check()">
```

运行程序，单击"登录"按钮，弹出如图 3-6 所示的对话框。

图 3-6　运行结果

> **说明：**
> if 语句也可以嵌套使用。

3.3.2　switch 多分支语句

switch 是典型的多路分支语句，其作用与嵌套使用 if 语句基本相同，但 switch 语句比 if 语句更具有可读性，而且 switch 语句允许在找不到匹配条件的情况下，执行默认的一组语句。switch 语句的语法格式如下：

```
switch(expression){
case judgement 1:
    statement 1;
    break;
```

```
case judgement 2:
    statement 2;
    break;
...
case judgement n:
    statement n;
    break;
default:
    statement n+1;
    break;
}
```

参数说明如下。

- expression：任意表达式或变量。
- judgement：任意常数表达式。当 expression 的值与某个 judgement 的值相等时，执行此 case 后的 statement 语句；如果 expression 的值与所有的 judgement 的值都不相等，则执行 default 后面的 statement 语句。
- break：用于结束 switch 语句。如果没有了 break 语句，则该 switch 语句的所有分支都将被执行，switch 语句也就失去了使用的意义。

switch 语句的执行流程如图 3-7 所示。

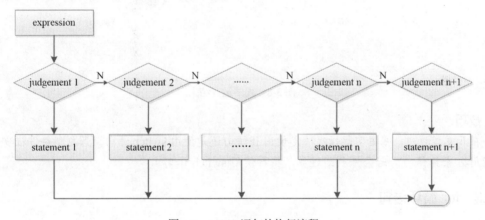

图 3-7　switch 语句的执行流程

【例 3-19】应用 switch 语句判断今天是星期几。

```
<script language="javascript">
var now=new Date();     //获取系统日期
var day=now.getDay(); //获取星期
var week;
switch(day){
    case 1:
        week="星期一";
        break;
    case 2:
        week="星期二";
        break;
```

```
    case 3:
        week="星期三";
        break;
    case 4:
        week="星期四";
        break;
    case 5:
        week="星期五";
        break;
    case 6:
        week="星期六";
        break;
    default:
        week="星期日";
        break;
}
document.write("今天是"+week);    //输出今天是星期几的信息
</script>
```

运行程序，效果如图 3-8 所示。

图 3-8　程序运行结果

技巧：

在开发过程中，根据实际情况决定使用 if 语句还是使用 switch 语句。若判断条件较少，推荐使用 if 条件语句；若条件判断过多，推荐使用 switch 语句。

3.3.3　for 循环语句

for 循环语句也称为计次循环语句，一般用于循环次数是已知的情况。for 循环语句几乎在所有编程语言中都存在。JavaScript 中的 for 循环语句的语法格式如下：

```
for(initialize;test;increment){
    statement;
}
```

参数说明如下。

- initialize：初始化语句，对循环变量进行初始化赋值。
- test：循环条件，一个包含比较运算符的表达式，用来限定循环变量的边限。如果循环变量超过了该边限，则停止该循环语句的执行。
- increment：用来指定循环变量的步幅。
- statement：用来指定循环体。在循环条件的结果为 true 时，重复执行循环体。

for 循环语句执行的过程是：先执行初始化语句，然后判断循环条件，如果循环条件的结果为 true，则执行一次循环体，否则直接退出循环，最后执行迭代语句，改变循环变量的值，至此完成一次循环；接着进行下一次循环，直到循环条件的结果为 false 为止，结束循环。

for 循环语句的执行流程如图 3-9 所示。

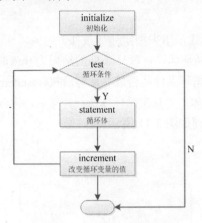

图 3-9　for 循环语句的执行流程

break 语句可以用来中止 for 循环。break 语句的用法见 3.3.6 节。

【例 3-20】计算 100 以内所有偶数的和。

```
var sum=0;
for(i=2;i<100;i+=2){
    sum=sum+i;
}
alert("100 以内所有偶数的和为："+sum);
```

运行程序，结果如图 3-10 所示。

图 3-10　运行结果

说明：

在使用 for 语句时，一定要保证循环可以正常结束，也就是必须保证循环条件的结果存在 false 的情况，否则会造成死循环。例如，下面的循环语句就会造成死循环，原因是 i 永远大于或等于 1。

```
for(i=1;i>=1;i++){
    alert(i);
}
```

3.3.4　while 循环语句

while 循环语句也称为前测试循环语句。while 循环的使用场景为循环次数无法确定的情况，它利用一个条件来控制是否要继续重复执行这条语句。其语法格式如下：

```
while(expression) {
    statement;
}
```

参数说明如下。

- expression：判断表达式，用来指定循环条件。
- statement：用来指定循环体。在循环条件的结果为 true 时，重复执行循环体的代码。

while 循环时，要先判断循环条件是否成立，然后执行 statement 循环体代码，如果条件表达式的值为 true，则执行循环体，并且在循环体执行完毕后，进入下一次循环，否则退出循环。

while 循环语句的执行流程如图 3-11 所示。

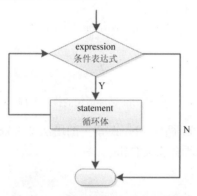

图 3-11　while 循环语句的执行流程

注意：

使用 while 循环时，也要保证循环可以正常结束，即保证条件表达式值存在 false 的情况，否则会造成死循环。例如，下面的循环语句就会造成死循环，原因是 i 永远都小于 2。

```
var i=1;
while(i<=2){
    alert(i);
}
```

【例 3-21】求累加和不大于 10 的所有自然数。

```
var i=1;
var sum=i;
var result="";
document.write("累加和不大于 10 的所有自然数为：<br>");
while(sum<10){
    sum=sum+i;
    document.write(i+'<br>');
    i++;
}
```

运行程序，效果如图 3-12 所示。

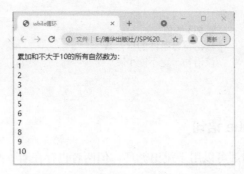

图 3-12　应用 while 循环输出累加和不大于 10 的所有自然数

3.3.5　do...while 循环语句

do...while 循环语句也称为后测试循环语句，和 while 循环一样，该循环也是利用一个条件来控制循环。do...while 循环语句也常用于循环执行次数不确定的情况。不同的是，它先执行一次循环语句，然后再判断循环条件。其语法格式如下：

```
do{
    statement;
  }while(expression);
```

参数说明如下。

- statement：用来指定循环体。循环开始时首先被执行一次，然后在循环条件的结果为 true 时继续执行。
- expression：判断表达式，为 true 时继续循环，为 false 时结束循环。

do...while 循环语句执行的过程是：先执行一次循环体，然后再判断条件表达式，如果条件表达式的值为 true，则继续执行，否则退出循环。也就是说，do...while 循环语句中的循环体至少被执行一次。

do...while 循环语句的执行流程如图 3-13 所示。

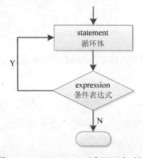

图 3-13　do...while 循环语句的执行流程

【例 3-22】列举出累加和不大于 10 的所有自然数。

```
<script language="javascript">
    var sum=0;
    var i=1;                   //由于是计算自然数，因此 1 的初始值设置为 1
document.write("累加和不大于 10 的所有自然数为：<br>");
```

```
do{
        sum=sum+i;                //累加 i 的值
document.write(i+'<br>');        //输出符合条件的自然数
i++;                             //该语句一定不能少
}while(sum<10);
</script>
```

3.3.6　break 与 continue 语句

break 与 continue 语句都可以用于跳出循环，但两者也存在着一些区别。

1. break 语句

break 语句用于退出包含在最内层的循环或者退出一个 switch 语句。break 语句的语法格式如下：

```
break;
```

break 语句通常用在 for、while、do...while 和 switch 语句中。

【例 3-23】通过 break 语句中断循环。

```
var sum=0;
for(i=0;i<100;i++){
    sum+=i;
    if (sum>30) break;   //如果 sum>30 就会立即跳出循环
}
document.write("0 和"+i+"(包括"+i+")之间自然数的累加和为: "+sum);
```

运行程序，结果为"0 和 8(包括 8)之间自然数的累加和为：36"。

2. continue 语句

continue 语句和 break 语句类似，不同的是，continue 语句用于中止本次循环，并开始下一次循环。其语法格式如下：

```
continue;
```

continue 语句只能应用在 while、for、do...while 和 switch 语句中。

【例 3-24】使用 continue 语句。

```
var total=0;
var sum=new Array(100,120,10,60,76,117,125);   //声明一个一维数组
for (i=0;i<sum.length;i++){
    if (sum[i]<100)continue;                    //不计算金额小于 100 的数据
    total+=sum[i];
}
document.write("累加和为: "+total);            //输出计算结果
```

运行程序，结果为"累加和为：462"。

当使用 continue 语句中止本次循环后，如果循环条件的结果为 false，则退出循环，否则继续下一次循环。

3.4 函数

函数是可以作为一个逻辑单元执行的一组 JavaScript 代码。在 JavaScript 中，函数是非常重要的，使用函数可以提高重用性。

3.4.1 函数的定义

函数是由关键字 function、函数名和一组参数，以及置于大括号中需要执行的一段代码组成的。基本语法如下：

```
function functionName([parameter 1,parameter 2,...]){
    statements;
    [return expression];
}
```

参数说明如下。

- functionName：必选项，用于指定函数名。在同一个页面中，函数名必须是唯一的，并且区分大小写。
- parameter：可选项，用于指定参数列表。当有多个参数时，参数间使用逗号进行分隔。一个函数最多可以有 255 个参数。
- statements：必选项，函数体，用于实现函数功能的语句。
- expression：可选项，用于返回函数值。expression 为任意的表达式、变量或常量。

【例 3-25】定义函数 account()，用于计算产品总金额。该函数有单价 price 和数量 number 两个参数，函数返回值为计算后的总金额。

```
function account(price,number){
    var sum=price*number;          //计算金额
    return sum;                    //返回计算后的金额
}
```

3.4.2 函数的调用

函数的调用比较简单，如果要调用不带参数的函数，使用函数名加上括号即可；如果要调用的函数带参数，则在括号中加上需要传递的参数；如果包含多个参数，各参数间用逗号分隔。如果函数有返回值，则可以使用赋值语句将函数值赋给一个变量。

【例 3-26】调用例 3-25 中定义的函数 account()。

```
var price = 5;
var number = 5;
document.write(account(price,number));
```

需要注意的是，由于函数名区分大小写，在调用函数时也需要注意函数名的大小写。

【例 3-27】定义函数 check_str()，验证输入的字符串是否为汉字。

(1) 在页面中添加用于输入真实姓名的表单及表单元素。代码如下：

```
<form name="form1" method="post" action="">
请输入字符串:
<input id="string1" name="string1" type="text" size="40">
<br><br>
<input id="btn" name="btn" type="button" value="验证">
</form>
```

(2) 定义函数 check_str(),用于验证输入的字符串是否为两个或两个以上的汉字。代码如下:

```
function check_str(){
    var str1=form1.string1.value;          //获取输入的中文名称
    if(str1==""){                          //当中文名称为空时
        alert("请输入中文名称! ");
        form1.string1.focus();
        return;
    }else{                                 //当中文名称不为空时
        var objExp=/[\u4E00-\u9FA5]{2,}/;   //创建 RegExp 对象
        if(objExp.test(str1)==true){        //判断是否匹配
            alert("您输入的中文名称正确! ");
        }else{
            alert("您输入的中文名称不正确! ");
        }
    }
}
```

说明:

在 check_str()函数中,如果输入的不是汉字,或是只输入一个汉字,都将被认为是不正确的。

(3) 在"验证"按钮的 onclick 事件中,调用 check_str()函数。具体代码如下:

```
<input id="btn" name="btn" type="button" onclick="check_str()" value="验证">
```

运行程序,输入"abc",单击"验证"按钮,弹出输入错误提醒,如图 3-14 所示;输入"冬奥会",单击"验证"按钮,弹出输入正确提醒,如图 3-15 所示。

图 3-14　输入错误　　　　　　　　　　　　图 3-15　输入正确

3.5　事件处理

JavaScript 语言可以以事件驱动的方式直接对客户端的输入做出响应,无须经过服务器端程序。也就是说,JavaScript 是事件驱动的,它可以使图形界面环境下的一切操作变得简单。本节对事件及事件处理程序进行详细介绍。

3.5.1　事件处理程序简介

　　JavaScript 与 Web 页面的交互是通过用户操作浏览器页面时触发相关事件来实现的。例如，在页面加载完毕后，将触发 onload()事件；当用户单击按钮时，将触发按钮的 onclick()事件等。事件处理程序是用于响应某个事件而执行的处理程序，它可以是一组用于响应操作的 JavaScript 语句，通常通过函数 function 来实现。

3.5.2　JavaScript 的常用事件

　　浏览器内部对象大多数都拥有事件，JavaScript 的常用事件如表 3-7 所示。

表 3-7　JavaScript 的常用事件

事件	触发时机
onabort	对象载入被中断时触发
onblur	元素或窗口本身失去焦点时触发
onchange	改变<select>元素中的选项或其他表单元素失去焦点，并且在其获取焦点后内容发生过改变时触发
onclick	单击鼠标左键时触发。当光标的焦点在按钮上，并按下 Enter 键时，也会触发该事件
ondblclick	双击鼠标左键时触发
onerror	出现错误时触发
onfocus	任何元素或窗口本身获得焦点时触发
onkeydown	键盘上的按键(包括 Shift 或 Alt 等键)被按下时触发，如果一直按着某键，则会不断触发。当返回 false 时，取消默认认动作
onkeypress	键盘上的按键被按下，并产生一个字符时发生。也就是说，当按下 Shift 或 Alt 等键时不触发。如果一直按下某键时，会不断触发。当返回 false 时，取消默认认动作
onkeyup	释放键盘上的按键时触发
onload	页面完全载入后，在 Window 对象上触发；所有框架都载入后，在框架集上触发；<img>标记指定的图像完全载入后，在其上触发；或<object>标记指定的对象完全载入后，在其上触发
onmousedown	单击任何一个鼠标按键时触发
onmousemove	鼠标在某个元素上移动时持续触发
onmouseout	将鼠标从指定的元素上移开时触发
onmouseover	鼠标移到某个元素上时触发
onmouseup	释放任意一个鼠标按键时触发
onreset	单击重置按钮时，在<form>上触发
onresize	窗口或框架的大小发生改变时触发
onscroll	在任何带滚动条的元素或窗口上滚动时触发
onselect	选中文本时触发
onsubmit	单击提交按钮时，在<form>上触发
onunload	页面完全卸载后，在 Window 对象上触发；或者所有框架都卸载后，在框架集上触发

3.5.3 事件处理程序的调用

在使用事件处理程序对页面进行操作时，最主要的是如何通过对象的事件来调用事件处理程序：可以在 JavaScript 中调用，也可以在 HTML 中调用。

1. 在 JavaScript 中调用事件处理程序

在 JavaScript 中调用事件处理程序，首先需要获得要处理对象的引用，然后将要执行的处理函数赋值给对应的事件。

【例 3-28】在 JavaScript 中调用事件处理程序。

```
<input id="save" name="save" type="button" value="保存">
<script language="javascript">
var save_btn=document.getElementById("save");
save_btn.onclick=function(){
    alert("单击了保存按钮");
}
</script>
```

运行程序，当单击"保存"按钮时，将弹出"单击了保存按钮"提示框，如图 3-16 所示。

图 3-16　单击按钮时弹出提示框

在上面的代码中，要将<input>元素放在<script>标签上方，否则弹出"save_btn 为空或不是对象"的错误提示。另外，在 JavaScript 中指定事件处理程序时，事件名称必须小写，才能正确响应事件。

2. 在 HTML 中调用事件处理程序

在 HTML 中调用事件处理程序，只需要在 HTML 标记中添加相应的事件，并在其中指定要执行的代码或函数名即可。

【例 3-29】在 HTML 中调用事件处理程序。

在页面中添加如下标签：

```
<input id="save" name="save" type="button" onclick="alert('单击了保存按钮');" value="保存">
```

运行程序，单击"保存"按钮时，将弹出"单击了保存按钮"提示框。

3.6　常用对象

JavaScript 是一种基于对象的语言，可以定义并使用对象。本节对 JavaScript 的常用对象进行介绍。

3.6.1　Window 对象

Window 对象即浏览器窗口对象，是一个全局对象，是所有对象的顶级对象。Window 对象不需要创建，而是直接使用"对象名.成员"的格式来访问其属性或方法。

Window 对象提供了许多属性和方法，用于操作浏览器页面的内容。下面就来介绍这些属性和方法。

1. Window 对象的属性

Window 对象的常用属性如表 3-8 所示。

表 3-8　Window 对象的常用属性

属性	描述
document	对窗口或框架中含有文档的 document 对象的只读引用
defaultStatus	一个可读写的字符，用于指定状态栏中的默认消息
frames	表示当前窗口中所有 Frame 对象的集合
location	用于代表窗口或框架的 location 对象。如果将一个 URL 赋予该属性，则浏览器将加载并显示该 URL 指定的文档
length	窗口或框架包含的框架个数
history	对窗口或框架的 history 对象的只读引用
name	用于存放窗口对象的名称
status	一个可读写的字符，用于指定状态栏中的当前信息
top	表示最顶层的浏览器窗口
parent	表示包含当前窗口的父窗口
opener	表示打开当前窗口的父窗口
closed	布尔值，该属性为只读，表示当前窗口是否关闭。当浏览器窗口关闭时，表示该窗口的 Window 对象不会消失，不过其 closed 属性被设置为 true
self	表示当前窗口
screen	对窗口或框架的 Screen 对象的只读引用，提供屏幕尺寸、颜色深度等信息
navigator	对窗口或框架的 Navigator 对象的只读引用，通过 Navigator 对象可以获得与浏览器相关的信息

2. Window 对象的方法

Window 对象的常用方法如表 3-9 所示。

表 3-9　Window 对象的常用方法

方法	描述
aler()	弹出一个警告对话框
confirm()	显示一个确认对话框，单击"确认"按钮时返回 true，否则返回 false
prompt()	弹出一个提示对话框，要求输入一个简单的字符串
blur()	将键盘焦点从顶层浏览器窗口中移走，这将使窗口移到最后面

(续表)

方法	描述
close()	关闭窗口
focus()	将键盘焦点赋予顶层浏览器窗口，这将使窗口移到最前面
open()	打开一个新窗口
scrollTo(x,y)	把窗口滚动到(x,y)坐标指定的位置
scrollBy(offsetx,offsety)	按照指定的位移量滚动窗口
setTimeout(timer)	在经过指定的时间后执行代码
clearTimeou()	取消对指定代码的延迟执行
moveTo(x,y)	将窗口移到一个绝对位置
moveBy(offsetx,offsety)	将窗口移到指定的位移量处
resizeTo(x,y)	设置窗口的大小
resizeBy(offsetx,offsety)	按照指定的位移量设置窗口的大小
print()	相当于浏览器工具栏中的"打印"按钮
setInterval()	周期性执行指定的代码
clearInterval()	停止周期性地执行代码

由于 Window 对象是其他对象的父对象，因此在使用 Window 对象的属性和方法时，允许省略 Window 对象的名称。例如，在使用 Window 对象的 alert()方法弹出一个提示框时，可以使用下面的语句：

```
window.alert("欢迎访问");
```

也可以使用下面的语句：

```
alert("欢迎访问");
```

由于经常用到 Window 对象的 open()和 close()方法，下面进行详细介绍。

1) open()方法

open()方法用于打开一个新的浏览器窗口，并在该窗口中打开 URL 指定的网页。该方法的语法格式如下：

```
varName=window.open(url,windowname[,location]);
```

参数说明如下。

- varName：当前打开窗口的句柄。如果 open()方法执行成功，则 varName 的值是一个 Window 对象的句柄，否则是一个空值。
- url：目标窗口的 URL。如果 URL 是一个空字符串，则浏览器将打开一个空白窗口，允许用 write()方法创建动态 HTML。
- windowname：用于指定新窗口的名称，该名称可以作为<a>标记和<form>的 target 属性的值。如果该参数指定了一个已经存在的窗口，open()方法将不再创建一个新的窗口，只是返回对指定窗口的引用。
- location：对窗口属性进行设置，其可选参数如表 3-10 所示。

表 3-10　location 属性的可选参数

参数	描述
width	窗口宽度
height	窗口高度
top	窗口顶部距离屏幕顶部的像素数
left	窗口左端距离屏幕左端的像素数
scrollbars	是否显示滚动条，值为 yes 或 no
resizable	设定窗口大小是否固定，值为 yes 或 no
toolbar	浏览器工具栏，包括后退及前进按钮等，值为 yes 或 no
menubar	菜单栏，一般包括文件、编辑及其他菜单项，值为 yes 或 no
location	定位区，也叫地址栏，是可以输入 URL 的浏览器文本区，值为 yes 或 no

例如，打开一个新的浏览器窗口，在该窗口中显示 login.html 文件，设置打开窗口的名称为 login，以及窗口的顶边距、左边距、宽度和高度。代码如下：

```
window.open("login.html","login","width=500,height=400,top=50,left=20");
```

2) close()方法

close()方法用于关闭当前窗口，语法格式如下：

```
window.close()
```

【例 3-30】实现用户注册页面，其中包含"用户名""密码""确认密码"文本框，还包含"提交""重置""关闭"按钮。当用户单击"关闭"按钮，将关闭当前浏览器。

```
<form id="register_frm" name="register_frm" method="post" action="">
<table width="500" height="200" border="0">
<tr>
<td width="100" align="right">用户名：</td>
<td width="233" align="left"><label for="username"></label>
<input type="text" id="username" name="username"/>
</td>
</tr>
<tr>
<td align="right">密码：</td>
<td align="left"><label for="pwd1"></label>
<input type="password" id="pwd1" name="pwd1"/>
</td>
</tr>
<tr>
<td align="right">确认密码：</td>
<td align="left"><label for="pwd2"></label>
<input type="password" id="pwd2" name="pwd2"/>
</td>
</tr>
<tr>
<td align="center">
```

```
<input type="submit" id="submit_btn" name="submit_btn" value="提交" onclick="submit_btn()">
<input type="reset" id="reset_btn" name="reset_btn" value="重置"/>
<input type="button" id="close_btn" name="close_btn" value="关闭" onclick="window.close()"/>
</td>
</tr>
</table>
</form>
```

运行程序，效果如图 3-17 所示。

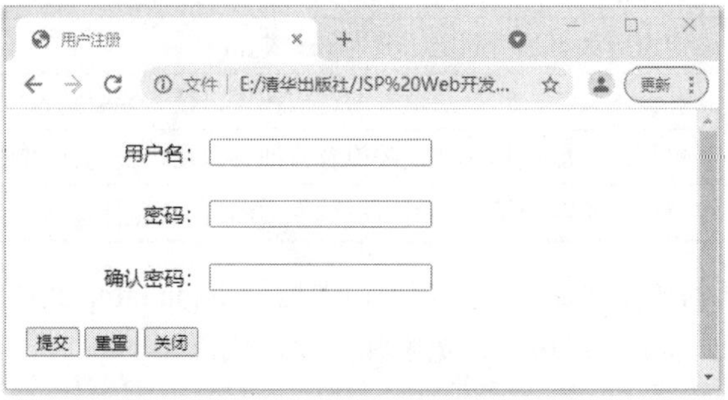

图 3-17　用户注册页面

3.6.2　String 对象

String 对象是动态对象，创建对象实例后，才能引用其属性和方法。由于在 JavaScript 中可以将用单引号或双引号括起来的一个字符串当作一个字符串对象的实例，因此可以直接在某个字符串后面加上点"."来调用 String 对象的属性和方法。

下面对 String 对象的常用属性和方法进行详细介绍。

1. 属性

String 对象最常用的属性是 length，该属性用于返回 String 对象的长度。length 属性的语法格式如下：

```
string.length
```

返回值是一个只读整数，是字符串 string 包含的字符数。每个汉字按一个字符计算。

【例 3-31】获取字符串对象的长度。

```
console.log("我的名字是 Landy".length);    //值为 10
console.log("landy".length);              //值为 5
```

2. 方法

String 对象提供了对字符串进行操作的方法，如表 3-11 所示。

表 3-11　String 对象的常用方法

方法	描述
anchor(name)	为字符串对象中的内容两边加上\<a name=name\>\</a\>标记对
big()	为字符串对象中的内容两边加上\<big\>\</big\>标记对
bold()	为字符串对象中的内容两边加上\<b\>\</b\>标记对
charAt(index)	返回字符串对象中指定索引号的字符组成的字符串，位置的有效值为 0 到字符串长度减 1 的数值。一个字符串的第一个字符的索引位置为 0，第二个字符位于索引位置1，以此类推。当指定的索引位置超出有效范围时，charAt() 方法返回一个空字符串
charCodeAt(index)	返回一个整数，该整数表示字符串对象中指定位置处的字符的 Unicode 编码
concat(sl,...,sn)	将调用方法的字符串与指定字符串结合，结果返回新字符串
fontcolor	为字符串对象中的内容两边加上\<font\>\</font\>标记对，并设置 color 属性，可以是颜色的十六进制值，也可以是颜色的预定义名
fontsize(size)	为字符串对象中的内容两边加上\<font\>\</font\>标记对，并设置 size 属性
indexOf(pattern)	返回字符串中包含 pattern 所代表参数第一次出现的位置值。如果该字符串中不包含要查找的模式，则返回-1
indexOf(pattern,startIndex)	返回字符串中包含 pattern 所代表参数第一次出现的位置值。如果该字符串中不包含要查找的模式，则返回-1，只是从 startIndex 指定的位置开始查找
lastIndexOf(pattern)	返回字符串中包含 pattern 所代表参数最后一次出现的位置值，如果该字符串中不包含要查找的模式，则返回-1
lastIndexOf(pattern,startIndex)	返回字符串中包含 pattern 所代表参数最后一次出现的位置值，如果该字符串中不包含要查找的模式，则返回-1，只是检索从 startIndex 指定的位置开始
localeCompare(s)	用特定比较方法比较字符串与 s 字符串。如果字符串相等，则返回 0，否则返回一个非 0 数字值

1）indexOf()方法

indexOf()方法用于返回 String 对象内第一次出现子字符串的字符位置。如果没有找到指定的子字符串，则返回-1。其语法格式如下：

```
string.indexOf(subString[,startIndex])
```

参数说明如下。

- subString：要在 String 对象中查找的子字符串，为必选参数。
- startIndex：该整数值指出在 String 对象内开始查找索引。该参数为可选项，如果省略，则从字符串的开始处查找。

【例 3-32】从一个邮箱地址中查找@所在的位置。

```
var str="buaalandy@163.com";
console.log(str.indexOf('@'));       //返回的索引值为 9
console.log(str.indexOf('@',20));    //返回值为-1
```

由于在 JavaScript 中，String 对象的索引值是从 0 开始的，因此此处返回的值为 9，而不是 10。

String 对象还有一个 lastIndexOf()方法，其语法格式同 indexOf()方法类似，不同的是 indexOf()从字符串的第一个字符开始查找，lastIndexOf()方法从字符串的最后一个字符开始查找。

【例 3-33】indexOf()方法与 lastIndexOf()方法的区别。

```
var str="2022-01-15";
console.log(str.indexOf('-'));          //返回的索引值为 4
console.log(str.lastIndexOf('-'));      //返回的索引值为 7
```

2）substr()方法

substr()方法用于返回指定字符串的一个子串，语法格式如下：

```
string.substr(start[,length])
```

参数说明如下。

- start：用于指定获取子字符串的起始下标。如果是一个负数，那么表示从字符串的尾部开始算起的位置，即-1 代表字符串的最后一个字符，-2 代表字符串的倒数第二个字符，以此类推。
- length：可选项，用于指定子字符串中字符的个数。如果省略，则返回从 start 开始位置到字符串结尾的子串。

【例 3-34】使用 substr()方法获取指定字符串的子串。

```
var word="One World One Dream!";
var subs=word.substr(10,9);   //subs 的值为 One Dream
```

3）substring()方法

substring()方法用于返回指定字符串的一个子串，语法格式如下：

```
string.substring(from[,to])
```

参数说明如下。

- from：用于指定要获取子字符串的第一个字符在 string 中的位置。
- to：可选项，用于指定要获取子字符串的最后一个字符在 string 中的位置。

由于 substring()方法在获取子字符串时，是从 string 中的 from 处到 to-1 处复制，因此 to 的值应该是要获取子字符串的最后一个字符在 string 中的位置加1。如果省略该参数，则返回从 from 开始到字符串结尾处的子串。

【例 3-35】使用 substring()方法获取指定字符串的子串。

```
var hello="nothing is impossible";
console.log(hello.substr(8,2));   //控制台输出 is
```

4）replace()方法

replace()方法用于替换一个与正则表达式匹配的子串，语法格式如下：

```
string.replace(regExp,substring);
```

参数说明如下。

- regExp：一个正则表达式。如果正则表达式中设置了标志 g，那么该方法将用替换字符串替换检索到的所有与模式匹配的子串，否则只替换所检索到的第一个与模式匹配的子串。

- substring：用于指定替换文本或生成替换文本的函数。如果 substring 是一个字符串，那么每个匹配都将由该字符串替换，但是在 substring 中的"$"字符具有特殊的意义，如表 3-12 所示。

表 3-12　$字符的意义

字符	替换文本
$1,$2,…,S99	与 regExp 中的第 1~99 个子表达式匹配的文本
S&	与 regExp 相匹配的子串
$`	位于匹配子串左侧的文本
S'	位于匹配子串右侧的文本
$$	直接量，$符号

【例 3-36】去掉字符串中的首尾空格。

(1) 在页面中添加表单及表单元素，用于输入原字符串和显示转换后的字符串，代码如下：

```
<form name="form1" method="post" action="">
原字符串：
<textarea name="oldString" cols="40" rows="4"></textarea>
去掉首尾空格后：
<textarea name="newString" cols="40" rows="4"></textarea>
<input name="Button" type="button" value="去掉字符的首尾空格">
</form>
```

(2) 编写函数 trim()，应用 String 对象的 replace()方法去掉字符串中的首尾空格，代码如下：

```
function trim(){
    var str=form1.oldString.value;          //获取原字符串
    if(str==""){                            //当原字符串为空时
        alert("请输入原字符串");form1.oldString.focus();return;
    }else{                                  //当原字符串不为空时，去掉字符串中的首尾空格
        str=str.replace(/(^\s*)|(\s*$)/g, ""); //替换字符串中的首尾空格
    }
    form1.newString.value=str;              //将转换后的字符串写入"去掉首尾空格后"文本框中
}
```

(3) 在"去掉字符串的首尾空格"按钮的 onclick 事件中调用 tri()函数，代码如下：

```
<input name="Button" type="button" onoclick="trim()" value="去掉字符串的首尾空格">
```

运行程序，输入原字符串，单击"去掉字符串的首尾空格"按钮，将去掉字符串中的首尾空格，并显示到"去掉首尾空格后"文本框中，如图 3-18 所示。

5) split()方法

split()方法用于将字符串分割为字符串数组，语法格式如下：

图 3-18　去掉字符串首尾空格

```
string.split(delimiter,limit);
```

参数说明如下。

- delimiter：字符串或正则表达式，用于指定分隔符。
- limit：可选项，用于指定返回数组的最大长度。如果设置了该参数，返回的子串不会多于这个参数指定的数字，否则整个字符串都会被分割，而不考虑其长度。

返回值为一个字符串数组，该数组是通过 delimiter 指定的边界将字符串分割成的字符串数组。

> **注意：**
> 在使用 split()方法分割数组时，返回的数组不包括 delimiter 自身。

【例 3-37】将字符串"2022-03-03"以"."为分隔符分割成数组。

```
<script>
var str="2022-03-03";
var mytime=str.split("-");        //分割字符串数组
document.write("字符串" + str + "进行分割后的数组为：<br>");
//通过 for 循环输出各个数组元素
for(i=0;i<mytime.length;i++){
    document.write("mytime["+i+"]:"+mytime[i]+"<br>");
}
</script>
```

运行程序，效果如图 3-19 所示。

3.6.3 Date 对象

在开发网页的过程中，可以使用 JavaScript 的 Date 对象来对日期和时间进行操作。例如，如果想在网页中显示计时的时钟，可以使用 Date 对象来获取当前系统的时间，并按照指定的格式进行显示。下面将对 Date 对象进行详细介绍。

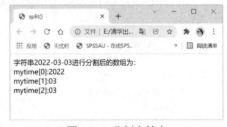

图 3-19 分割字符串

1. 创建 Date 对象

Date 对象是一个有关日期和时间的对象。它具有动态性，即必须使用 new 运算符创建一个实例，语法格式如下：

```
dateObj=new Date()
dateObje=new Date(dateValue)
dateObj=new Date(year,month,date[,hours[,minutes[,seconds[,ms]]])
```

参数说明如下。

- dateValue：如果是数值，则表示指定日期与 1970 年 1 月 1 日午夜间全球标准时间相差的毫秒数；如果是字符串，则 dateValue 按照 parse()方法中的规则进行解析。
- year：一个 4 位数的年份。如果输入的是 0 和 99 之间的值，则给它加上 1900。
- month：表示月份，值为 0 和 11 之间的整数，即 0 代表 1 月份。

- date：表示日，值为 1 和 31 之间的整数。
- hours：表示小时，值为 0 和 23 之间的整数。
- minutes：表示分钟，值为 0 和 59 之间的整数。
- seconds：表示秒钟，值为 0 和 59 之间的整数。
- ms：表示毫秒，值为 0 和 999 之间的整数。

【例 3-38】创建一个代表当前系统日期的 Date 对象，代码如下：

```
var now=new Date();
```

2. Date 对象的方法

Date 对象没有提供直接访问的属性，只具有获取、设置日期和时间的方法。Date 对象的常用方法如表 3-13 所示。假设当前系统时间为 2022 年 3 月 5 日 21 点星期六。

表 3-13　Date 对象的常用方法

方法	描述	示例
getFullYear()	返回 Date 对象中的年份，用 4 位数表示，采用本地时间或世界时间	new Date().getFullYear(); //返回值为 2022
getMonth()	返回 Date 对象中的月份(0~11)，采用本地时间或世界时间	new Date().getMonth(); //返回值为 3
getDate()	返回 Date 对象中的月中的一天(1~31)，采用本地时间或世界时间	new Date().getDate(); //返回值为 5
getDay()	返回 Date 对象中的周中的一天(0~6)，采用本地时间或世界时间	new Date().getDay(); //返回值为 Saturday
getHours()	返回 Date 对象中的小时数(0~23)，采用本地时间或世界时间	new Date().getHours(); //返回值为 21

【例 3-39】显示系统当前时间。

(1) 在页面上添加一个 id 为 clock 的<div>标记，代码如下：

```
<div id="clock"></div>
```

(2) 编写函数 current_time()，使用 Date 对象的方法获取系统日期，代码如下：

```
<script>
    function current_time(){
        var now=new Date();
        var year=now.getFullYear();
        var month=now.getMonth();
        var date=now.getDate();
        var day=now.getDay();
        var hour=now.getHours();
        var minu=now.getMinutes();
        var sec=now.getSeconds();
        month=month+1;
```

```
var arr_week=new Array("星期日","星期一","星期二","星期三","星期四","星期五","星期六");
var week=arr_week[day];
var time=year+"年"+month+"月"+date+"日 "+week+" "+hour+":"+minu+":"+sec;
clock.innerHTML="当前时间："+time;
        }
    </script>
```

(3) 在页面的载入事件中每隔 1 秒调用一次 current_time()函数实时显示系统时间，具体代码如下：

```
window.onload=function(){
window.setInterval("current_time(clock)",1000); //显示系统当前时间
        }
```

实例运行结果如图 3-20 所示。

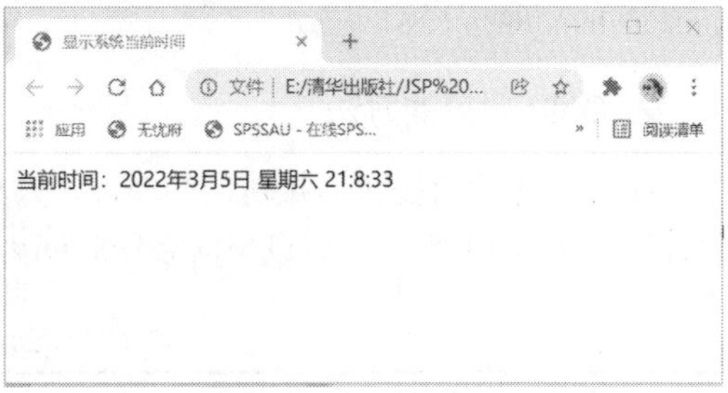

图 3-20　实时显示系统时间

3.7　DOM 技术

DOM 是 Document Object Model(文档对象模型)的简称，表示 HTML 文档和访问、操作构成文档的各种标记元素的应用程序接口(API)。它提供了文档中独立元素的结构化、面向对象的表示方法，允许通过对象的属性和方法访问这些对象。文档对象模型还提供了添加和删除文档对象的方法，能够创建动态的文档内容。DOM 也提供了处理事件的接口，允许捕获和响应用户以及浏览器的动作。下面将对 DOM 进行详细介绍。

3.7.1　DOM 的分层结构

在 DOM 中，文档的层次结构以树表示。树是倒立的，树根在上，枝叶在下，树的节点表示文档中的内容。DOM 树的根节点是 Document 对象，该对象的 documentElement 属性引用表示文档根元素的 Element 对象。对于 HTML 文档，表示文档根元素的 Element 对象是<html>标记，<head>和<body>元素是树的枝干。

【例 3-40】创建一个简单的 HTML 文档，说明 DOM 的分层结构。

```
<html>
<head>
<title>一个 HTML 文档</title>
</head>
<body>
欢迎访问！
<a href="https://www.baidu.com/">百度一下</a>
</body>
</html>
```

运行程序，效果如图 3-21 所示，对应的 Document 对象的层次结构如图 3-22 所示。

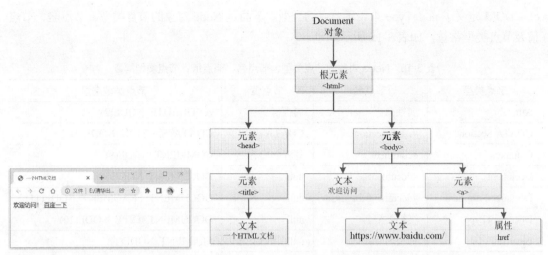

图 3-21　HTML 文档的运行结果　　　　图 3-22　Document 对象的层次结构

3.7.2　遍历文档

在 DOM 中, HTML 文档中的各个节点被视为各种类型的 Node 对象, 并且将 HTML 文档表示为 Node 对象的树。对于任何一个树结构来说, 最常做的就是遍历树。在 DOM 中, 可以通过 Node 对象的 parentNode、firstChild、nextChild、lastChild、previousSibling 等属性来遍历文档树。Node 对象的常用属性如表 3-14 所示。

表 3-14　Node 对象的常用属性

属性	类型	描述
parentNode	Node	节点的父节点, 没有父节点时为 null
childNodes	NodeList	节点的所有子节点的 NodeList
firstChild	Node	节点的第一个子节点, 没有则为 null
lastChild	Node	节点的最后一个子节点, 没有则为 null
previousSibling	Node	节点的上一个节点, 没有则为 null
nextChild	Node	节点的下一个节点, 没有则为 null
nodeName	String	节点名
nodeValue	String	节点值
nodeType	Short	表示节点类型的整型常量

DOM 定义了 nodeType 来表示节点的类型。下面是 Node 对象的节点类型、节点名、节点值及节点类型常量，如表 3-15 所示。

表 3-15　Node 对象的节点类型、节点名、节点值、节点类型常量

节点类型	节点名	节点值	节点类型常量
Attr	属性名	属性值	ATTRIBUTE_NODE(2)
CDATA Section	#cdata-section	CDATA 段内容	CDATA_SECTION_NODE(4)
Comment	#comment	注释的内容	COMMENT_NODE(8)
Document	#document	null	DOCUMENT_NODE(9)
DocumentFragment	#document-fragment	null	DOCUMENT_FRAGMENT_NODE(11)
DocumentType	文档类型名	null	DOCUMENT_TYPE_NODE(10)
Element	标记名	null	ELEMENT_NODE(1)
Entity	实体名	null	ENTITY_NODE (6)
EntityReference	引用实体名	null	ENTITY_REFERENCE_NODE(5)
Notation	符号名	null	NOTATION_NODE(12)
ProcessionInstruction	目标	除目标以外的所有内容	PROCESSION_INSTRUCTION_NODE(7)
Text	#text	文本节点内容	TEXT_NODE(3)

【例 3-41】遍历当前网页，获取其中的标记，统计标记总数。

(1) 编写 index.html 文件，具体代码如下：

```html
<body>
    欢迎访问明日科技网站！
    <br>
    <a href="http://www.baidu.com">http://www.baidu.com</a>
</body>
```

(2) 编写 JavaScript 代码，用于获取文档中全部的标记，并统计标记的个数。具体代码如下：

```javascript
<script>
    var elementList="";                          //全局变量，保存 Element 标记名
    function getElement(node) {                   //参数 node 是一个 Node 对象
        var total = 0;
        if(node.nodeType==1){                    //检查 node 是否为 Element 对象
            total++;                             //计数器+1
            elementList=elementList+node.nodeName+"、";   //保存标记名
        }
        var childrens=node.childNodes;           //获取 node 的全部子节点
        for(var m=node.firstChild;m!=null;m=m.nextSibling){
            total += getElement(m);              //对每个子节点进行递归操作
        }
        return total;
    }
    function show(){
        var number=getElement(document);         //获取标记总数
```

```
        elementList=elementList.substring(0,elementList.length-1);   //去掉字符串中最后一个逗号
        alert("该文档中包含："+elementList+"等"+number+"个标记！");
        elementList="";                                              //清空全局变量
    }
</script>
```

（3）在页面的 onload 事件中调用 show()方法，获取并显示文档中的标记及标记总数。具体代码如下：

```
<body onload="show()">
```

运行程序，将显示如图 3-23 所示的页面，并弹出提示对话框显示文档中的标记及标记总数。

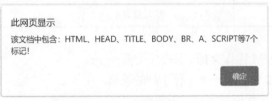

图 3-23　示例运行效果

3.7.3　获取文档中的指定元素

通过遍历文档树中全部节点的方法，可以找到文档中指定的元素，但这种方法不是最高效的。下面介绍两种直接搜索文档中指定元素的方法。

1. 通过元素的 ID 属性获取元素

使用 Document 对象的 getElementById()方法，可以通过元素的 ID 属性获取元素。例如，获取文档中 ID 属性为 userList 的节点。代码如下：

```
document.getElementById("userList");
```

2. 通过元素的 name 属性获取元素

使用 Document 对象的 getElementByName()方法，可以通过元素的 name 属性获取元素。与 getElementById()方法不同的是，该方法的返回值为一个数组，而不是一个元素。如果想通过 name 属性获取页面中唯一的元素，可以通过获取返回数组中下标值为 0 的元素进行获取。例如，获取 name 属性为 userName 的节点。代码如下：

```
document.getElementByName("userName")[0];
```

3.7.4　操作文档

在 DOM 中不仅可以通过节点的属性查询节点，还可以对节点进行创建、插入、删除和替换等操作。这些操作都可以通过节点(Node)对象提供的方法来完成。Node 对象的常用方法如表 3-16 所示。

表 3-16　Node 对象常用的方法

方法	描述
insertBefore(newChild,refChild)	在现有节点 refChild 之前插入节点 newChild
replaceChild(newChild,oldChild)	将子节点列表中的子节点 oldChild 换成 newChild，返回 oldChild 节点
removeChild(oldChild)	将子节点列表中的子节点 oldChild 删除，并返回 oldChild 节点
appendChild(newChild)	将节点 newChild 添加到该节点的子节点列表末尾。如果 newChild 已经在树中，则先将其删除
hasChildNodes()	返回一个布尔值，表示节点是否有子节点
cloneNode(deep)	返回这个节点的副本(包括属性)，如果 deep 的值为 true，则复制所有包含的节点；否则只复制这个节点

【例 3-42】通过 DOM 操作文档，添加和删除评论。

(1) 在页面的合适位置添加一个 1 行 2 列的表格，用于显示评论列表，并将该表格的 ID 属性设置为 comment。具体代码如下：

```
<table width="600" border="1" align="center" cellpadding="0" cellspacing="0" id="comment">
<tr>
<td width="18%" height="27" align="center" bgcolor="#E5BB93">评论人</td>
<td width="82%" align="center" bgcolor="#E5BB93">评论内容</td>
</tr>
</table>
```

(2) 在评论列表的下方添加一个用于收集评论信息的表单及表单元素。具体代码如下：

```
<form name="form1" method="post" action="">
评论人：<input name="person" type="ext" id="person" size="20">
评论内容：<textarea name="content" cols="30" rows="6" id="content"></textarea><br>
</form>
```

(3) 编写函数 addElement()，用于在评论列表中添加一条评论信息。在该函数中，首先将评论信息添加到评论列表的后面，然后清空评论人和评论内容文本框。具体代码如下：

```
function addElement(){
    var person=document.createTextNode(form1.person.value);      //创建代表评论人的 TextNode 节点
    var content=document.createTextNode(form1.content.value);    //创建代表评论内容的 TextNode 节点
    //创建 td 类型的 Element 节点
    var td_person=document.createElement("td");
    var td_content=document.createElement("td");
    var tr=document.createElement("tr");                         //创建一个 tr 类型的 Element 节点
    var tbody=document.createElement("tbody");                   //创建一个 tbody 类型的 Element 节点
    //将 TextNode 节点加入 td 类型的节点中
    td_person.appendChild(person);                              //添加评论人
    td_content.appendChild(content);                            //添加评论内容
    //将 td 类型的节点添加到 tr 节点中
    tr.appendChild(td_person);
    tr.appendChild(td_content);
    tbody.appendChild(tr);                                      //将 tr 节点加入 tbody 中
```

```
        var tComment=document.getElementById("comment");        //获取 table 对象
        tComment.appendChild(tbody);                             //将节点 tbody 加入节点尾部
        form1.person.value="";                                  //清空评论人文本框
        form1.content.value="";                                 //清空评论内容文本框
}
```

(4) 编写函数 deleteFirstE()，用于将评论列表中的第一条评论信息删除。具体代码如下：

```
function deleteFirstE(){
        var tComment=document.getElementById("comment");        //获取 table 对象
        if(tComment.rows.length>1) {
            tComment.deleteRow(1);                              //删除表格的第二行，即第一条评论
        }
}
```

(5) 编写函数 deleteLastE()，用于将评论列表中的最后一条评论信息删除。具体代码如下：

```
function deleteLastE(){
        var tComment=document.getElementById("comment");        //获取 table 对象
        if(tComment.rows.length>1){
        tComment.deleteRow(tComment.rows.length-1);             //删除表格的最后一行，即最后一条评论
        }
}
```

(6) 分别添加"发表""删除第一条评论""删除最后一条评论"按钮，并在各按钮的 onclick 事件中调用发表评论函数 addElement()、删除第一条评论函数 deleteFirstE()和删除最后一条评论函数 deleteLastE()。另外，还需要添加"重置"按钮。具体代码如下：

```
<input name="Button" type="button" value="发表" onClick="addElement()">
<input name="Reset" type="reset" value="重置">
<input name="Button" type="button" value="删除第一条评论" onclick="deleteFirstE()">
<input name="Button" type="button" class="btn_grey" value="删除最后一条评论" onclick="deleteLastE()">
```

运行程序，在"评论人"文本框中输入评论人，在"评论内容"文本框中输入评论内容，单击"发表"按钮，即可将该评论显示到评论列表中；单击"删除第一条评论"按钮，将删除第一条评论；单击"删除最后一条评论"按钮，将删除最后一条评论，如图 3-24 所示。

图 3-24　添加和删除评论

3.8　本章小结

本章首先对 JavaScript 语言及其主要特点进行了简要介绍；然后对 JavaScript 的基本语法、

流程控制语句、函数、事件处理、常用对象等进行了详细的介绍；最后对 DOM 技术进行了详细的介绍。在进行 Ajax 开发时，DOM 技术也是必不可少的，所以这部分内容需要读者重点掌握。

3.9　实践与练习

1. 编写程序，随机生成两个小数，然后求两个数中的较大者。
2. 编写程序，根据用户输入的一个年份，判断该年份是否闰年。
3. 编写程序，通过用户输入的年龄，判断是哪个年龄段的人。

- 儿童：年龄<14。
- 青少年：14<=年龄<24。
- 青年：24<年龄<40。
- 中年：40<=年龄<60。
- 老年：年龄>60。

4. 编写程序，根据用户输入的一个数字(0~6)，通过警示对话框显示对应的星期几(0 表示星期日；1 表示星期一；……，6 表示星期六；)。
5. 编写程序，计算 10！(即 $1 \times 2 \times 3 \times \cdots \times 10$)。
6. 编写程序，计算 1!+2!+3!+…+10!的结果。
7. 编写程序，实现在页面上输出如下图案(星号之间有空格)。

```
    *
    *    *
    *    *    *
    *    *    *    *
    *    *    *    *    *
```

8. 有一个三位数 x，被 4 除余 2，被 7 除余 3，被 9 除余 5，请求出这个数。
9. 编写一个函数 $f(x)=4x^2+3x+2$，用户通过提示对话框输入 x 值，按下 Enter 键或单击"确定"按钮，返回相应的结果。
10. 在页面上编程输出 0 和 100 之间的所有素数，并输出结果。

∾ 第 4 章 ∞

JSP基本语法

在进行 Java Web 应用开发时，需要先掌握 JSP 语法。本章主要介绍 JSP 页面的基本结构、指令标识、脚本标识、注释、动作标识等内容。

本章的学习目标：

- 了解 JSP 页面的结构
- 了解指令标识
- 了解脚本标识
- 掌握 JSP 注释
- 掌握 JSP 动作标识的应用

4.1 了解 JSP 页面

JSP 页面的扩展名为 jsp，页面中通常包含指令标识、HTML 代码、JavaScript 代码、嵌入的 Java 代码、注释和 JSP 动作标识等元素。下面通过示例来介绍这些元素。

【例 4-1】显示系统当前时间。

```
<%@page language="java" contentType="text/html;charset=GB18030" pageEncoding="GB18030"%>
<%@page import="java.util.Date"%>
<%@page import="java.text.SimpleDateFormat"%>
<html>
<head>
<meta http-equiv="Content-Type"content="text/html;charset=GB18030">
<title>系统当前时间</title>
</head>
<body>
<%
    Date date = new Date();              //获取日期对象
    SimpleDateFormat df = new SimpleDateFormat("yyyy-MM-dd HH:mm:ss");    //设置日期时间格式
    String today = df.format(date);      //获取当前系统日期
%>
<!-- 输出系统当前时间 -->
系统当前时间：<%=today%>
</body>
```

</html>

运行程序，效果如图4-1所示。

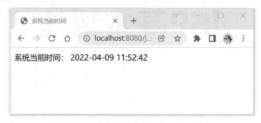

图4-1　在页面中显示当前时间

该页面包含了指令标识、HTML代码、嵌入的Java代码和注释等，如图4-2所示。

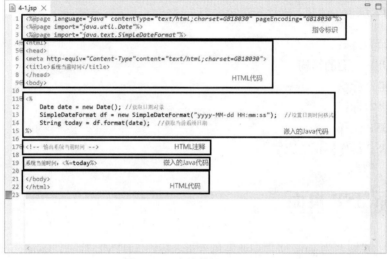

图4-2　一个简单的JSP页面

4.2 指令标识

指令标识用于设置JSP页面范围内都有效的信息，被服务器解释执行，不会产生输出内容到网页中。JSP页面的指令标识犹如身份证，身份证可以唯一标识一个人的身份，但是没必要对所有的人公开身份证信息。

指令标识的语法格式如下：

<%@指令名 属性1="属性值1" 属性2="属性值2"…%>

参数说明如下。

- 指令名：指令的名称，常用的指令有page、include和taglib。
- 属性：属性的名称，不同的指令拥有不同的属性。可以为一条指令设置多个属性，各属性之间用逗号或空格分隔。
- 属性值：属性的取值。

例如，创建JSP文件时，默认生成的页面中会添加以下指令，用于指定JSP所使用的语言、编码方式等。

```
<%@ page language="java" contentType="text/html; charset=ISO-8859-1"
    pageEncoding="ISO-8859-1"%>
```

注意:

指令标识的<%@和%>是完整的标记,不能添加空格,但是标签中定义的属性与指令名之间是有空格的。

4.2.1　page 指令

page 指令是 JSP 页面最常用的指令,用于定义 JSP 页面的全局属性,这些属性在 JSP 页面被服务器解析成 Servlet 时会转换为相应的 Java 程序代码。page 指令的语法格式如下:

```
<%@ page attr1="value1" attr2="value2"...%>
```

page 指令包含许多常用属性,下面对常用的属性进行介绍。

1. language 属性

language 属性用于设置 JSP 页面使用的语言。JSP 主要支持 Java 语言。

【例 4-2】设置 JSP 页面的语言属性。

```
<%@ page language="java"%>
```

2. extends 属性

extends 属性用于设置 JSP 页面继承的 Java 类。JSP 页面在执行之前被服务器解析成 Servlet,而 Servlet 由 Java 类定义,所以 JSP 和 Servlet 都可以继承指定的父类。该属性的使用可能影响服务器的性能,因此并不常用。

3. import 属性

import 属性用于导入类包。JSP 页面可以嵌入 Java 代码片段,这些 Java 代码在调用 API 时需要导入相应的类包。

【例 4-3】在 JSP 页面中导入类包。

```
<%@page import="java.util.Date"%>
```

4. pageEncoding 属性

pageEncoding 属性用于定义 JSP 页面的编码格式,即文件编码。如果该属性值设置为 ISO-8859-1,则页面不支持中文字符。当需要显示中文时,通常设置为 GBK 编码,该编码可以显示简体中文和繁体中文。

【例 4-4】设置 JSP 页面编码格式。

```
<%@ page pageEncoding="ISO-8859-1"%>
```

5. contentType 属性

contentType 属性用于设置 JSP 页面的 MIME 类型和字符编码,浏览器会根据此属性的设置来显示网页内容。

【例4-5】设置 MIME 类型和字符编码。

```
<%@ page contentType="text/html; charset=ISO-8859-1" %>
```

JSP 页面的默认编码格式为 ISO-8859-1，该编码不支持中文，若想要支持中文，需要将页面的编码设置为 UTF-8 或 GBK。

6. session 属性

session 属性用于指定是否使用 session 会话对象。该属性的取值为 boolean 类型，可选值为 true 和 false。默认值为 true，表示可以使用 session 会话对象；如果设置为 false，则禁止使用 session 会话对象。

【例4-6】禁止页面使用 session 会话对象。

```
<%@ page session="false"%>
```

上述代码禁止 JSP 页面使用 session 对象，则在该页面中，任何对 session 对象的声明和引用都会发生错误。

7. buffer 属性

buffer 属性用于设置 JSP 的 out 输出对象使用的缓冲区大小，默认大小为 8KB。该属性的单位为 KB。属性取值一般为 8 的倍数，如 16、32、64、128 等。

【例4-7】设置 JSP 页面的 out 输出对象使用的缓冲区大小。

```
<%@ page buffer="128KB"%>
```

8. autoFlush 属性

autoFlush 属性用于设置 JSP 页面缓存满时，是否自动刷新缓存。该属性的默认值为 true。如果设置为 false，则缓存被填满时将抛出异常。

【例4-8】禁止 JSP 页面缓存的自动刷新。

```
<%@ page autoFlush="false"%>
```

9. isErrorPage 属性

通过 isErrorPage 属性可以将 JSP 页面设置成错误处理页面，用来处理另一个 JSP 页面的错误，也就是异常处理。

【例4-9】将当前 JSP 页面设置成错误处理页面。

```
<%@ page isErrorPage ="true"%>
```

10. errorPage 属性

该属性用于指定另一个 JSP 页面，用来处理当前 JSP 页面的异常错误。指定的 JSP 错误处理页面必须设置 isErrorPage 属性为 true。errorPage 属性的属性值是一个 url 字符串。

【例 4-10】为当前 JSP 页面设置异常错误处理页面。

```
<%@ page isErrorPage ="true" errorPage="error/loginErrorPage.jsp"%>
```

注意：

如果设置 errorPage 属性，优先使用该属性定义的错误处理页面，而 web.xml 文件中定义的任何错误页面都将被忽略。

4.2.2　include 指令

include 指令为文件包含指令，通过该指令可以在一个 JSP 页面中包含另一个 JSP 页面。该指令包含文件时是静态包含，也就是说被包含文件中所有内容会被原样包含到该 JSP 页面中，即使被包含文件中有 JSP 代码，在包含时也不会被编译执行。使用 include 指令，最终将生成一个文件，所以在被包含和包含的文件中，不能有相同名称的变量。include 指令包含文件的过程如图 4-3 所示。

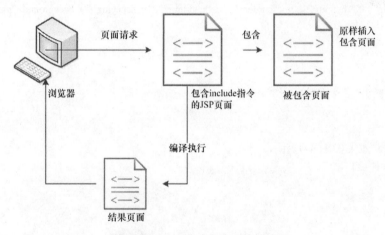

图 4-3　include 指令包含文件的过程

include 指令的语法格式如下：

```
<%@ include file="path"%>
```

file 属性为被包含文件的路径。该路径可以是相对路径，也可以是绝对路径，但是不可以是<%=%>表达式所代表的文件。

【例 4-11】在 JSP 页面中通过 include 指令嵌入 Banner 和版权栏。

(1) 新建 top.jsp 文件，用于放置网站的 Banner 和导航条。这里将 Banner 和导航条设计成一张图片。这样，在该页面通过<img>标记插入图片即可。关键代码如下：

```
<%@ page pageEncoding="GB18030"%>
<img src="pic/banner1.jpg">
```

(2) 新建文件 copyright.jsp，用于展示网站的版权信息，关键代码如下：

```
<%@ page pageEncoding="GB18030"%>
<%
```

```
        String copyright=" All Copyright&copy;清华大学出版社";
%>
<table width="800" height="60" border="0" cellpadding="0" cellspacing="0" bgcolor="#eee">
<tr>
<td><%=copyright %></td>
</tr>
</table>
```

(3) 新建文件 index.jsp，在该文件中引入文件 top.jsp 和 copyright.jsp，关键代码如下：

```
<%@ page language="java" contentType="text/html;charset=GB18030" pageEncoding="GB18030"%>
<html>
<head>
<meta http-equiv="Content-Type" content="text/html;charset=GB18030">
<title>使用文件包含 include 指令</title>
</head>
<body style="margin:0px;">
<%@ include file="top.jsp"%>
<table width="800" height="300px" border="0" cellpadding="0" cellspacing="0" background="pic/content.jpeg">
<tr>
<td> </td>
</tr>
</table>
<%@ include file="copyright.jsp"%>
</body>
</html>
```

运行程序，效果如图 4-4 所示。

图 4-4   运行效果

技巧：

在应用 include 指令包含文件时，为了使整个页面的层次结构不发生冲突，建议在被包含页面中将<html>、<body>等标记删除。

4.2.3　taglib 指令

在 JSP 页面中，可以通过 taglib 指令标识声明该页面中所使用的标签库，同时引用标签库，并指定标签的前缀。在页面中引用标签库后，就可以通过前缀来引用标签库中的标签。taglib 指令的语法格式如下：

```
<%@ taglib prefix="tagPrefix" uri="tagURI" %>
```

参数说明如下。

- prefix：标签的前缀。该前缀不能命名为 jsp、jspx、java、javax、sun、servlet 和 sunw。
- uri：标签库文件的存放位置。

【例 4-12】在页面中引用 JSTL 中的核心标签库。

```
<%@ taglib prefix="c" uri="http://java.sun.com/jsp/jstl/core" %>
```

4.3　脚本标识

在 JSP 页面中，脚本标识能够很方便、灵活地生成页面中的动态内容，如 Scriptlet 脚本程序。JSP 中的脚本标识包括 JSP 表达式、声明标识和代码片段。通过这些标识，用户可以在 JSP 页面中声明变量、定义函数或进行表达式运算。

4.3.1　JSP 表达式

JSP 表达式用于向页面中输出信息，语法格式如下：

```
<%=表达式%>
```

表达式可以是任何 Java 语言的完整表达式。<%与=之间没有空格，但是=与其后面的表达式之间可以有空格。该表达式的最终运算结果将被转换为字符串。

【例 4-13】使用 JSP 表达式。

```
<body>
<%String manager="buaalandy";%> <!-- 定义保存管理员名的变量 -->
管理员：<%=manager%>  <!-- 输出结果为：管理员：buaalandy -->
<%="管理员："+manager%>  <!-- 输出结果为：管理员：buaalandy -->
<%=5+6%>  <!-- 输出结果为：11 -->
<%String url="pic/baidu.png";%>  <!-- 定义保存文件名称的变量 -->
<img src="<%=url %>"/>  <!-- 输出结果为：<img src="pic/baidu.png"> -->
</body>
```

说明：

JSP 表达式不仅可以插入网页中，用于输出文本内容；也可以插入 HTML 标记中，用于动态设置属性值。

4.3.2 声明标识

声明标识用于定义全局变量或全局方法，这些全局变量和全局方法可以被整个 JSP 页面访问。服务器执行 JSP 页面时，会将 JSP 页面转换为 Servlet 类，在该类中会把使用 JSP 声明标识定义的变量和方法转换为类的成员变量和方法。

声明标识的语法格式如下：

```
<%! 声明变量或方法的代码 %>
```

注意：

<%与!之间不可以有空格，但是!与其后面的代码之间可以有空格。另外，<%!与%>可以不在同一行，例如，下面的格式也是正确的。

```
<%!
声明变量或方法的代码
%>
```

【例 4-14】通过声明标识声明一个全局变量和全局方法。

```
<%!
int sum=0;          //声明全局变量
int count(){        //声明全局方法
    sum++;          //累加 sum
    return sum;     //返回 sum 的值
}
%>
```

通过上面的代码声明全局变量和全局方法后，在后面如果通过<%=cout()%>调用全局方法，则每次刷新页面，都会输出前一次值+1 的值。

4.3.3 代码片段

代码片段就是在 JSP 页面中嵌入的 Java 代码或者脚本代码。代码片段将在页面请求的处理期间被执行。通过 Java 代码可以定义变量或流程控制语句等，而通过脚本代码可以应用 JSP 的内置对象在页面输出内容、处理请求和响应、访问 session 会话等。

代码片段的语法格式如下：

```
<% Java 代码或是脚本代码 %>
```

说明：

代码片段与声明标识的区别是，通过声明标识创建的变量和方法为应用范围有效，在当前 JSP 页面中有效，它的生命周期是从创建开始到服务器关闭结束；而代码片段创建的变量或方法在当前 JSP 页面有效，页面关闭后就会被销毁。

【例 4-15】制作乘法表。

新建文件 index.jsp，通过代码片段将乘法表连接成一个字符串，然后通过 JSP 表达式输出该字符串。关键代码如下：

```
<body>
<%
    String str ="";                        //声明保存九九乘法表的字符串变量
    //连接生成九九乘法表的字符串
    for (int i=1;i<=9;i++){                 //外循环
        for (int j=1;j<=i;j++){             //内循环
            str += j+""+i+"="+j*i;
            str += " ";               //加入空格符
        }
        str +="<br>";                       //加入换行符
    }
%>
<table width="440" height="85" border="1" cellpadding="0" cellspacing="0" style="font:9pt;">
<tr>
    <td heighta="30" align="center">九九乘法表</td>
</tr>
<tr>
    <td style="padding:3pt">
        <%=str%>    <!-- 输出九九乘法表 -->
    </td>
</tr>
</table>
</body>
```

运行程序，乘法表的效果如图 4-5 所示。

图 4-5　输出的乘法表

4.4　JSP 注释

由于 JSP 页面由 HTML、JSP、Java 脚本等组成，因此在其中可以使用多种注释格式。本节将对这些注释的语法进行讲解。

4.4.1　HTML 注释

HTML 通过标签<!--...-->添加注释信息，该注释标签用来在源文档中插入注释。插入的注释不会在浏览器中显示，但在查看源代码时可以看到。其语法格式如下：

```
<!-- 注释文本 -->
```

【例 4-16】添加 HTML 注释。

```
<!-- 显示数据报表的表格 -->
<table>
</table>
```

上述代码为一个 HTML 表格添加了注释信息，其他程序开发人员可以直接从注释中了解表格的用途。在浏览器中查看网页代码时，上述代码包括注释信息都将完整显示出来。

4.4.2 JSP 代码片段注释

JSP 代码片段中也可加入注释，加入的注释和 Java 注释相同，包括以下 3 种情况。

1. 单行注释

单行注释以"//"开头，后面接注释内容，语法格式如下：

```
//注释内容
```

【例 4-17】使用单行注释。

```
<%
    String username ="";           //定义变量保存用户名
    //根据用户名是否为空输出不同的信息
    if ("".equals(username)){
        system.out.println("用户名不能为空");
    }else{
        system.out.println("您好！ "+username);
    }
%>
```

在上面的代码中，当用户名为空时，输出"用户名不能为空"；当用户名不为空时，如 username 为 landy 时，输出"您好！ landy"。

2. 多行注释

多行注释以"/*"开头，以"*/"结束，在"/*…*/"之间的内容为注释内容，注释内容可以换行。语法格式如下：

```
/*
注释内容 1
注释内容 2
……
*/
```

为了程序代码的美观，可以在每行注释内容前加上*号：

```
/*
* 注释内容 1
* 注释内容 2
* ……
*/
```

【例 4-18】使用多行注释。

```
<%
/*
* function：显示图书信息
* author:landy
* time:2020-10-21
*/
%>
图书名称：《JSP 基础教程》<br>
作者：本聪<br>
出版社：清华大学出版社
```

3. 提示文档注释

提示文档注释，在 Javadoc 文档工具生成文档时会被读取到。提示文档注释主要是对代码结构和功能的描述，其语法格式如下：

```
/**
提示信息 1
提示信息 2
……
*/
```

为了程序代码的美观，也可以在每行注释内容的前面加上一个*号：

```
/**
* 提示信息 1
* 提示信息 2
* ……
*/
```

说明：

提示文档注释方法与多行注释很相似，但细心的读者会发现它是以"**"符号作为注释的开始标记，而不是"*"。

提示文档注释也可以应用到声明标识中，下面的示例就是在 JSP 中添加文档注释。

【例 4-19】在代码片段中使用提示文档注释。

```
<%!
    int num=0;
    /**
    *count：计数器
    *return：访问次数
    */
    int count(){
        num++;
        return num;
    }
%>
<%=count()%>
```

在 Eclipse 中，将鼠标移动到 count()方法上时，将显示如图 4-6 所示的提示信息。

图 4-6　显示的提示信息

4.4.3　隐藏注释

在文档中添加的 HTML 注释信息，虽然在浏览器中不显示，但是可以通过查看源代码看到，因此这种注释并不安全。JSP 还提供了一种隐藏注释，这种注释不仅在浏览器中看不到，而且在查看 HTML 源代码时也看不到，相对来说安全性更高。

隐藏注释的语法格式如下：

```
<%--注释内容--%>
```

【例 4-20】使用隐藏注释。

编写 hide_notes.jsp 文件。在该页面中先定义一个表示开始显示用户信息的隐藏注释"<%--开始：显示用户信息 --%>"，然后显示用户信息，最后定义一个表示用户信息显示结束的隐藏注释"<%--结束：显示用户信息--%>"。具体代码如下：

```
<body>
<%--开始：显示用户信息  --%>
用户名：buaalandy<br>
部门：AI 研究院<br>
权限：系统管理员
<%--结束：显示用户信息--%>
</body>
```

运行程序，效果如图 4-7 所示。

页面运行后，选择"查看"|"源文件"命令，打开如图 4-8 所示的 HTML 源文件，此时无法看到添加的注释内容。

图 4-7　页面运行结果

图 4-8　查看 HTML 源代码的效果

4.4.4　动态注释

由于 HTML 注释对 JSP 嵌入的代码不起作用，因此可以利用它们的组合构成动态的 HTML 注释文本。

【例 4-21】使用动态注释。

```
<!--   <%= 5+5 %>   -->
```

上述代码将 5+5 表达式的值作为 HTML 注释文本。

4.5　动作标识

4.5.1　包含文件标识<jsp:include>

JSP 的动作标识<jsp:include>用来将其他文件包含到当前页面中。被包含的文件可以是动态文件，也可以是静态文件。包含文件的过程如图 4-9 所示。

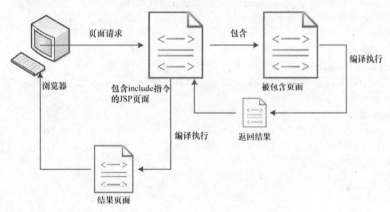

图 4-9　<jsp:include>动作标识包含文件的过程

使用<jsp:include>动作标识的语法格式如下：

```
<jsp:include page="url" flush="false|true"/>
```

或

```
<jsp:include page="url" flush="false|true">
     子动作标识<jsp:param>
</jsp:include>
```

参数说明如下。

- page：被包含文件的相对路径。例如，指定属性值为 top.jsp，则表示将同目录中的 top.jsp 文件包含到当前 JSP 页面中。
- flush：可选属性，用于设置是否刷新缓冲区，默认值为 false。设置属性值为 true 时，若当前页面输出使用了缓冲区，则先刷新缓冲区，然后执行包含工作。
- 子动作标识<jsp:param>：向被包含的动态页面中传递参数。

> **说明：**
>
> <jsp:include>标识对包含的动态文件和静态文件的处理方式是不同的。如果被包含的是静态文件，则页面执行后，在使用了该标识的位置将会输出这个文件的内容。如果<jsp:include>标识包含的是一个动态文件，那么编译器将编译并执行该文件。<jsp:include>标识会识别出文件类型，而不是通过文件名来判断文件是静态的还是动态的。

在应用<jsp:include>标识进行文件包含时，为了使整个页面的层次结构不发生冲突，建议将被包含页面中的<html>、<body>等标记删除。

【例 4-22】将例 4-11 修改为通过<jsp:include>标识嵌入网站 Banner 和版权信息栏。

(1) 仍然使用例 4-11 的 top.jsp、copyright.jsp 文件。

(2) 创建 index1.jsp 文件，与例 4-11 的 index.jsp 不同之处在于通过<jsp:include>标记包含文件，具体代码如下：

```
<%@ page language="java" contentType="text/html;charset=GB18030" pageEncoding="GB18030"%>
<html>
<head>
<meta http-equiv="Content-Type" content="text/html;charset=GB18030">
<title>使用文件包含 include 指令</title>
</head>
<body style="margin:0px;">
<jsp:include page="top.jsp"/>
<table width="800" height="300px" border="0" cellpadding="0" cellspacing="0" background="pic/content.jpeg">
<tr>
<td> </td>
</tr>
</table>
<jsp:include page="copyright.jsp"/>
</body>
</html>
```

运行程序，效果如图 4-10 所示。

图 4-10　运行结果

技巧：

如果要在 JSP 页面中显示大量的纯文本，可以将这些文本文字写入静态文件中(如记事本)，然后通过 include 指令或动作标识包含到该 JSP 页面。这样页面更简洁。

在前面的章节中介绍了 include 指令，该指令与<jsp:include>动作标识相同，都可以用来包含文件。但是它们之间存在很大差别。

(1) include 指令通过 file 属性指定被包含的文件，file 属性不支持任何表达式；<jsp:include>动作标识通过 page 属性指定被包含的文件，page 属性支持 JSP 表达式。

(2) 使用 include 指令时，被包含的文件内容会原封不动地插入包含页中，然后 JSP 编译器再将合成后的文件最终编译成一个 Java 文件；使用<jsp:include>动作标识包含文件时，当该标识被执行时，程序会将请求转发(注意是转发，而不是请求重定向)到被包含的页面，并将执行结果输出到浏览器中，然后返回包含页继续执行后面的代码。因为服务器执行的是多个文件，所以 JSP 编译器会分别对这些文件进行编译。

(3) 在应用 include 指令包含文件时，由于被包含的文件最终会生成一个文件，因此在被包含文件、包含文件中不能有重名的变量或方法；而在应用<jsp:include>动作标识包含文件时，由于每个文件是单独编译的，因此在被包含文件和包含文件中重名的变量和方法是不相冲突的。

4.5.2 请求转发标识<jsp:forward>

通过请求转发标识<jsp:forward>动作标识，可以将请求转发到其他 Web 资源，如另一个 JSP 页面、HTML 页面、Servlet 等。执行请求转发后，当前页面将不再被执行，而是去执行该标识指定的目标页面。执行请求转发的基本流程如图 4-11 所示。

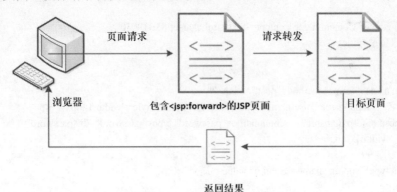

图 4-11 执行请求转发的基本流程

使用<jsp:forward>动作标识的语法格式如下：

```
<jsp:forward page="url"/>
```

或

```
<jsp:forward page="url">
    子动作标识<jsp:param>
</jsp:forward>
```

参数说明如下。

- page：用于指定请求转发的目标页面。该属性值可以是一个指定文件路径的字符串，也可以是表示文件路径的 JSP 表达式。但是请求被转向的目标文件必须是内部的资源，即当前应用中的资源。
- 子动作标识<jsp:param>：用于向转向的目标文件中传递参数。

【例 4-23】通过<jsp:forward>标识将页面转发到用户登录页面。

(1) 创建一个名称为 transfer.jsp 的文件，该文件为中转页，用于通过<jsp:forward>动作标识将页面转发到用户登录页面(login.jsp)。transfer.jsp 文件的具体代码如下：

```jsp
<%@ page language="java" contentType="text/html;charset=GB18030" pageEncoding="GB18030"%>
<html>
<head>
<meta http-equiv="Content-Type" content="text/html;charset=GB18030">
<ctitle>中转页</title>
</head>
<body>
<jsp:forward page="login.jsp"/>
</body>
</html>
```

(2) 编写 login.jsp 文件，在该文件中添加用于收集用户登录信息的表单及表单元素。具体代码如下：

```jsp
<%@ page language="java" contentType="text/html;charset=GB18030" pageEncoding="GB18030"%>
<html>
<head>
<meta http-equiv="Content-Type"content="text/html;charset=GB18030">
<title>用户登录</title>
</head>
<body>
    <form name="form1" method="post" action="">
    用户名：<input name="username" type="text" id="name" style="width:120px;"><br>
    密   码：<input name="password" type="password" id="password"
    style="width:120px;"><br>
    <br>
    <input type="submit" name="Submit" value="提交">
    </form>
</body>
</html>
```

运行程序，效果如图 4-12 所示。

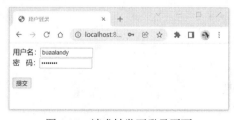

图 4-12　请求转发至登录页面

4.5.3　传递参数标识<jsp.param>

JSP 的动作标识<jsp:param>可以作为其他标识的子标识，用于为其他标识传递参数，语法格式如下：

```
<jsp:param name="参数名" value="参数值"/>
```

参数说明如下。

- name：参数名称。
- value：参数值。

【例 4-24】通过<jsp:param>标识为<jsp:forward>标识指定参数。

```
<jsp:forward page="modify.jsp">
    <jsp:param name="userID" value="1"/>
</jsp:forward>
```

以上代码实现了在请求转发到 modify.jsp 页面的同时，传递参数 userID，其值为 1。

说明：

通过<jsp:param>动作标识指定的参数，将以"参数名=值"的形式加入请求中。它的功能与在文件名后面直接加"?参数名=参数值"是相同的。

4.6　本章小结

本章首先介绍了 JSP 页面的基本构成，然后介绍了 JSP 的指令标识、脚本标识，接着详细介绍了 JSP 注释和动作标识。另外，本章还介绍了两种包含文件的方法，一种是应用 include 指令，另一种是应用<jsp:include>动作标识。读者需重点了解这两种方法的具体区别。

4.7　实践与练习

1. 在 JSP 页面中输出完整的时间，格式为"年 月 日 时:分:秒"。
2. 计算 5 的阶乘，并在 JSP 页面中输出。
3. 在 JSP 页面中输出字符"*"组成的金字塔。

第 5 章

JSP 内置对象

JSP 内置对象也称为隐含对象，是指在 JSP 页面系统中已经默认内置的 Java 对象，这些对象不需要开发人员显式声明即可使用，即所有的 JSP 代码都可以直接访问 JSP 的内置对象。本章将对 JSP 提供的 9 个内置对象进行详细介绍。

本章的学习目标：
- 获取访问请求参数和表单提交的信息
- 通过 request 对象进行数据传递
- 获取客户端信息和 cookie
- 应用 response 对象实现重定向页面
- 向客户端输出数据
- 创建及获取客户的会话
- 从会话中移除指定的对象
- 设置 session 的有效时间以及销毁 session
- 应用 application 对象实现网页计数器
- 使用 exception 对象获取异常信息

5.1 JSP 内置对象概述

一般情况下，在 JSP 开发中使用一个对象前，需要先实例化对象。JSP 为了简化开发，提供了一些内置对象，这些对象不需要定义即可直接使用。

5.1.1 JSP 内置对象及常用方法

JSP 的内置对象及常用方法如表 5-1 所示。

表 5-1　JSP 内置对象及常用方法

内置对象	所属类型	说明	作用范围
page	java.lang.Object	当前 JSP 页面	Page
request	javax.servlet.HttpServletRequest	由用户提交请求而触发的 request 对象	Request
session	javax.servlet.http.HttpSession	会话对象，在发生 HTTP 请求时被创建	Session

（续表）

内置对象	所属类型	说明	作用范围
application	javax.servlet.ServletContext	调用 getServletConfig()或 getContext()方法后返回的 ServletContext 对象	Application
response	javax.servlet.HttpServletResponse	由用户提交请求而触发的 response 对象	Page
out	java.servlet.jsp.JspWriter	输出流的 JspWriter 对象，用来向客户端输出各种格式的数据，并管理服务器上的输出缓冲区	Page
config	javax.servlet.ServletConfig	为当前页面配置 JSP 的 Servlet	Page
exception	java.lang.Throwable	访问当前页面时产生的不可预见的异常	Page
pageContext	javax.servlet.jsp.PageContext	提供了对 JSP 页面内所有的对象及名字空间的访问，也就是说，它可以访问到本页所在的会话、应用，相当于页面中所有功能的集大成者	Page

5.1.2　JSP 内置对象的作用域

内置对象的作用域是指每个内置对象在什么范围、多长时间内有效，即在什么范围、什么时间段内可访问该内置对象。常见的作用域对应 JSP 的 4 个内置对象 page、request、session 和 application 的生命周期。这 4 个内置对象主要用于存放相关用途的数据，功能大体类似，只是生命周期或作用域有区别。

为了方便理解这些作用域概念，可拿现实生活实际做比喻，比如，常说的"一杯茶的时间"，其中就包含了两层含义：一个表示茶杯是个容器；二是表示喝一杯茶的时间，生活中经常把"一杯茶的时间"用来衡量做某件事情所需的时间。

JSP 内置对象中的 request、session 和 application 对象，可以形象地对照生活中的"茶杯""衣袋""书包"等"容器"去理解，它们名称虽然不同，但功能相似，都可用于存放东西，但存放的时间长短不一。"茶杯"里仅存放一杯茶，喝完茶后(一杯茶的时间后)，"茶杯"就空了，这就相当于 JSP 里的 request 对象，里面存放的数据的生命周期只是一次请求的时间；"衣袋"里存放的东西可以从穿上衣服开始，到将衣服脱下送洗都有效，这相当于 JSP 里的 session 对象，它里面存放的数据的生命周期较长；而"书包"里一般存放学生证、学习用品等，从学期开始到学期结束有效，相当于 JSP 里的 application 对象，它里面存放的数据生命周期最长，从服务器启动到服务器关闭为止。

程序设计语言中一般都定义了多种类型的变量、对象等"数据容器"，其实它们的本质都是用来存放数据，只是适用场合、生命周期各不相同，以满足实际需要。

用户通过浏览器访问 Web 项目过程汇总中，JSP 内置对象 page、request、session 和 application 作用于其对应的 Page、Request、Session 和 Application 生命周期，如图 5-1 所示。

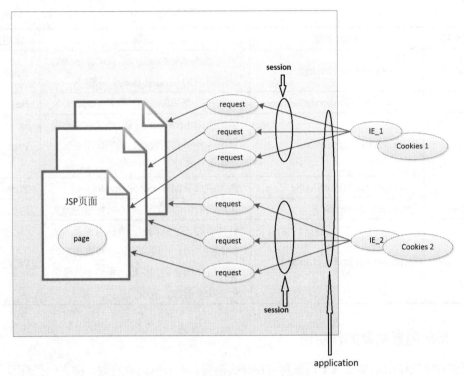

图 5-1　JSP 内置对象生命周期原理图

图 5-1 中两个客户分别通过各自的浏览器 IE_1 和 IE_2 访问服务器。

当服务器启动时，会自动在服务器内存中创建一个 application 对象，为整个应用所共享，该对象一直存在，直到服务器关闭。

当客户首次访问 JSP 页面时，服务器会自动为客户创建一个 session 对象，这个对象的作用域即为 Session 范围，并为该 session 对象分配一个 ID 标识，同时将该 sessionID 号返回给该客户，保存在客户机 Cookies 中，服务器上的这个 session 对象在客户的整个网站浏览期间均存在。客户在随后的访问中，浏览器会将该 sessionID 随同请求一起带给服务器，服务器根据请求中的 sessionID 信息，可在服务器上找到之前为该客户创建的 session 对象。如果 JSP 页面中含有涉及 session 对象信息的操作，服务器可准确访问到相应用户的 session 对象中的有关信息。

当客户每次访问某个 JSP 页面时，服务器会为该请求创建一个请求对象 request，用于存放这次访问的所有请求信息，这个 request 对象的作用域为 Request 范围。

在实际开发中，应合理使用 request 对象、session 对象和 application 对象来管理有关信息。例如，涉及全局的网站访问次数就应该由 application 对象来管理，用户名等涉及多个页面的用户个人信息应该由 session 对象管理，只涉及一次请求过程需要用到的信息由 request 对象管理。使用最多的应该是 request 对象，因为 request 对象包含了用户的所有请求信息。

在 JSP 中，用 page、request、session 和 application 对象的生存时间作为内置对象生命周期的衡量单位，这些作用域分别用 Page、Request、Session 和 Application 来表示，即页面(Page)作用域、请求(Request)作用域、会话(Session)作用域和应用(Application)作用域，用它们来衡量 JSP 内置对象的生命周期。

这 4 种作用域的具体含义如下。

(1) Page 作用域：对应 page 对象的作用范围，仅在一个 JSP 页面中有效，它的作用范围最小或生命周期最短。对于 page 对象中的变量，只在本 JSP 页面可用，但是实际上由于本页面中的变量无须放到 page 对象中也可以使用。因此，对于 Page 作用域的 page 对象在实际开发中很少使用。

(2) Request 作用域：对应 request 对象的作用范围，客户每次向 JSP 页面提出请求服务器，即为此创建一个 request 对象，服务器完成此请求后，该 request 立即失效。这一过程对应于 Request 作用域。

(3) Session 作用域：是指作用范围在客户端同服务器相连接的期间，直到该连接中断为止。Session 这个词汇包含的语义很多，通常把 Session 翻译成"会话"，因此可以把客户端浏览器与服务器之间一系列交互的动作称为一个 Session。从这个含义出发，我们就容易理解 Session 的持续时间，这个持续时间就为 Session 作用域。

session 对象是服务器端为客户端所开辟的存储空间，每个用户首次请求访问服务器时，服务器自动为该用户创建一个 session 对象，待用户终止退出时，则该 session 对象消失，即用户请求首次访问服务器时 session 对象开始生效，用户断开退出服务器时 session 对象失效。和 application 对象不同，服务器中可能存在很多 session 对象，但是这些 session 对象的作用范围依访问用户的数量和有效时间设置而定，每个 session 对象实例的生命周期会相差很大。此外，有些服务器出于安全性的考虑，对 session 对象有默认的时间限定，如果超过该时间限制，session 会自动失效而不管用户是否已经终止连接。但是有一个容易产生的错误理解，就是认为关闭浏览器就关闭了 session。正是由于关闭浏览器并不等于关闭了 session，才会出现设置 session 有效时间的解决方法。

(4) Application 作用域：对应 application 对象的作用范围，起始于服务器启动时 application 对象被创建之时，终止于服务器关闭之时。因而在所有的 JSP 内置对象中，Application 作用域时间最长，任何页面在任何时候都可以访问 Application 作用域的对象，存入 application 对象中的数据的作用域就为 Application 作用域。

下面对 JSP 内置对象的使用方法逐一进行介绍。

5.2　request 对象

request 对象封装了由客户端生成的 HTTP 请求，包括 HTTP 头信息、系统信息、请求方式和请求参数等。request 对象的方法用于处理客户端提交的 HTTP 请求参数。

5.2.1　访问请求参数

request 对象处理 HTTP 请求中的各项参数时，最常见的是获取请求参数。当通过超链接形式发送请求时，若要传递参数，可以在超链接之后加上英文半角的问号"?"来实现。例如，发送一个请求到 search.jsp 页面，并传递 page 参数，可以通过例 5-1 超链接实现。

【例5-1】通过超链接传递参数。

```
<a href="search.jsp?page=1">第一页</a>
```

以上代码设置了一个请求参数 page。如果要同时指定多个参数，各参数间使用符号"&"分隔。例如：

```
<a href="search.jsp?page=1&page_size=10">第一页</a>
```

【例5-2】在 search.jsp 页面中，可以通过 request 对象的 getParameter()方法获取传递的参数值。

```
<%
    request.getParameter("page");
%>
```

在使用 request 的 getParameter()方法获取传递过来的参数值时，如果指定的参数不存在，将返回 null；如果指定了参数名，但未指定参数值，将返回空的字符串""。

【例5-3】使用 request 对象获取参数值。

(1) 创建 good.jsp 文件，添加一个超链接，链接到 detail.jsp 页面，传递两个参数。关键代码如下：

```
<%@ page language="java" contentType="text/html;charset=utf-8" pageEncoding="utf-8"%>
<!DOCTYPE html>
//省略代码……
<body>
<a href="detail.jsp?good_id=1&good_name=花露水">商品详情</a>
</body>
//省略代码……
```

(2) 创建 detail.jsp 文件，通过 request 对象的 getParameter()方法获取请求参数 good_id 和 good_name 的值并输出。具体代码如下：

```
<%@ page language="java" contentType="text/html;charset=utf-8" pageEncoding="utf-8"%>
<!DOCTYPE html>
<%
    String good_id = request.getParameter("good_id");          //获取 good_id 参数的值
    String good_name = request.getParameter("good_name");      //获取 good_name 参数的值
%>
<html>
<head>
<meta http-equiv="Content-Type" content="text/html;charset=utf-8">
<title>处理页</title>
</head>
<body>
    good_id 参数的值为：<%=good_id%><br>
    good_name 参数的值为：<%=good_name%><br>
</body>
</html>
```

首先从 good.jsp 页面运行，单击"商品详情"超链接，进入商品详情页，获取请求参数并展示，如图 5-2 所示。

图 5-2　获取并显示请求参数

5.2.2　在作用域中管理属性

在进行请求转发时，需要把一些数据传递到目标页面进行处理。这时可以使用 request 对象的 setAttribute()方法，将数据保存到 request 变量中，语法格式如下：

```
request.setAttribute(String name,Object object);
```

参数说明如下。

- name：变量名，String 类型。在转发后的页面获取数据时，通过这个变量名来获取数据。
- object：Object 类型，用于指定需要在 request 范围内传递的数据。

在将数据保存到 request 范围内的变量后，可以通过 request 对象的 getAttribute()方法获得该变量的值，语法格式如下：

```
request.getAttribute(String name);
```

name 表示变量名，在 request 范围内有效。

【例 5-4】通过 request 对象的 setAttribute()、getAttribute()方法保存和获取数据。

(1) 创建 calculate.jsp，在该页面中定义商品价格 price 和购买数量 num，然后将商品总金额 price*num 的结果存储到 result 变量中，最后通过<jsp:forward>转发到 show_result.jsp 页面显示总金额。

在这个页面中赋值时，首先通过 try...catch 语句捕获页面中的异常信息。如果没有异常，就把运行结果保存到 request 范围内的变量中；如果出现异常，则将错误提示信息保存到 request 范围内的变量中。具体代码如下：

```
<%@ page language="java" contentType="text/html;charset=utf-8" pageEncoding="utf-8"%>
<!DOCTYPE html>
<html>
<head>
<meta http-equiv="Content-Type" content="text/html;charset=utf-8">
<title>calculate</title>
</head>
<body>
<%
    try{                                              //捕获异常信息
        int price=100;
        int num=5;
        request.setAttribute("result",price*num);     //保存执行结果
    }catch(Exception e){
```

```
            request.setAttribute("result","很抱歉，页面产生错误！");    //保存错误提示信息
    }
%>
<jsp:forward page="show_result.jsp"/>
</body>
</html>
```

(2) 创建 show_result.jsp 文件，通过 request 对象的 getAttribute()方法获取 result 变量的值并显示。需要注意，getAttribute()方法的返回值为 Object 类型，所以需要调用其 toString()方法将其转换为字符串类型。具体代码如下：

```
<%@ page language="java" contentType="text/html;charset=utf-8" pageEncoding="utf-8"%>
<html>
<head>
<meta http-equiv="Content-Type" content="text/html;charset=utf-8">
<title>显示计算结果</title>
</head>
<body>
计算结果为：
    <%String result=request.getAttribute("result").toString();%>
    <%=result %>
</body>
</html>
```

运行程序，效果如图 5-3 所示。

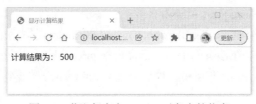

图 5-3　获取保存在 request 对象中的信息

5.2.3　获取 Cookie

Cookie 是一段不超过 4KB 的小型文本数据，由一个名称(Name)、一个值(Value)和其他几个用于控制 Cookie 有效期、安全性、使用范围的可选属性组成。

(1) Name/Value：设置 Cookie 的名称及相对应的值。对于认证 Cookie，Value 值包括 Web 服务器所提供的访问令牌。

(2) Expires 属性：设置 Cookie 的生存期。Cookie 有两种存储类型，即会话性与持久性。Expires 属性缺省时，为会话性 Cookie，仅保存在客户端内存中，并在用户关闭浏览器时失效；持久性 Cookie 会保存在用户的硬盘中，直至生存期到或用户直接在网页中单击"注销"等按钮结束会话时才会失效。

(3) Path 属性：定义了 Web 站点上可以访问该 Cookie 的目录。

(4) Domain 属性：指定了可以访问该 Cookie 的 Web 站点或域。Cookie 机制并未遵循严格的同源策略，允许一个子域可以设置或获取其父域的 Cookie。当需要实现单点登录方案时，Cookie 的上述特性非常有用，然而也增加了 Cookie 受攻击的危险，比如攻击者可以借此发动

会话固定攻击。因而，浏览器禁止在 Domain 属性中设置.org、.com 等通用顶级域名，以及在国家及地区顶级域名下注册的二级域名，以减小攻击发生的范围。

(5) Secure 属性：指定是否使用 HTTPS 安全协议发送 Cookie。使用 HTTPS 安全协议，可以保护 Cookie 在浏览器和 Web 服务器间的传输过程中不被窃取和篡改。该方法也可用于 Web 站点的身份鉴别，即在 HTTPS 的连接建立阶段，浏览器会检查 Web 网站的 SSL 证书的有效性。但是基于兼容性的原因(比如有些网站使用自签署的证书)，在检测到 SSL 证书无效时，浏览器并不会立即终止用户的连接请求，而是显示安全风险信息，用户仍可以选择继续访问该站点。

(6) HTTPOnly 属性：用于防止客户端脚本通过 document.cookie 属性访问 Cookie，有助于保护 Cookie 不被跨站脚本攻击窃取或篡改。但是，HTTPOnly 的应用仍存在局限性，一些浏览器可以阻止客户端脚本对 Cookie 的读操作，但允许写操作；此外大多数浏览器仍允许通过 XMLHTTP 对象读取 HTTP 响应中的 Set-Cookie 头。

在 JSP 技术中，cookie 提供了 3 个常用方法：getCookies()、getName()和 getValue()。

- getCookies()：获取所有 cookie 对象的集合。
- getName()：获取指定名称的 cookie。
- getValue()：获取 cookie 对象的值。

若要将一个 cookie 对象发送到客户端，可使用 response 对象的 addCookie()方法。

> **注意：**
> 在使用 cookie 时，确保客户端允许使用 cookie。可以通过在浏览器中选择"工具" | "Internet 选项"命令，在打开的对话框的"隐私"选项卡中进行设置。

【例 5-5】通过 cookie 保存并读取用户信息。

(1) 创建 user_login.jsp 文件。首先获取并遍历 cookie 对象的集合，从中找出名称为 User 的 cookie 对象。从该 cookie 中获取用户名和注册时间，再根据获取的结果显示不同的提示信息。具体代码如下：

```
<%@ page language="java" contentType="text/html;charset=utf-8" pageEncoding="utf-8"%>
<%@ page import="java.net.URLDecoder"%>
<%@ page import="java.io.*"%>
<html>
<head>
<meta http-equiv="Content-Type" content="text/html;charset=utf-8">
<title>用户登录信息</title>
</head>
<body>
<%
    Cookie[] cookies= request.getCookies();        //获取所有 cookie 对象
    String str = "";
    String user ="";                               //登录用户
    String date ="";                               //注册时间
    if (cookies != null){
    for(int i=0;i<cookies.length;i++){             //遍历 cookie 对象
        if(cookies[i].getName().equals("User")){   //如果 cookie 对象的名称为 User
            str=URLDecoder.decode(cookies[i].getValue().split("#")[0],"utf-8");  //获取用户名
            user = str.split("#")[0];
```

```
                date = str.split("#")[1];
            }
        }
    }
    if ("".equals(user)&&"".equals(date)){              //如果没有注册
%>
    游客您好，欢迎您初次光临！
    <form action="register.jsp" method="post">
        请输入姓名： <input name="user" type="text" value="">
        <input type="submit" value="确定">
    </form>
<%
    }else{                                              //已经注册
%>
    欢迎[<b><%=user %></b>]再次光临<br>
    您注册的时间是：<%=date%>
<%
    }
%>
</body>
</html>
```

(2) 编写 register.jsp 文件，向 cookie 中写入注册信息。具体代码如下：

```
<%@ page language="java" contentType="text/html;charset=utf-8" pageEncoding="utf-8"%>
<%@ page import="java.net.URLEncoder" %>
<html>
<head>
<meta http-equiv="Content-Type" content="text/html;charset=utf-8">
<title>写入 cookie</title>
</head>
<body>
<%
    request.setCharacterEncoding("GB18030");                        //设置请求的编译为 GB18030
    String user=URLEncoder.encode(request.getParameter("user"),"utf-8"); //获取用户名
    Cookie cookie = new Cookie("User", URLEncoder.encode(user+"#"+new java.util.Date().toLocaleString(),
    "utf-8") );                                                     //创建并实例化 cookie 对象
    cookie.setMaxAge(60*60*24*30);                                  //设置 cookie 有效期为 30 天
    response.addCookie(cookie);                                     //保存 cookie
%>
<script type="text/javascript">window.location.href="user_login.jsp"</script>
</body>
</html>
```

技巧：
使用 cookie 保存信息时，如果信息中包含中文，为避免出现乱码，需要通过 java.net.URLEncoder 类的 encode()方法对信息进行编码；在读取 cookie 内容时，则通过 java.net.URLDecoder 类的 decode()方法进行解码。

运行程序，第一次显示 login.jsp 页面时效果如图 5-4 所示，输入姓名 landy，单击"确定"

按钮，显示如图 5-5 所示的页面效果。

图 5-4　第一次运行的效果　　　　　　　图 5-5　单击"确定"按钮后的页面效果

5.2.4　解决中文乱码

以上代码中，当在参数中传递中文时，若显示参数，就会出现中文乱码。这是因为请求参数的文字编码方式与页面中的编码不一致，所有的 request 请求都是 ISO-8859-1 编码，而若页面采用 UTF-8 编码，就会出现乱码。

要解决此问题，就要保持编码一致，将获取到的数据通过 String 的构造方法，用指定的编码类型重新构造一个 String 对象，即可正确地显示出中文信息。

【例 5-6】解决中文乱码。

(1) 创建 user_info.jsp 页面，添加一个超链接，在该超链接中传递两个参数，分别为 nicky_name 与 address，其值全部为中文。关键代码如下：

```
<%@ page language="java" contentType="text/html;charset=utf-8" pageEncoding="utf-8"%>
<!DOCTYPE html>
<html>
<head>
<meta http-equiv="Content-Type" content="text/html;charset=utf-8">
<title>Insert title here</title>
</head>
<body>
    <a href="deal_code_problem.jsp?nicky_name=董芳&address=海口市秀英区南海大道 279 号">解决中文
    乱码</a>
</body>
</html>
```

(2) 创建 deal_code_problem.jsp 页面，首先将第一个参数 nicky_name 的值进行编码转换，将第二个参数 address 的值直接显示在页面中，从而比较显示效果。关键代码如下：

```
<%@ page language="java" contentType="text/html;charset=utf-8" pageEncoding="utf-8"%>
<!DOCTYPE html>
<html>
<head>
<meta http-equiv="Content-Type" content="text/html;charset=utf-8">
<title>Insert title here</title>
</head>
<body>
nicky_name 参数的值为：<%=request.getParameter("nicky_name")%><br>
address 参数的值为：<%=request.getParameter("address")%>
</body>
</html>
```

运行程序，可以发现 nicky_name 参数值和 address 均正常，没有显示为乱码，如图 5-6 所示。

图 5-6　解决中文乱码

5.2.5　获取客户端信息

通过 request 对象可以获取客户端信息，如 HTTP 报头信息、客户信息提交方式、客户端主机 IP 地址、端口号等。request 对象的常用方法如表 5-2 所示。

表 5-2　request 对象的常用方法

方法	说明
getHeader(String name)	获得 HTTP 协议定义的文件头信息
getHeaders(String name)	返回指定名称的 request Header 的所有值，结果是一个枚举型的实例
getHeadersNames()	返回所有 request Header 的名称，结果是一个枚举型的实例
getMethod()	获得客户端向服务器端传送数据的方法，如 get、post、header、trace 等
getProtocol()	获得客户端向服务器端传送数据所依据的协议名称
getRequestURI()	获得发出请求字符串的客户端地址，不包括请求的参数
getRequestURL()	获取发出请求字符串的客户端地址
getRealPath()	返回当前请求文件的绝对路径
getRemoteAddr()	获取客户端的 IP 地址
getRemoteHost()	获取客户端的主机名
getServerName()	获取服务器的名字
getServerPath()	获取客户端所请求的脚本文件的文件路径
getServerPort()	获取服务器的端口号

【例 5-7】获取客户端信息。

创建 client.jsp 文件，通过 request 对象获取并显示客户端信息，代码如下：

```
<%@ page language="java" contentType="text/html;charset=utf-8" pageEncoding="utf-8"%>
<html>
<head>
<meta http-equiv="Content-Type" content="text/html;charset=utf-8">
<title>通过 request 对象获取客户端信息</title>
</head>
<body>
    <br>客户端提交信息的方式：<%=request.getMethod()%>
    <br>使用协议：<%=request.getProtocol()%>
    <br>发出请求字符串的客户端 URI：<%=request.getRequestURI()%>
    <br>发出请求字符串的客户端 URL：<%=request.getRequestURL()%>
```

```
        <br>提交数据的客户端 IP：<%=request.getRemoteAddr()%>
        <br>服务器端口号：<%=request.getServerPort()%>
        <br>服务器名称：<%=request.getServerName()%>
        <br>客户端主机名：<%=request.getRemoteHost()%>
        <br>客户端请求的脚本文件路径：<%=request.getServletPath()%>
        <br>HTTP 协议文件头信息 Host 值：<%=request.getHeader("host")%>
        <br>HTTP 协议文件头信息 User-Agent 值：<%=request.getHeader("user-agent")%>
        <br>HTTP 协议定义的文件头信息 accept-language 值：<%=request.getHeader("accept-language")%>
        <br>请求文件绝对路径：<%=request.getRealPath("client.jsp")%>
    </body>
</html>
```

运行程序，获取到的客户端信息如图 5-7 所示。

图 5-7　获取客户端信息

5.2.6　显示国际化信息

浏览器可以通过 accept-language 的 HTTP 报头，向 Web 服务器指明它所使用的本地语言。Web 服务器端可以通过 request 对象的 getLocale()和 getLocales()方法获取这一信息，获取到的信息属于 java.util.Local 类型。java.util.Local 类型的对象封装了一个国家所使用的语言。

【例 5-8】实现页面信息国际化。

```
<%
    java.util.Locale locale=request.getLocale();
    String hello="";
    if(locale.equals(java.util.Locale.US)) {
        hello="Hello,welcome to access!";
    }
    if(locale.equals(java.util.Locale.CHINA)){
        hello="您好，欢迎访问！";
    }
%>
<%=hello%>
```

运行程序，如果所在区域为中国，将显示"您好，欢迎访问！"；如果所在区域为美国，则显示"Hello,welcome to access!"。

5.3 response 对象

response 对象用于响应客户请求，向客户端输出信息。它封装了 JSP 产生的响应，并发送到客户端以响应客户端的请求。response 对象在当前 JSP 页面有效。

5.3.1 重定向网页

使用 response 对象的 sendRedirect()方法，可以将网页重定向到另一个页面。与转发不同的是，重定向操作支持将地址重定向到不同的主机上。用户可以从浏览器的地址栏中看到跳转后的地址。进行重定向操作后，原页面定义的所有 request 变量全部失效，并开始一个新的 request 对象。

sendRedirect()方法的语法格式如下：

```
response.sendRedirect(String path);
```

参数 path 用于指定目标路径，可以是相对路径，也可以是不同主机的其他 URL 地址。

【例 5-9】使用 sendRedirect()方法重定向网页到 redirect_to.jsp 页面。

```
response.sendRedirect("redirect_to.jsp");   //重定向到 redirect_to.jsp 页面
```

需要注意的是，在 JSP 页面中使用该方法时，不要再用 JSP 脚本代码，包括 return 语句，因为重定向之后原 JSP 脚本代码已经没有意义，并且还可能产生错误。

【例 5-10】通过 sendRedirect()方法重定向到目标页面。

(1) 创建 send.jsp 文件，调用 response 对象的 sendRedirect()方法重定向到目标页面 redirect_to.jsp。关键代码如下：

```
<%@ page language="java" contentType="text/html;charset=utf-8" pageEncoding="utf-8"%>
<%response.sendRedirect("redirect_to.jsp");%>
```

(2) 编写 redirect_to.jsp 文件，在该文件中添加用于收集用户信息的表单及表单元素。关键代码如下：

```
<form name="form1" method="post" action="">
用户名：<input name="user_name" type="text" id="user_name" style="width:120px"><br>
密  码：<input name="password" type="password" id="password" style="width:120px"><br>
<br>
<input type="submit" name="Submit" value="提交">
</form>
```

运行程序，由于该页面执行了重定向到 redirect_to.jsp，因此浏览器显示如图 5-8 所示的用户登录页面。

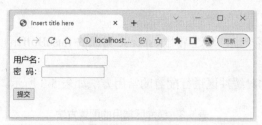

图 5-8 运行结果

5.3.2 处理 HTTP 文件头

通过 response 对象可以设置 HTTP 响应报头，其中，最常用的是禁用缓存、设置页面自动刷新和定时跳转网页。

1. 禁用缓存

默认情况下，浏览器会对显示的网页内容进行缓存。这样，当用户再次访问网页时，浏览器会判断该网页是否有变化，如果没有变化则直接显示缓存中的网页内容，以提高网页加载速度。

【例 5-11】禁用浏览器缓存。

```
%
response.setHeader("Cache-Control","no-store");
response.setDateHeader("Expires",0);
%>
```

2. 设置页面自动刷新

通过设置 HTTP 头可以实现页面自动刷新。

【例 5-12】每隔 10 秒自动刷新一次网页。

```
<%
response.setHeader("refresh","10");
%>
```

3. 定时跳转网页

通过设置 HTTP 头可以实现定时跳转网页的功能。

【例 5-13】设置当前网页 5 秒钟后自动跳转到指定的网页。

```
<%
response.setHeader("refresh","5;URL=redirect_to.jsp");
%>
```

5.3.3 设置输出缓冲

缓冲区是暂时放置输入或输出资料的内存区。通常情况下，服务器要输出到客户端的内容，会先写到一个输出缓冲区。在以下两种情况下，服务器会把缓冲区的内容写到客户端。

● JSP 页面的输出信息已经全部写入了缓冲区。

● 缓冲区已满。

把缓冲区内容写到客户端，通过调用 response 对象的 flushBuffer()方法或 out 对象的 flush()方法来实现。

response 对象提供的对缓冲区进行配置的常用方法如表 5-3 所示。

表 5-3　缓冲区常用的配置方法

方法	说明
flushBuffer()	强制将缓冲区的内容输出到客户端
getBufferSize()	获取响应所使用的缓冲区的实际大小。如果没有使用缓冲区，则返回 0
setBufferSize(int size)	设置缓冲区的大小
reset()	清除缓冲区的内容，同时清除状态码和报头
isCommitted()	检测服务器端是否已经把数据写入了客户端

【例 5-14】设置缓冲区的大小为 32KB。

```
response.setBufferSize(32);
```

如果将缓冲区的大小设置为 0KB，则表示不进行缓冲。

5.4　session 对象

HTTP 协议是一种无状态协议，也就是当一个客户向服务器发出请求，服务器接收请求并返回响应后，该连接就结束了，而服务器并不保存相关的信息。为了弥补这一缺陷，HTTP 协议提供了 session 对象。通过 session 对象可以在应用程序的 Web 页面间进行跳转时，保存用户状态，使整个会话过程中用户状态能够被记录，直到关闭浏览器。但是，如果在一个会话中，客户端长时间不向服务器发出请求，session 对象就会自动结束。这个时间取决于 Web 服务器，例如，Tomcat 服务器默认结束 session 的时间为 30 分钟。这个时间可以通过编写程序进行修改。

实际上，一次会话的过程也可以理解为一个打电话的过程。通话从拿起电话或手机拨号开始，一直到挂断电话结束，在这个过程中，可以与对方聊很多话题，甚至重复的话题。一个会话也是这样，可以重复访问相同的 Web 页。

5.4.1　创建及获取客户的会话

通过 session 对象可以存储或读取客户相关的信息，如用户登录、订单等信息，这可以通过 session 对象的 setAttribute()、getAttribute()方法实现。

1. setAttribute()方法

setAttribute()方法将信息保存到 session 对象中，其语法格式如下：

```
session.setAttribute(String name,Object obj)
```

参数说明如下。

- name：session 范围内的变量名。
- obj：session 范围内的对象。

【例 5-15】将用户姓名"董芳"保存到 session 变量 user_name 中。

```
session.setAttribute("user_name","董芳");
```

2. getAttribute()方法

getAttribute()方法用于获取 session 变量中存储的内容，其语法格式如下：

```
getAttribute(String name)
```

使用 getAttribute()方法获取 session 变量 name 中的值。

【例 5-16】读取 session 变量 user_name 中存储的值。

```
session.getAttribute("user_name");
```

getAttribute()方法的返回值是 Object 类型。如果要把获取到的信息赋值给 String 类型的变量，则需要进行强制类型转换或是调用其 toString()方法，例如，以下两行代码都正确。

```
String user=(String)session.getAttribute("user_name");        //强制类型转换
String user1=session.getAttribute("user_mame").toString();     //调用 toString()方法
```

5.4.2　从会话中移动指定的绑定对象

要移除 session 变量，可使用 removeAttribute()方法，语法格式如下：

```
removeAttribute(String name)
```

参数 name 为 session 范围内的变量名。要保证该变量在 session 范围内有效，否则会抛出异常。

【例 5-17】移除 session 会话变量 user_name。

```
<%
    session.removeAttribute("user_name");
%>
```

5.4.3　销毁 session

虽然当客户端长时间不向服务器发送请求时，session 对象会自动移除，但对于某些实时统计在线人数的网站，每次都等 session 过期后，才能统计出准确的人数，这是不可行的。这种情况下需要手动销毁 session。销毁 session 变量通过 invalidate()方法实现，语法格式如下：

```
session.invalidate();
```

销毁 session 变量后，该变量不能再使用。如果再使用，将会抛出 Session already invalidated 异常。

5.4.4 会话超时的管理

一般情况下，session 的生命周期范围为 20~30 分钟。当用户首次访问时将产生一个新的会话，服务器记住该会话状态，当会话生命周期超时或服务器端强制会话失效时，该 session 就不能使用了。

session 对象提供的有关会话生命周期的常用方法如下。

- getLastAccessedTime()：返回客户端最后一次与会话相关联的请求时间。
- getMaxInactiveInterval()：以秒为单位返回一个会话内两个请求最大时间间隔。
- setMaxInactiveInterval()：以秒为单位设置 session 的有效时间。

例如，通过 setMaxInactiveInterval()方法设置 session 的有效期为 1000 毫秒。代码如下：

```
session.setMaxInactiveInterval(1000);
```

5.4.5 session 对象的应用

session 对象的作用范围比 request 对象大，比 application 对象小。

【例 5-18】使用 session 对象存储和传递信息。

该示例涉及 3 个页面：input.jsp、session_in.jsp 和 show_session.jsp。input.jsp 页面提供了一个文本框，用于输入任意内容；session_save.jsp 页面将 input.jsp 页面输入的内容保存在 session 对象中；show_session.jsp 页面显示 session_in.jsp 页面保存的内容。

(1) 创建 input.jsp 页面的代码如下：

```html
<form id="form1" name="form1" method="post" action="session_save.jsp">
    <div align="center">
        <table width="23%" border="0">
        <tr>
            <td width="36%"><div align="center">姓名：</div></td>
            <td width="64%">
                <label>
                <div align="center"><input type="text" name="user_name"/></div>
                </label>
            </td>
        </tr>
        <tr>
            <td colspan="2">
            <label>
                <div align="center">
                    <input type="submit" name="Submit" value="提交"/>
                </div>
            </label>
            </td>
        </tr>
        </table>
    </div>
</form>
```

(2) session_save.jsp 页面将 input.jsp 页面中输入的内容保存到 session 变量中，代码如下：

```
<%
    String user_name = request.getParameter("user_name");    //获取填写的用户名
    session.setAttribute("user_name",user_name);    //将用户名保存在 session 对象中
%>
<div align="center">
<form id="form1" name="form1" method="post" action="show_session.jsp">
    <table width="28%" border="0">
    <tr>
        <td>用户名：</td>
        <td><%=user_name%></td></tr>
    <tr>
        <td>最喜欢的运动：</td>
        <td><label><input type="text"name="favor"/></label></td>
    </tr>
    <tr>
        <td colspan="2">
            <label><div align="center"><input type="submit" name="Submit" value="提交"/></div></label>
        </td>
    </tr>
    </table>
</form>
```

(3) show_session.jsp 页面输出 session_in.jsp 页面保存的 session 变量，代码如下：

```
<%
    String user_name =(String)session.getAttribute("user_name");    //获取保存 session 变量 user_name
    String favor = request.getParameter("favor");    //获取用户输入的爱好
%>
<form id="form1" name="form1" method="post" action="">
<table width="28%" border="0">
    <tr>
        <td colspan="2"><div align="center"><strong>显示信息</strong></div></td>
    </tr>
    <tr>
        <td width="49%"><div align="left">用户名：</div></td>
        <td width="51%"><label><div align="left"><%=user_name%></div></label></td>
    </tr>
    <tr>
        <td><label><div align="left">您的兴趣爱好：</div></label></td>
        <td><div align="lef"><%=favor%></div></td>
    </tr>
</table>
</form>
```

运行 input.jsp 页面，如图 5-9 所示。在文本框中输入内容，单击提交按钮，如图 5-10 所示。show_session.jsp 页面的运行效果如图 5-11 所示。

图 5-9　input.jsp 页面效果

图 5-10　session_save.jsp 页面效果

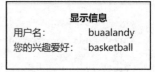

图 5-11　show_session.jsp 页面效果

5.5　application 对象

application 对象用于保存应用程序中的公有数据。它在服务器启动时自动创建，在服务器停止时销毁。当 application 对象没有被销毁时，所有用户都可以共享该 application 对象。和 session 对象不同的是，session 对象只是在当前客户的会话范围内有效，当超过保存时间 session 对象就被收回，而 application 对象在整个应用中有效，生命周期更长，类似于系统的"全局变量"。

5.5.1　访问应用程序初始化参数

application 对象提供了对应用程序初始化参数进行访问的方法。应用程序初始化参数在 web.xml 文件中进行设置。web.xml 文件位于 Web 应用所在目录下的 WEB-INF 子目录中。在 web.xml 文件中通过<context-param>配置应用程序初始化参数。

【例 5-19】在 web.xml 文件中配置连接 MySQL 数据库所需的 url 参数。

```
<context-param>
<param-name>url</param-name>
<param-value>jdbc:mysql://127.0.0.1:3306/database</param-value>
</context-param>
```

application 对象提供了以下两种访问应用程序初始化参数的方法。
1) getInitParameter()方法
该方法用于返回已命名的参数值，语法格式如下：

```
application.getInitParameter(String name);
```

参数 name 用于指定参数名。
【例 5-20】获取 web.xml 文件中配置的 url 参数的值。

```
application.getinitParameter("url");
```

2) getAttributeNames()方法

该方法用于返回所有已定义的应用程序初始化参数名的枚举，语法格式如下：

```
application.getAttributeNames();
```

【例 5-21】通过 getAttributeNames()方法获取并输出 web.xml 中定义的应用程序初始化参数名。

```
<%@ page import="java.util.*" %>
<%
    Enumeration enema = application.getInitParameterNames(); //获取全部初始化参数
    while(enema.hasMoreElements()){
        String name=(String)enema.nextElement();    //获取参数名
        String value=application.getInitParameter(name);    //获取参数值
        out.println(name+":");    //输出参数名
        out.println(value);    //输出参数值
    }
%>
```

如果 web.xml 文件只包括一个添加的 url 参数，运行以上程序，显示如下：

```
url:jdbc:mysql://127.0.0.1:3306/database
```

5.5.2 管理应用程序环境属性

application 对象管理应用程序环境属性的常用方法如下。

- getAttributeNames()：获得所有 application 对象使用的属性名。
- getAttribute(String name)：从 application 对象中获取指定对象名。
- setAttribute(String key,Object obj)：使用指定名称和指定对象在 application 对象中关联。
- removeAttribute(String name)：从 application 对象中移除指定名称的属性。

5.6 out 对象

out 对象用于在 Web 浏览器内输出信息，并且管理应用服务器上的输出缓冲区。在使用 out 对象输出数据时，可以先清除缓冲区中的残余数据，释放空间。数据输出完毕后，要及时关闭输出流。

5.6.1 向客户端输出数据

out 对象主要用于向客户端浏览器输出信息。out 对象可以输出各种类型的数据，在输出非字符串类型的数据时，会自动将数据转换为字符串进行输出。另外，out 对象提供了 print()和 println()两个方法向页面输出信息。

1. print()方法

print()方法用于向浏览器输出信息，效果与 JSP 表达式输出信息相同。

【例5-22】向客户端浏览器输出信息。

```
<%
    out.print("通过 out 向浏览器输出信息");
%>
<%="通过表达式方式输出信息" %>
```

2. println()方法

println()方法也是用于向客户端浏览器输出信息，与print()方法不同的是，该方法在输出内容后还输出一个换行符。

【例5-23】通过 println()方法向页面输出数字 3.14159。

```
<%
    out.println(3.14159);
    out.println("圆周率");
%>
```

说明：

在使用 print()和 println()方法向页面中输出信息时，并不能很好地区分出两者的区别，因为在使用 println()方法向页面中输出信息时，虽然已经输出换行符，但在页面中并不能看到其后面的文字换行。例如上面的两行代码在运行后，将显示如图 5-12 所示的效果。如果想让其显示换行效果，需要将输出的文本使用 HTML 的<pre>标记括起来。修改后的代码如下：

```
<pre>
<%
    out.println(3.14159);
    out.println("圆周率");
%>
</pre>
```

运行代码，效果如图 5-13 所示。

图 5-12　运行效果 1

图 5-13　运行效果 2

5.6.2　管理响应缓冲

out 对象的类还能用于管理缓冲区，其 clear()方法可以清除缓冲区的内容。out 对象的 clearBuffer()方法也可以清除缓冲区内容，该方法将清除缓冲区的"当前"内容，即使内容已经提交给客户端，也能够访问该方法。另外，out 对象还提供了用于管理缓冲区的其他方法。out 对象提供的管理缓冲区的方法如表 5-4 所示。

表 5-4　管理缓冲区的方法

方法	说明
clear()	清除缓冲区中的内容
clearBuffer()	清除当前缓冲区中的内容
flush()	刷新流
isAutoFlush()	检测当前缓冲区已满时是自动清空，还是抛出异常
getBufferSize()	获取缓冲区的大小

5.7　其他内置对象

除了上面介绍的内置对象外，JSP 还提供了 pageContext、config、page 和 exception 对象。

5.7.1　pageContext 对象

pageContext 对象用于获取页面上下文，通过它可以获取 JSP 页面的 request、response、session、application、exception 等对象。pageContext 对象的创建和初始化都是由容器来完成的。JSP 页面可以直接使用 pageContext 对象，该对象的常用方法如表 5-5 所示。

表 5-5　pageContext 对象的常用方法

方法	说明
forward(java.lang.String relativeUtlpath)	把页面转发到另一个页面
getAttribute(String name)	获取参数值
getAttributeNamesInScope(int scope)	获取某范围的参数名称的集合，返回值为 java.util.Enumeration 对象
getException()	返回 exception 对象
getRequest()	返回 request 对象
getResponse()	返回 response 对象
getSession()	返回 session 对象
getOut()	返回 out 对象
getApplication()	返回 application 对象
setAttribute()	为指定范围内的属性设置属性值
removeAttribute()	删除指定范围内的指定属性

5.7.2　config 对象

config 对象主要用于获取服务器的配置信息。通过 pageContext 对象的 getServletConfig()方法可以获取一个 config 对象。当一个 Servlet 初始化时，容器把某些信息通过 config 对象传递给这个 Servlet。

开发者可以在 web.xml 文件中为应用程序环境中的 Servlet 程序和 JSP 页面提供初始化参数。config 对象的常用方法如表 5-6 所示。

表 5-6　config 对象的常用方法

方法	说明
getServletContext()	获取 Servlet 上下文
getServletName()	获取 Servlet 服务器名
getInitParameter()	获取服务器所有初始参数名称，返回值为 java.util.Enumeration 对象
getInitParameterNames()	获取服务器中 name 参数的初始值

5.7.3　page 对象

page 对象代表 JSP 页面本身。page 对象本质上是包含当前 Servlet 接口引用的变量，可以看作 this 关键字的别名。page 对象的常用方法如表 5-7 所示。

表 5-7　page 对象的常用方法

方法	说明
getClass()	返回当前 Object 的类
hashCode()	返回该 Object 的哈希代码
toString()	把该 Object 类转换成字符串
equals(Object o)	比较该对象和指定的对象是否相等

【例 5-24】创建 page_example.jsp 文件，在该文件中调用 page 对象的各方法，并显示返回结果。

```
<%@ page language="java" contentType="text/html;charset=utf-8" pageEncoding="utf-8"%>
<!DOCTYPE html>
<html>
<head>
<meta http-equiv="Content-Type" content="text/html;charset=utf-8">
<title>page 对象各方法的应用</title>
</head>
<body>
<%!Object object;   //声明一个 Object 型的变量
%>
<ul>
    <li>getClass()方法的返回值：<%=page.getClass()%></li>
    <li>hashCode()方法的返回值：<%=page.hashCode()%></li>
    <li>toString()方法的返回值：<%=page.toString()%></li>
    <li>与 Object 对象比较的返回值：<%=page.equals(object)%></li>
    <li>与 this 对象比较的返回值：<%=page.equals(this)%></li>
</ul>
</body>
</html>
```

运行程序，效果如图 5-14 所示。

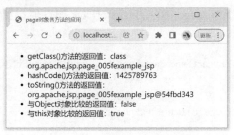

图 5-14　page 对象的方法的返回值

5.7.4　exception 对象

exception 对象主要用来处理 JSP 文件执行过程中发生的错误和异常。在 page 指令的 isErrorPage 属性值设置为 true 的页面中，才能使用 exception 对象，否则抛出无法编译 JSP 文件的异常信息。

exception 对象通常使用 try...catch 语句来处理异常情况。如果在 JSP 页面中出现没有捕捉到的异常，就会生成 exception 对象，并把 exception 对象传送到 page 指令中设定的错误页面中，然后在错误页面中处理相应的 exception 对象。exception 对象的常用方法如表 5-8 所示。

表 5-8　exception 对象的常用方法

方法	说明
getMessage()	返回 exception 对象的异常信息字符串
getLocalizedmessage()	返回本地化的异常错误
toString()	返回关于异常错误的简单信息描述
fillInStackTrace()	重写异常错误的栈执行轨迹

【例 5-25】获取页面异常信息。

(1) 创建 exception.jsp 文件。首先在 page 指令中指定 errorPage 属性值为 error.jsp，即指定处理异常信息的页面；然后定义 request 范围内的变量，赋值为非数值型，用于保存单价；最后获取该变量并转换为 float 型。exception.jsp 文件的具体代码如下：

```
<%@ page language="java" contentType="text/html;charset=utf-8" pageEncoding="utf-8" errorPage="error.jsp"%>
<html>
<head>
<meta http-equiv="Content-Type" content="text/html;charset=UTF-8">
<title>通过 exception 对象获取异常信息</title>
</head>
<body>
<%
    request.setAttribute("price","60 元");    //保存单价到 request 变量 price 中
    float price = Float.parseFloat(request.getAttribute("price").toString());    //获取单价，并转换为 float 型
%>
</body>
</html>
```

运行程序将抛出异常，原因是非数值型的字符串不能转换为 float 型。

(2) 编写 error.jsp 文件，将 page 指令的 isErrorPage 属性值设置为 true，输出异常信息。代码如下：

```
<%@ page language="java" contentType="text/html;charset=utf-8" pageEncoding="utf-8" isErrorPage="true"%>
<html>
<head>
<meta http-equiv="Content-Type" content="text/html;charset=UTF-8">
<title>错误详情页</title>
</head>
<body>
    错误详情：<%=exception.getMessage()%>
</body>
</html>
```

运行程序，效果如图 5-15 所示。

图 5-15   显示错误提示信息

5.8   本章小结

本章首先对 JSP 提供的内置对象进行简要说明，并介绍了常用内置对象的使用；然后详细介绍了 request 请求对象、response 响应对象、out 输出对象、session 会话对象和 application 应用对象，这些对象在实际开发中经常用到，需要重点掌握；最后简要介绍了 page 对象、pageContext 对象、config 对象和 exception 对象，这几个内置对象使用频率稍低，但也很重要。

5.9   实践与练习

1. 编写一个 JSP 程序，实现用户登录功能。当用户输入的用户名或密码错误时，将页面重定向到错误提示页，并在该页面显示 30 秒后，自动返回到用户登录页面。

2. 编写一个简易的留言簿，实现添加留言和显示留言内容等功能。

3. 编写一个 JSP 程序，将用户信息保存在 application 对象中。

4. 编写一个程序，使用 session 制作网站计数器。

5. 编写一个程序，使用 application 制作网站计数器。

✂ 第 6 章 ✂

JavaBean技术

JavaBean 的产生，让 JSP 页面中的显示代码和业务逻辑可以分开，使得工程结构变得更加清晰。JavaBean 技术的使用，使得程序中的实体对象和业务逻辑可以封装到单独的 Java 类中，JSP 页面通过 JavaBean 动作标识来引用 Java 类。JavaBean 技术改变了 HTML 网页代码与 Java 代码混乱的编写方式，提高了程序的可读性、易维护性，还提高了代码的重用性。

本章的学习目标：

- 了解 JavaBean 的概念与分类
- 掌握如何获取 JavaBean 属性信息
- 掌握如何对 JavaBean 属性赋值
- 掌握编写解决中文乱码的 JavaBean
- 掌握编写获取当前时间的 JavaBean
- 掌握编写将数组转换成字符串的 JavaBean

6.1 JavaBean 介绍

早期的 JSP 网页开发中，对一些业务逻辑进行处理时，如字符串处理、数据库操作等，需要把 Java 代码嵌入网页中，与显示代码混合编排。其开发流程如图 6-1 所示。

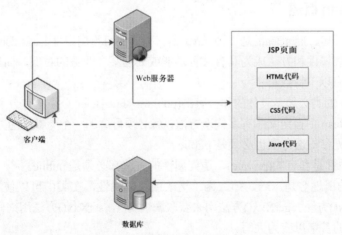

图 6-1 早期的 JSP 网页开发流程

这种混合代码开发方式虽然看似流程简单，但 Java 代码和 HTML、CSS 代码混合在一起，会给网页维护带来困难，因为这样既不利于页面开发人员编写显示代码，也不利于 Java 程序员处理业务逻辑，而且将 Java 代码写入 JSP 页面中，不能体现面向对象的开发模式，代码无法重用。

如果把 HTML 代码与 Java 代码分离，把 Java 代码单独封装成一个处理某种业务逻辑的类，然后在 JSP 页面中引入此类，则可以降低 HTML 代码与 Java 代码之间的耦合度，简化 JSP 页面，提高 Java 代码的重用性。这种开发模式下，Java 代码封装的类就是一个 JavaBean 组件。应用了 JavaBean 的 JSP 开发模式如图 6-2 所示。

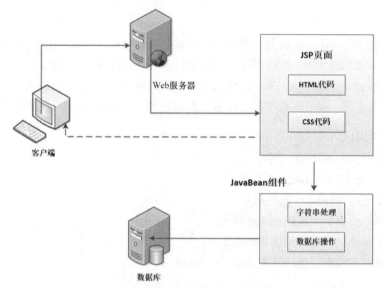

图 6-2　JSP+JavaBean 开发模式

从图 6-2 可以看出，JavaBean 组件的使用简化了 JSP 页面，JSP 页面只包含与显示相关的 HTML、CSS 代码等，而处理业务逻辑的 Java 代码封装成单独的类，在 JSP 页面中引入使用即可。JavaBean 组件封装的业务逻辑一般为字符串处理、数据库等操作。

6.1.1　JavaBean 概述

从以上介绍可知，JavaBean 是一种 Java 语言写成的可重用组件。JavaBean 是一种特殊的 Java 类，通过封装属性和方法成为具有某种功能或处理某个业务的对象，简称 Bean。

JavaBean 具有以下特点。

(1) JavaBean 的类必须是具体的和公有的(public)。JavaBean 必须具有一个无参数的构造方法。如果在 JavaBean 中自定义了有参构造方法，就必须再添加一个无参构造方法，否则将无法设置属性。这个无参构造方法也必须是 public。

(2) 类中的属性是私有的(private)，访问属性的方法都必须是 public。

(3) 如果类的属性名是 xxx，那么为了更改或获取属性，在类中可以使用两个 public 的 getXxx()和 setXxx()方法。getXxx()方法用来获取属性 xxx，setXxx()方法用来修改属性 xxx，这些方法的属性名的首字母应为大写。

get 和 set 方法并不一定是成对出现的。如果只有 get 方法，则对应的属性为只读属性。

（4）对于 boolean 类型的成员变量，即布尔逻辑类型的属性，允许使用 is 方法代替上面的 get 方法。例如，JavaBean 中的"性别"属性 male 的类型可以写成 boolean 类型。相应的 getMale 可用 isMale 替代：

```
private bool male;
public bool isMale()
{
    return this.male;
}
public void setMale(bool b)
{
    this.male=b;
}
```

（5）JavaBean 用于处理表单很方便，只要 JavaBean 属性和表单控件名称相符，采用 <jsp:useBean> 和 <jsp:setproperty> 标签就可以直接得到表单提交的参数。

JavaBean 从应用形式或功能上一般可以分为封装数据的 JavaBean 和封装业务的 JavaBean。封装数据的 JavaBean 强化使用其属性存储数据的作用，封装业务的 JavaBean 强化其封装业务逻辑功能的作用。

当然，有些情况下 JavaBean 具有双重功能，既有业务逻辑的处理功能，又具有一些需要存储数据的属性值，无法确定归属数据 Bean 还是业务 Bean。但在具有复杂业务逻辑的 Web 应用程序中，一方面用数据 Bean 实现对表单输入的捕获、保存，减少对数据库的访问，或将数据 Bean 放在一定作用域内使此作用域内的多个 JSP 页面共享；另一方面用业务 Bean 完成操作数据库、数据处理等业务逻辑，以数据 Bean 或页面传递的值为参数。

封装数据的 JavaBean 和封装业务的 JavaBean 结构略有不同，下面分别举例说明封装数据的 JavaBean 和封装业务的 JavaBean。

6.1.2　封装数据的 JavaBean

封装数据的 JavaBean 负责数据的存取，需要设置多个属性(类的成员变量)及其值的存取方法。JavaBean 提供了高层次的属性概念，属性在 JavaBean 中不只是传统的面向对象的概念里的属性，它同时还得到了属性读取和属性写入的 API 的支持。如果属性名字是 xxx，则 getXxx() 方法用于获取属性值；setXxx()方法用于设置或更改属性值。类中属性名第一个字符应当是小写，其访问属性应当是 private，而方法的访问属性都必须是 public。

【例 6-1】创建一个封装数据的 JavaBean，用于封装网上书店中的图书表 titles 中的一本图书信息。

```
public class Title {
    private String isbn;            //ISBN 号
    private String title;           //书名
    private String copyright;       //版权
    private String imageFile;       //封面图像文件名称
    private int editionNumber;      //版本号
    private int publisherId;        //出版商 ID
```

```
        private float price;               //价格
        public String getIsbn(){return isbn;}
        public void setIsbn(String isbn){this.isbn =isbn;}
        public String getTitle() {return title;}
        public void setTitle(String title){this.title = title;}
        public String getCopyright() {return copyright;}
        public void setCopyright(String copyright) {this.copyright = copyright;}
        public String getImageFile() {return imageFile;}
        public void setImageFile(String imageFile) {this.imageFile = imageFile;}
        public int getEditionNumber() {return editionNumber;}
        public void setEditionNumber(int editionNumber){this.editionNumber = editionNumber;}
        public int getPublisherId() {return publisherId;}
        public void publisherId(int publisherId) {this.publisherId = publisherId;}
        public float getPrice() {return price;}
        public void setPrice(float price) {this.price = price;}
}
```

以上代码中所有的属性是 private，而所有的方法是 public，也就是说，在类外不能直接对属性操作，必须通过相应的 set 和 get 方法才能对属性操作，这样才能保证数据安全。

使用 Eclipse 可以快速创建 JavaBean，首先创建一个类，并输入所有的属性，然后在这个类上的数据右击，在弹出的快捷菜单中选择 Source | Generate Getters and Setters 命令，在弹出的对话框中选择要生成 get 和 set 方法的属性，单击"确定"按钮可生成选中属性的 set 方法和 get 方法。

封装数据的 JavaBean 的属性名和属性类型应当与数据库中的字段名和字段类型对应。

【例6-2】在 JSP 页面中使用 JavaBean。

```
<%@ page language="java" contentType="text/html;charset=GB18030" pageEncoding="GB18030"%>
<jsp:useBean id="title" class="jspexample.Title" scope="page"/>
<!DOCTYPE html>
<html>
<head>
    <title>Hello</title>
</head>
<body>
<b><center>
<font size="4" color="red">JSP 中使用 JavaBean 测试</font>
</center ></b>
<hr><br>
<%
    title.setIsbn("98782211");
    title.setTitle("JSP Web 原理与应用教程");
%>
<i><font size="5">
图书 Bean 的书号=<%=title.getIsbn()%><br>
图书 Bean 的书名=<%=title.getTitle()%>
</font></i>
</body>
</html>
```

运行程序，效果如图 6-3 所示。语句<jsp:useBean>是 JavaBean 应用的核心语句，通过<jsp:useBean>标记建立 JavaBean 和 JSP 页面的联系，将 JavaBean 添加到本 JSP 程序中。

图 6-3　运行效果

id 属性指定 JavaBean 对象的名称，因为同一个 JSP 页面中可能会引入多个 JavaBean 对象，因此，必须给引入的 JavaBean 对象命名，以便在 JSP 页面中使用该对象。

class 属性指定引入的 JavaBean 对象的带路径类名，scope 属性指定 JavaBean 对象的生命期。

6.1.3　封装业务的 JavaBean

封装业务的 JavaBean 是完成一定运算和操作功能的业务类，主要包含一些特定的方法，进行业务处理。使用 JavaBean 一定程度上可以将 Java 处理代码从 JSP 页面中分离，实现一些业务逻辑或封装一些业务对象。下面通过实例来对其进行介绍。

【例 6-3】使用 JavaBean 封装电子邮箱验证逻辑，然后通过 JSP 页面调用该对象来验证电子邮箱是否合法。

(1) 创建名称为 CheckEmail 的 JavaBean 对象，用于封装邮箱地址，该类位于 com.jsp.bean 包中。关键代码如下：

```
package com.jsp.bean;
import java.io.Serializable;

public class CheckEmail implements Serializable {
    //serialVersionUID 值
    private static final long serialVersionUID = 1L;
    //Email 地址
    private String mailAdd;
    //是否标准 Email 地址
    private boolean email;
    /**
    *默认无参的构造方法
    */
    public CheckEmail(){}
    /**
    *构造方法
    *@param mailAdd Email 地址
    */
    public CheckEmail(String mailAdd){
        this.mailAdd = mailAdd;
    }
```

```
/*
*是否是一个标准的 Email 地址
*@return 布尔值
*/
public boolean isEmail(){
    //正则表达式，定义邮箱格式
    String regex ="^\\s*\\w+(?:\\.{0,1}[\\w-]+)*@[a-zA-Z0-9]+(?:[-.][a-zA-Z0-9]+)*\\.[a-zA-Z]+\\s*$";
    //matches()方法可判断字符串是否与正则表达式匹配
    if (mailAdd.matches(regex)){
        //email 为真
        email = true;
    }
    //返回 email
    return email;
}
public String getMailAdd(){
    return mailAdd;
}
public void setMailAdd(String mailAdd){
    this.mailAdd = mailAdd;
}
}
```

以上代码中，CheckEmail 类拥有 mailAdd 和 email 两个属性，分别代表邮箱地址与是否符合规范，其中，私有成员 mailAdd 提供了 getXxx()和 setXxx()方法，而对私有成员 email 并没有对其外部赋值的必要，所以只提供了 isEmail()方法，用于判断邮箱地址是否是一个合法的地址。

(2) 新建 get_email.jsp 页面，添加验证邮箱的表单，该表单的提交地址为 check_email_result.jsp 页面。关键代码如下：

```
<body>
    <form action="check_email_result.jsp" method="post">
    <table align="center" width="300px" height="150px" border="1" >
    <tr>
    <td colspan="2" align="center">
    <b>请输入 Email 地址</b>
    </td>
    </tr>
    <tr>
    <td align="right">电子邮箱: </td>
    <td><input type="text" name="mailAdd"/></td>
    </tr>
    <tr>
    <td colspan="2" align="center">
    <input type="submit"value="提交"/>
    </td>
    </tr>
    </table>
    </form>
</body>
```

(3) 新建 check_email_result.jsp 页面，对 get_email.jsp 页面提交的电子邮箱进行验证，并将验证结果显示到页面中。代码如下：

```jsp
<%@page import="com.jsp.bean.CheckEmail"%>
<%@page language="java" contentType="text/html;charset=GB18030" pageEncoding="GB18030"%>
<jsp:useBean id="Email" class ="com.jsp.bean.CheckEmail" scope="request"/>

<!DOCTYPE html>
<html>
<head>
<meta charset="ISO-8859-1">
<title>check email and show result</title>
</head>
<body>
<div align="center">
<%
//获取邮箱地址
String mailAdd = request.getParameter("mailAdd");
//实例化 Email，并对 mailAdd 赋值
CheckEmail email = new CheckEmail(mailAdd);
//判断电子邮箱格式是否正确
if(email.isEmail()){
    out.print(mailAdd+"<br>是一个标准的邮箱地址！<br>");
}else{
    out.print(mailAdd+"<b>不是一个标准的邮箱地址！<br>");
}
%>
<a href="get_email.jsp">返回</a>
</div>
</body>
</html>
```

运行程序，效果如图 6-4 所示。该页面通过 request 对象接收表单传递的 mailAdd 值，然后通过该值来实例化 CheckEmail 对象，接着调用 email 的 isEmail()方法判断邮箱地址是否正确，并在页面中输出判断结果。

图 6-4　运行效果

分别输入正确和错误的电子邮箱，单击【提交】按钮，显示信息如图 6-5、图 6-6 所示。

图 6-5　正确的电子邮箱

图 6-6　错误的电子邮箱

6.2　创建 JavaBean

使用 JavaBean 的最大好处就是可以实现代码的复用。对于 JavaBean 中的代码，完全可以在 JSP 页面程序中将它们直接以 JSP 代码段的形式使用，但是，如果将这些代码组织为 JavaBean 的形式，可以在很大程度上保持这些代码的可重用性和可维护性，对于规模较大的项目体现出的优势尤为明显。

因此，在编写 JSP 文件时，对于一些常用的复杂功能，通常将它们的共同功能抽象出来，组织为 JavaBean。当需要在某个页面中使用该功能时，只要调用该 JavaBean 中的相应方法，而不必在每个页面中都编写实现这个功能的详细代码，这样就实现了代码的重用。当需要进行修改时，只需要修改这个 JavaBean 就可以了，也无须再去修改每一个调用该 JavaBean 的页面，这样就实现了良好的可维护性。

在 JSP 页面中，通常使用<isp:useBean>、<jsp:setProperty>和<jsp:getProperty>三个 JSP 标记使用 JavaBean。将 JavaBean 对象应用到 JSP 页面中，JavaBean 的生命周期可以自行进行设置，它存在于 4 种范围内，分别为 page、request、session 和 application。默认情况下，JavaBean 作用于 page 范围内。

6.2.1　<jsp:useBean>

<jsp:useBean>标记用于在 JSP 页面中实例化一个或多个 JavaBean 组件，这些被实例化的 JavaBean 对象可以在 JSP 页面中被调用。它的语法格式如下：

```
<jsp:useBean id="name" class="classname" scope="page | request | session | application"/>
```

其中属性含义如下。

(1) id：用来声明所创建的JavaBean实例的名称，在页面中可以通过id的值来引用JavaBean。

(2) class：指定需要实例化的 JavaBean 的完整路径和类名。

(3) scope：指定 JavaBean 实例对象的生命周期，其值可以是 page、request、session 和 application 之一。

- page 范围的 JavaBean 仅仅在创建它们的页面中才能访问。一个 page 范围的 JavaBean 经常用于单一实例计算和事务，而不需要进行跨页计算的情况。
- request 范围的 JavaBean 在客户端的一次请求响应过程中均有效。在这个请求过程中，并不一定只在一个页面有效。当一个页面提交以后，响应它的过程可以经过一个或一系列页面，也就是说，可以由响应它的页面经<jsp:forward>转发指令或<jsp:include>包含指令转到其他页面进行处理，最后所有页面都处理完返回客户端，整个过程都是在一次请求过程中共享 request 范围的 JavaBean。
- session 范围的 JavaBean 在客户端的同一个 session 过程中均有效，服务器会为新访问的用户创建 HttpSession 对象，这也是在其中存储 session 范围的 JavaBean 的地方。
- application 范围的 JavaBean 一旦建立，除非调用代码将其撤销，或服务器重新启动，否则此 JavaBean 的实例将一直驻留在服务器内存中。

<jsp:useBean>除了 id、scope 和 class 属性以外，还有其他两种可供使用的属性：type 和

beanName。这些属性及说明如表 6-1 所示。

表 6-1　<jsp:useBean>属性及说明

属性	说明
id	指定 id 参数,以方便在指定范围内加以引用。这个变量是大小写敏感的。在载入 JSP 页面时,如果第一次发现在某一范围内某一 id 的<jsp:useBean>动作,则服务器会实例化一个新的 JavaBean 对象。如果在此范围内已经有相同 id 的 JavaBean 的引用,则使用已经实例化的对象。这样就可以在一定范围内共享一个 JavaBean 的实例。需要注意的是,即便是 JavaBean scope 和 class 不同,也不能在同一个页面中使用相同的 id 命名两个不同的 JavaBean
class	在此指定 Bean 所在的包名和类名
scope	限定了 Bean 的有效范围。该属性可以有 4 种选项:page、request、session 和 application。默认是 page
type	type 属性的值必须和类名或父类名或者类所实现的接口名相匹配,该属性的值是经由 id 属性设置的
beanName	给 Bean 设定名称,据此来实例化相应的 Bean。允许同时提供 type 和 beanName 属性而忽略 class 属性

6.2.2　<jsp:setProperty>

在 JSP 页面中设置和获取 JavaBean 的属性,除了调用 JavaBean 的 setXxx()和 getXxx()方法外,还可以使用 JSP 动作指令<jsp:setProperty>和<jsp:getProperty>,后者特别是在接收表单时尤为方便。

使用<jsp:setProperty>设定 Bean 属性值的语法形式分 3 种情况,以图书 bean(Title.java)为例说明如下。

(1) 当表单对象中的参数名称与 Bean 的属性名称一致时,可采用如下简便形式,将表单对象中的参数值赋给 JavaBean 的同名属性:

```
<jsp:useBean id="title" class ="jspexample.Title" scope="page"/>
<jsp:setProperty name="title" property="*"/>
```

name="title"的意思是 JavaBean 对象的名称,指明了将对哪个 JavaBean 对象的属性设置值,因为有时在一个 JSP 页面中可能有多个 JavaBean 存在。JavaBean 对象的名称是由<jsp:useBean>动作指令的 id 属性确定的,property="*"的意思是接收来自表单输入的所有与属性名相同的参数值,它会自动匹配 Bean 中的属性,要保证 JavaBean 的属性名必须和 request 对象的参数名一致。如果 request 对象的参数值中有空值,那么对应的 JavaBean 属性将不会设定任何值。同样,如果 JavaBean 中有某些属性没有与之对应的 request 参数值,那么这些属性也不会设定。这种赋值方式简称"一一映射"。

(2) 当表单对象中的参数名称与 Bean 的属性名称不一致时,则需要逐个设定属性值,而且要通过 param 指明属性值来自表单的哪个参数。具体语法形式如下:

```
<jsp:useBean id="title" class ="jspexample.Title" scope="page"/>
<jsp:setProperty name="title" property="isbn" param="parameterIsbn"/>
```

这里由于表单参数与JavaBean的属性名不一致,表示将表单参数parameterlsbn的值赋给名称为title的JavaBean的属性isbn。

这种情况使用request中的指定参数值来设定JavaBean中的指定属性值,不要求参数名称与Bean对象的属性名称一致。property指定Bean的属性名,param指定request中的参数名。如果Bean属性与request参数的名称不同,那么在指定property的同时还必须指定param;如果它们同名,只需要指明property就行了。如果参数值为空(或未初始化),那么对应的Bean属性不被设定。

(3) 使用<jsp:setProperty>动作指令,用value指定的任意值给JavaBean的属性赋值,语句如下:

```
<jsp:useBean id="title" class="jspexample.Title" scope="page"/>
<jsp:setProperty name="title" property="title" value="(string)"/>
<jsp:setProperty name="title" property="isbn" value="{<%=expression %>}"/>
```

使用value指定的属性值可以是字符串,也可以是表达式。如果是字符串,那么它就会被转换成Bean属性的类型。如果是一个表达式,那么它的类型就必须和它将要设定属性值的类型一致。如果参数值为空,那么对应的属性也不会被设定。

<jsp:setProperty>标记的属性及说明如表6-2所示。

表6-2 <jsp:setProperty>属性及说明

属性	说明
name	指明需要对哪一个Bean设置属性,该值已经预先由<jsp:useBean>中的id设定,且<jsp:useBean>必须出现在<jsp:setProperty>之前
property	指明了对指定Bean的哪一个属性赋值。如果属性名为"*",则表明所有与Bean属性名字匹配的request参数都将其值传递给JavaBean相对应的属性。注意,并非JavaBean类中的类属性,而是set和get方法对应的属性

param	指明了需要从哪个request参数获取属性值,并将该值赋予property指定的JavaBean属性,如果request对象没有这样的属性,则不会进行任何操作。但是系统不允许设置该值为null,因此,可以直接使用默认值,只有在确定需要时才用相应的request参数进行覆盖。例如,以下代码片段设置cpuType属性值为Cpu参数中的值(如果Cpu参数存在的话),否则不发生任何事件:
	
	`<jsp:setProperty name="ComputerBean"`
	`property="cpuType"`
	`param="Cpu"/>`
	
	如果同时省略了value和param属性,则等价于设置param属性值和property属性值一致。可以采用以下所述方式自动实现request参数和property属性值相匹配,即设置property值为",",并同时省略value和param。在这种设置下,系统会将可行的property值和request参数自动匹配起来

value	该属性为可选,设定属性的值。该属性具有数据类型自动转换功能

【例 6-4】创建商品对象的 JavaBean，在该类中提供属性及与属性相对应的 getXxx()方法与 getXxx()方法；在 JSP 页面中对 JavaBean 属性赋值并获取输出。

(1) 创建名称为 Produce 的类，该类是封装商品信息的 JavaBean，在该类中创建商品属性及与属性相对应的 getXxx()与 setXxx()方法。关键代码如下：

```java
public class Produce {
    private String name;      //商品名称
    private double price;     //价格
    private int count;        //数量
    private String factoryAdd; //生产厂商地址

    public String getName(){
        return name;
    }
    public void setName(String name){
        this.name = name;
    }
}
//省略部分 getXxx()方法与 setXxx()方法
```

(2) 创建 user_produce.jsp，在该页面中实例化 Produce 对象，然后对其属性进行赋值并输出。关键代码如下：

```jsp
<jsp:useBean id="produce" class="com.jsp.bean.Produce"></jsp:useBean>
<jsp:setProperty property="name" name="produce" value="电冰箱"/>
<jsp:setProperty property="price" name="produce" value="988.9"/>
<jsp:setProperty property="count" name="produce" value="10"/>
<jsp:setProperty property="factoryAdd" name="produce" value="北京市 xxx 公司"/>
//省略代码……
<body>
    <div>
        <ul>
            <li>商品名称：<jsp:getProperty property="name" name="produce"/></i>
            <i>价格：<jsp:getProperty property="price" name="produce"/></li>
            <li>数量：<jsp:getProperty property="count" name="produce"/></li>
            <li>生产厂商地址：<jsp:getProperty property="factoryAdd" name="produce"/></li>
        </ul>
    </div>
//省略代码……
```

user_produce.jsp 页面主要通过<jsp:useBean>标签实例化 Produce 对象，通过<jsp:setProperty>标签对 Produce 对象中的属性进行赋值，然后通过<jsp:getProperty>标签输出已赋值的 Produce 对象中的属性信息。运行程序，效果如图 6-7 所示。

图 6-7 对 JavaBean 属性赋值

【例6-5】实现用户档案管理功能。其中，录入用户信息功能主要通过JavaBean实现。

(1) 创建Person类，实现对用户信息的封装，放置于com.jsp.bean包中。关键代码如下：

```
package com.jsp.bean;
public class Person{
    private String name;      //姓名
    private int age;          //年龄
    private String sex;       //性别
    private String address;   //住址

    public String getName(){
        return name;
    }
    public void setName(String name){
        this.name = name;
    }
    public int getAge(){
        return age;
    }
    public void setAge(int age){
        this.age = age;
    }
//省略部分getXxx()与setXxx()方法
```

Person类包含4个属性，分别代表姓名、年龄、性别与住址，该类在实例中充当用户信息对象的JavaBean。

(2) 创建person_form.jsp，在该页面添加用于录入用户信息的表单。关键代码如下：

```
<table align="center" width="500" height="200" border="1">
<tr>
    <td align="center" colspan="4" height="40"><b>添加用户信息</b></td>
</tr>
<tr>
    <td align="right" width="50">姓名： </td>
    <td><input type="text" name="name"></td>
    <td align="right" width="50">年龄： </td>
    <td><input type="text" name="age"></td>
</tr>
<tr>
    <td align="right" width="50">性别： </td>
    <td><input type="text" name="sex"></td>
    <td align="right" width="50">住址： </td>
    <td><input type="text" name="add"></td>
</tr>
<tr>
    <td align="center" colspan="2"><input type="submit" value="添加"></td>
</tr>
</table>
```

表单信息中的属性名称最好设置成JavaBean的属性名称，通过<jsp:setProperty property="*"/>的形式来接收所有参数，这种方式可以减少程序中的代码量。如将用户年龄文本框的name属性设置为 age，它对应 Person 类中的 age。

（3）创建 reg.jsp，对 person_form.jsp 页面提交请求进行处理。该页面将获取表单提交的所有信息，并输出到页面中。关键代码如下：

```
<%@ page language="java" contentType="text/html;charset=GB18030" pageEncoding="GB18030"%>
<jsp:useBean id="person" class="com.jsp.bean.Person" scope="page">
    <jsp:setProperty name="person" property="*"/>
</jsp:useBean>
//省略部分 HTML 代码……
<body>
    <table align="center" width="400">
    <tr>
        <%request.setCharacterEncoding("utf-8"); %>
        <td align="right">姓名：</td>
        <td><jsp:getProperty property="name" name="person"/></td>
        <td align="right">年龄：</td>
        <td><jsp:getProperty property="age" name="person"/></td>
        <td align="right">性别：</td>
        <td><jsp:getProperty property="sex" name="person"/></td>
    </tr>
    </table>
//省略部分 HTML 代码……
```

reg.jsp 页面的<jsp:userBean>标签实例化了 JavaBean，然后通过<jsp:setProperty name="person" property="*"/>对 Person 类中的所有属性进行赋值，使用这种方式要求表单中的属性名称与 JavaBean 中的属性名称一致。

说明：

表单中的属性名称与 JavaBean 中的属性名称不一致，可以通过<jsp:setProperty>标签中的 param 属性来指定表单中的属性。如表单中的用户名为 username，可以使用 jsp:setProperty name="person'" property="name" param="username">对其赋值。

在获取了 Person 的所有属性后，reg.jsp 页面通过<jsp:getProperty>标签来读取 JavaBean 对象 Person 中的属性。实例运行后，将进入 person_info.jsp 页面，如图 6-8 所示。输入正确的用户信息后，单击"添加"按钮，将提交到 reg.jsp 页面，其效果如图 6-9 所示。

图 6-8　person_info.jsp 页面

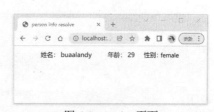

图 6-9　reg.jsp 页面

6.2.3　<jsp:getProperty>

<jsp:getProperty>与<jsp:setProperty>对应，用于从 JavaBean 中获取指定的属性值。这个动

作元素相对比较容易，只需要指定 name 参数和 property 参数。name 即为在<jsp:useBean>动作指令中定义的表示 JavaBean 对象名称的 id 属性，property 属性则指定了想要获取的 JavaBean 的属性名。其语法结构如下：

```
<jsp:getProperty name="beanInstanceName" property="propertyName"/>
```

例如：

```
<jsp:useBean id="title" class ="jspexample.Title" scope="page"/>
<jsp:getProperty name="title" property="isbn"/>
<jsp:getProperty name="title" property="title"/>
```

注意：

在使用<jsp:getProperty>动作指令之前，务必保证已经存在指定的 JavaBean 实例，而且要保证该实例对象中存在 property 指定的属性，否则会抛出 NullPointerException 异常。

<jsp:useBean>经常和<jsp:setProperty>以及<jsp:getProperty>动作一起使用。<jsp:setProperty>可以对 JSP 页面的 Bean 的属性赋值，而<jsp:getProperty>可以将 JSP 页面中的 Bean 的属性值显示出来。下面通过例子说明这 3 个 JSP 动作的使用方法。

【例 6-6】 在 JSP 页面中显示 JavaBean 属性信息。

(1) 创建名称为 Produce 的类，该类是封装商品对象的 JavaBean，在 Produce 类中创建商品属性，并提供相应的 getXxx()方法。关键代码如下：

```
public class Produce1 {
    private String name="魅族 18s8GB+128GB ";    //商品名称
    private double price = 2849;                  //价格
    private int count = 100;                      //数量
    private String factoryAdd = "京东自营";        //厂址
    public String getName(){
        return name;
    }
    public double getPrice(){
        return price;
    }
    public int getCount(){
        return count;
    }
    public String getFactoryAdd(){
        return factoryAdd;
    }
}
```

说明：

本实例演示了如何获取 JavaBean 中的属性信息，所以对 Produce 类中的属性设置了默认值，可通过 getXxx()方法直接进行获取。

(2) 在 JSP 页面中获取商品 JavaBean 的属性信息，该操作通过 JSP 动作标签进行获取。关键代码如下：

```
<jsp:useBean id="produce" class="com.jsp.bean.Produce1"></jsp:useBean>
......
<div>
<ul>
    <li>商品名称：<jsp:getProperty property="name" name="produce"/></li>
    <li>价格：<jsp:getProperty property="price" name="produce"/></li>
    <li>数量：<jsp:getProperty property="count" name="produce"/></li>
    <li>厂址：<jsp:getProperty property="factoryAdd" name="produce"/></li>
</ul>
</div>
```

本实例主要通过<jsp:useBean>标签实例化商品的 JavaBean 对象，<jsp:getProperty>标签获取 JavaBean 中的属性信息。运行程序，效果如图 6-10 所示。

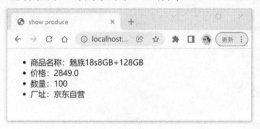

图 6-10　获取 JavaBean 属性信息

使用<jsp:useBean>标签可以实例化 JavaBean 对象；<jsp:getProperty>标签可以获取 JavaBean 中的属性信息。这两个标签可以直接操作 Java 类，那么是不是可以操作所有的 Java 类呢？答案是否定的。<jsp:useBean>标签与<jsp:getProperty>标签之所以能够操作 Java 类，是因为 Java 类遵循了 JavaBean 规范。<jsp:useBean>标签获取类的实例，其内部是通过实例化类的默认构造方法进行获取，所以，JavaBean 需要有一个默认的无参的构造方法；<jsp:getProperty>标签获取 JavaBean 中的属性，其内部是通过调用指定属性的 getXxx()方法进行获取。所以，JavaBean 规范要求为属性提供公共的(public)类型的访问器。只有严格遵循 JavaBean 规范，才能对其更好地应用。

6.3　在 JSP 中应用 JavaBean

6.3.1　显示时间的 JavaBean

JavaBean 是用 Java 语言所写成的可重用组件，它可以是一个实体类对象，也可以是一个业务逻辑的处理。下面通过实例在 JSP 页面中调用获取当前时间的 JavaBean。

【例 6-7】创建 JavaBean 对象，获取当前时间。

(1) 创建名称为 DateBean 的类，主要对当前时间、星期进行封装，将其放置于 com.jsp.bean 包中。关键代码如下：

```
package com.jsp.bean;
```

```
import java.text.SimpleDateFormat;
import java.util.Calendar;
import java.util.Date;
public class DateBean {
    private String dateTime;                            //日期及时间
    private String week;                                //星期
    private Calendar calendar = Calendar.getInstance(); //Calendar 对象
    /*
    *获取当前日期及时间
    *@return 日期及时间的字符串
    */
    public String getDateTime(){
        Date currDate = Calendar.getInstance().getTime();    //获取当前时间
        SimpleDateFormat sdf=new SimpleDateFormat("yyyy 年 MM 月 dd 日 HH 点 mm 分 ss 秒");
        //实例化 SimpleDateFormat
        dateTime = sdf.format(currDate);                //格式化日期时间
        return dateTime;                                //返回日期及时间的字符串
    }
    /*
    *获取星期几
    *@return  返回星期字符串
    */
    public String getWeek(){
        //定义数组
        String[] weeks = {"星期日","星期一","星期二","星期三","星期四","星期五","星期六"};
        //获取星期的某天
        int index = calendar.get(Calendar.DAY_OF_WEEK);
        //获取星期几
        week = weeks[index - 1];
        //返回星期字符串
        return week;
    }
}
```

DateBean 类主要封装了日期时间(dateTime 属性)和星期(week 属性),并针对这两个属性提供了相应的 getXxx()方法。其中 getDateTime()方法用于获取当前的日期及时间,该方法通过 SimpleDateFormat 对象的 format()方法对当前时间进行格式化,并返回格式化后的字符串。getWeek()方法用于获取星期几,该方法主要通过 Calendar 对象获取一星期的某天索引,以及创建字符串数组来实现。

说明:

由于 DateBean 类主要用于获取当前时间,并不涉及对 DateBean 类中的属性赋值,因此实例中并没有提供dateTime 属性、week 属性的 setXxx()方法。除这两个属性外还有一个 calendar 属性,该属性是一个 Calendar 对象,是获取日期时间及星期的辅助类,所以没有必要对该属性提供相应的 setXxx()方法与 getXxx()方法。

(2) 创建首页 show_time.jsp,在页面中实例化 DateBean 对象,获取当前日期时间及星期,实现电子时钟效果。关键代码如下:

```
<jsp:useBean id="date"class="com.jsp.bean.DateBean"scope="application"></jsp:useBean>
<div align="center">
    <div id="clock">
        <div id="time">
            <jsp:getProperty property="dateTime" name="date"/>
        </div>
    </div>
</div>
```

在 show_time.jsp 页面中，通过<jsp:useBean>标签对 DateBean 对象实例化，将 DateBean 的作用域设置为 application，然后通过<jsp:getProperty>标签分别获取 DateBean 对象的日期时间及星期属性值。

技巧：

因为获取当前日期时间的 JavaBean 对象 DateBean 并不涉及太多的业务逻辑，所以实例中将它的作用域设置为 application。。这样，在 JSP 页面中第一次调用该对象时会实例化一个 DateBean 对象，以后再次调用时不需要再次实例化 DateBean，因为它在 application 范围内已经存在。

show_time.jsp 页面定义了 div 层的样式，实例运行后，将进入 index.jsp，运行效果如图 6-11 所示。

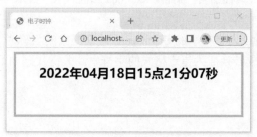

图 6-11 在页面中显示当前时间

技巧：

为了实现网页中时钟的走动效果，可以通过不断刷新页面的方法来获取当前时间。实例中通过在<head>标签内加入代码<meta http-equiv="Refresh"content="1">来实现，加入代码后，页面将每隔 1 秒自动刷新页面一次，这样就可以显示出时钟走动的效果。

6.3.2 将数组转换成字符串

在程序开发中，将数组转换成为字符串是经常被用到的，如表单中的复选框按钮，在提交之后它就是一个数组对象。由于数组对象在业务处理中使用不方便，因此在实际应用过程中通过将其转换成为字符串后再进行处理。

【例 6-8】创建 JavaBean，将字符串转换成为数组，对"问卷调查"表单中复选框的数值进行处理。

(1) 创建 Paper 类，用于对调查问卷进行封装，将其放置于 com.jsp.bean 包中。关键代码如下：

```
package com.jsp.bean;
import java.io.Serializable;
public class Paper implements Serializable {
    private static final long serialVersionUID = 1L;
    // // 定义保存编程语言的字符串数组
    private String[] languages;
    //定义保存掌握技术的字符串数组
    private String[] technics;
    //定义保存困难部分的字符串数组
    private String[] parts;

    public Paper(){}

    public String[] getLanguages(){
        return languages;
    }
    public void setLanguages(String[] languages){
        this.languages = languages;
    }
//省略部分 getXxx()与 setXxx()方法
```

Paper 类包含 3 个属性对象,它们均为字符串数组对象,属性值可以包含多个字符串对象。其中 languages 属性代表"编程语言"集合,technics 属性代表"技术"集合,parts 属性代表"困难部分"集合。

(2) 创建将数组转换成为字符串的 JavaBean 对象,它的名称为 Convert。在该类中编写 arr2Str()方法,将数组对象转换成为指定格式的字符串。关键代码如下:

```
package com.jsp.bean;

public class Convert{
    /*
    *将数组转换成为字符串
    *@param arr 数组
    *@return 字符串
    */
    public String arr2Str(String[] arr) {
        StringBuffer sb = new StringBuffer();        //实例化 StringBuffer
        if(arr!=null && arr.length>0) {              //判断 arr 是否为有效数组
            for(String s:arr){                        //遍历数组
                sb.append(s);                         //将字符串追加到 StringBuffer 中
                sb.append(",");                       //将字符串追加到 StringBuffer 中
            }
            if(sb.length()>0){                        //判断字符串长度是否有效
                sb.deleteCharAt(sb.length()-1);       //截取字符
            }
        }
        return sb.toString();                         //返回字符串
    }
}
```

arr2Str()方法的入口参数的类型为字符串数组，该方法主要通过 for 循环遍历数组将数组元素转换成为分隔为 "," 的字符串对象，实例中使用的 for 循环为 Java5.0 中增强的 for/in 循环。

> **技巧：**
> 在组合字符串过程中，arr2Str()方法使用的是 StringBuffer 对象，并没有使用 String 对象，这是因为 String 是不可变长的对象，在每一次改变字符串长度时都会创建一个新的 String 对象；而 StringBuffer 则是可变的字符序列，类似于 String 的字符串缓冲区。所以，在字符串经常修改的地方使用 StringBuffer，其效率将高于 String。

(3) 创建程序中的首页 paper_form.jsp，在该页面中放置调查问卷所使用的表单。关键代码如下：

```
<form action="reg_result.jsp" method="post">
<div>
<h1>调查问卷</h1>
<hr/>
<ul>
<li>你经常用哪些编程语言开发程序：</li>
<li>
    <input type="checkbox" name="languages" value="Python">Python
    <input type="checkbox" name="languages" value="Java">Java
    <input type="checkbox" name="languages" value="PHP">PHP
    <input type="checkbox" name="languages" value="Go">Go
</li>
</ul>
<ul>
<li>你目前所掌握的技术：</li>
<li>
    <input type="checkbox" name="technics" value="HTML5">HTML5
    <input type="checkbox" name="technics" value="JavaBean">JavaBean
    <input type="checkbox" name="technics" value="JSP">JSP
    <input type="checkbox" name="technics" value="SSM">SSM
</li>
</ul>
<ul>
<li>在学习中哪一部分感觉有困难：</li>
<li>
    <input type="checkbox" name="parts" value="JSP">JSP
    <input type="checkbox" name="parts" value="Spring">Spring
</li>
</ul>
    <input type="submit" value="提交">
</div>
</form>
```

该页面包含了大量的复选框按钮 checkbox，提交表单后 name 属性相同的 checkbox 对象的值，将会被转换为一个数组对象。

(4) 创建 reg_result.jsp，用于对 paper_form.jsp 页面表单提交请求进行处理，将用户所提交的调查问卷结果输出到页面中。关键代码如下：

```
<jsp:useBean id="paper" class="com.jsp.bean.Paper"></jsp:useBean>
<jsp:useBean id="convert" class="com.jsp.bean.Convert"></jsp:useBean>
<jsp:setProperty property="*" name="paper"/>
<div>
<h1>答题结果</h1>
<hr/>
<ul>
    <li>你经常使用的编程语言：<%=convert.arr2Str(paper.getLanguages()) %>。</li>
    <li>你目前所掌握的技术：<%=convert.arr2Str(paper.getTechnics()) %>。</li>
    <li>在学习中感觉有困难的部分：<%=convert.arr2Str(paper.getParts()) %>。</li>
</ul>
</div>
```

reg_result.jsp 页面实例化了两个 JavaBean 对象，均通过<jsp:useBean>标签进行实例化。其中 id 属性为 paper 的对象，为实例中封装的调查问卷对象，在 paper_form.jsp 页面中提交表单后，reg_result.jsp 页面中的<jsp:setProperty>标签将对 paper 对象中的属性赋值。id 属性值为 convert 的对象，是将数组转换成为字符串的 JavaBean 对象，用于将 paper 对象中的属性值转换成字符串对象，该操作通过调用 arr2Str()方法进行实现。

实例运行后，进入程序的主页面 paper_form.jsp，其运行结果如图 6-12 所示。对调查问卷的答案进行选择后，单击"提交"按钮，请求将提交到 reg_result.jsp 页面进行处理，其处理后的结果如图 6-13 所示。

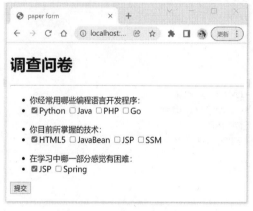

图 6-12　paper_form.jsp 页面

图 6-13　处理结果

6.4　本章小结

本章首先介绍了 JavaBean 对象的产生背景及使用 JavaBean 对象的优势；然后介绍了什么是 JavaBean、封装数据的 JavaBean 和封装业务的 JavaBean；接着介绍在 JSP 页面中如何使用 JavaBean；最后通过实例介绍了 JavaBean 对象在 JSP 中的应用。

6.5　实践与练习

1. JavaBean 的作用域有几种，从小到大如何排序？

2. JavaBean 遵循的规范是什么？

3. 编写一个封装学生信息的 JavaBean 对象，在 index.jsp 页面中调用该对象，并将学生信息输出到页面中。

4. 编写一个封装用户信息的 JavaBean 对象，通过操作 JavaBean 的动作标识，输出用户的注册信息。

5. 编写一个页面访问计数器的 JavaBean，在 index.jsp 页面中通过 JSP 动作标签实例化该对象，并将其放置于 application 范围中，实现访问计数器。

ᘓ 第 7 章 ᘗ

Servlet技术

Servlet 是运行在服务器上的一个 Java 小程序，它可以接收客户端发送过来的请求，并响应数据给客户端。

Servlet 先于 JSP 产生，可以方便地对 Web 应用中的 HTTP 请求进行处理。在 Java Web 程序开发中，Servlet 主要用于处理各种业务逻辑，它比 JSP 更具有业务逻辑层的意义。Servlet 的安全性、扩展性以及其性能方面都十分优秀，它在 Java Web 程序开发及 MVC 模式的应用方面起到了极其重要的作用。

本章的学习目标：

- 了解 Servlet 与 JSP 的区别
- 了解 Servlet 的代码结构
- 掌握如何创建与配置 Servlet
- 掌握 Servlet 的处理流程
- 掌握使用 Servlet 如何处理表单数据

7.1 Servlet 基础

Servlet 是运行在 Web 服务器端的 Java 应用程序。与 Java 程序的区别是，Servlet 对象主要封装了对 HTTP 请求的处理，并且它的运行需要 Servlet 容器的支持。在 Java Web 应用方面，Servlet 的应用占有十分重要的地位，它在 Web 请求的处理功能方面非常强大。

7.1.1 Servlet 结构体系

Servlet 实质上就是遵照 Servlet 规范的 Java 类，它可以处理 Web 应用中的相关请求。Servlet 是一个标准，由 Sun 公司定义，具体细节由 Servlet 容器进行实现，如 Tomcat、JBoss 等。J2EE 架构中的 Servlet 结构体系的 UML 类图如图 7-1 所示。

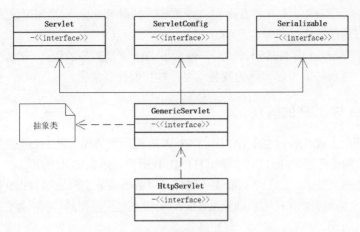

图 7-1 Servlet 结构体系的 UML 类图

在图 7-1 中，Servlet 对象、ServletConfig 对象与 Serializable 对象是接口对象。其中，Serializable 对象是 java.io 包中的序列化接口；Servlet 对象、ServletConfig 对象是 javax.servlet 包中定义的对象，这两个对象定义了 Servlet 的基本方法以及封装了 Servlet 的相关配置信息。GenericServlet 对象是一个抽象类，它分别实现了上述的 3 个接口，该对象为 Servlet 接口及 ServletConfig 接口提供了部分实现，但它并没有对 HTTP 请求处理进行实现，这一操作由它的子类 HttpServlet 进行实现。HttpServlet 为 HTTP 请求中 POST、GET 等类型提供了具体的操作方法，所以通常情况下，Servlet 对象都继承于 HttpServlet 对象，原因是 HttpServlet 是 Servlet 的实现类，并提供了 HTTP 请求的处理方法。

7.1.2 Servlet 技术特点

Servlet 使用 Java 语言编写，因此既拥有 Java 语言的优势，还对 Web 相关应用进行了封装。同时，Servlet 容器提供了对应用的相关扩展，在功能、性能、安全等方面都十分优秀，其技术特点表现在以下几方面。

(1) 功能强大。Servlet 采用 Java 语言编写，可以调用 Java API 中的对象及方法；Servlet 对象对 Web 应用进行了封装，提供了 Servlet 对 Web 应用的编程接口；还可以对 HTTP 请求进行相应的处理，如处理提交数据、会话跟踪、读取和设置 HTTP 头信息等。由于 Servlet 既拥有 Java 提供的 API，而且可以调用 Servlet 封装的 Servlet API 编程接口，因此，它在业务功能方面的处理能力十分强大。

(2) 可移植。Java 语言是跨平台的。所谓跨平台是指程序的运行不依赖于操作系统平台，它可以运行到多个系统平台中，如目前常用的操作系统 Windows、Linux 和 UNIX 等。由于 Servlet 使用 Java 语言编写，因此，Servlet 继承了 Java 语言的优点，程序一次编码，可多平台运行，拥有超强的可移植性。

(3) 性能高效。Servlet 对象在 Servlet 容器启动时被初始化，当第一次被请求时，Servlet 容器将其实例化，此时它驻存于内存中。如果存在多个请求，Servlet 不会再被实例化，仍然由此 Servlet 对其进行处理。每一个请求是一个线程，而不是一个进程，因此，Servlet 对请求处理的性能是十分高效的。

(4) 安全性高。Servlet 使用了 Java 的安全框架,同时 Servlet 容器还可以为 Servlet 提供额外的功能,所以它的安全性是非常高的。

(5) 可扩展。Servlet 由 Java 语言编写,继承了 Java 面向对象的优点。在业务逻辑处理中,可以通过封装、继承等来扩展实际的业务需要,其扩展性非常强。

7.1.3　Servlet 与 JSP 的区别

Servlet 是使用 Java Servlet 接口(API)运行在 Web 应用服务器上的 Java 程序,它不但可以处理 HTTP 请求中的业务逻辑,而且可以输出 HTML 代码来显示指定页面。而 JSP 是一种在 Servlet 规范之上的动态网页技术,在 JSP 页面中,同样可以编写业务逻辑处理 HTTP 请求,也可以通过 HTML 代码来编辑页面。在实现功能上,Servlet 与 JSP 貌似相同,实质存在一定的区别,主要表现在以下几方面。

(1) 角色不同。JSP 页面可以存在 HTML 代码与 Java 代码并存的情况,而 Servlet 需要承担客户请求与业务处理的中间角色,只有调用固定的方法才能将动态内容输出为静态的 HTML,所以,JSP 更具有显示层的角色。

(2) 编程方法不同。Servlet 与 JSP 在编程方法上存在很大的区别。在 Servlet 代码中,需要调用 Servlet 提供的相关 API 接口方法,才可以对 HTTP 请求及业务进行处理,对于业务逻辑方面的处理功能更加强大。然而在 JSP 页面中,通过 HTML 代码与 JSP 内置对象实现对 HTTP 请求及页面的处理,其显示界面的功能更加强大。

(3) 编译运行方式不同。Servlet 需要在 Java 编译器编译后才可以运行,如果 Servlet 在编写完成或修改后没有被重新编译,则不能运行在 Web 容器中。而 JSP 则与之相反,JSP 由 JSP Container 对其进行管理,它的编辑过程也由 JSP Container 对 JSP 进行自动编辑,所以,无论 JSP 文件被创建还是修改,都不需要对其编译即可执行。

(4) 速度不同。由于 JSP 页面由 JSP Container 对其进行管理,在每次执行不同内容的动态 JSP 页面时,JSP Container 都要对其自动编译,因此,它的效率低于 Servlet 的执行效率。而 Servlet 在编译完成之后,则不需要再次编译,可以直接获取及输出动态内容。在 JSP 页面中的内容没有变化的情况下,JSP 页面的编译完成之后,JSP Container 不会再次对 JSP 进行编译。

7.1.4　Servlet 代码结构

在 Java 中,通常所说的 Servlet 是指 HttpServlet 对象。在声明一个对象为 Servlet 时,需要继承 HttpServlet 类。HttpServlet 类是 Servlet 接口的一个实现类,继承该类后,可以重写 HttpServlet 类中的方法对 HTTP 请求进行处理。

【例 7-1】创建一个名称为 TestServlet 的 Servlet 类。

```
package com.jsp.servlet;
import java.io.IOException;
import javax.servlet.ServletConfig;
import javax.servlet.ServletException;
import javax.servlet.annotation.WebServlet;
import javax.servlet.http.HttpServlet;
import javax.servlet.http.HttpServletRequest;
import javax.servlet.http.HttpServletResponse;
```

```
/**
 * Servlet implementation class TestServlet
 */
@WebServlet("/TestServlet")
public class TestServlet extends HttpServlet {
    private static final long serialVersionUID = 1L;
  public TestServlet() {
        super();
        // TODO Auto-generated constructor stub
    }
    @Override
    public void init(ServletConfig config) throws ServletException {
        super.init(config);
    }
    protected void doGet(HttpServletRequest request, HttpServletResponse response) throws ServletException,
    IOException {
        response.getWriter().append("Served at: ").append(request.getContextPath());
    }
    protected void doPost(HttpServletRequest request, HttpServletResponse response) throws ServletException,
    IOException {
        doGet(request, response);
    }
    @Override
    protected void doDelete(HttpServletRequest req, HttpServletResponse resp) throws ServletException,
    IOException {
        super.doDelete(req, resp);
    }
    @Override
    protected void doPut(HttpServletRequest req, HttpServletResponse resp) throws ServletException,
    IOException {
        super.doPut(req, resp);
    }
    @Override
    public void destroy() {
        super.destroy();
    }
}
```

　　上述代码展示了一个 Servlet 对象的代码结构，TestServlet 类通过继承 HttpServlet 类被声明
为一个 Servlet 对象。该对象提供了 6 个方法，其中 init()方法与 destroy()方法为 Servlet 初始化
与生命周期结束所调用的方法，其他 4 个方法是 Servlet 针对处理不同的 HTTP 请求类型所提供
的方法。

　　在一个 Servlet 对象中，最常用的方法是 doGet()与 doPost()方法，这两个方法分别用于处理
HTTP 的 Get 与 Post 请求。例如，<form>表单对象所声明的 method 属性为 post，提交到 Servlet
对象处理时，Servlet 将调用 doPost()方法进行处理。

7.2 Servlet API 编程常用接口和类

Servlet 是运行在服务器端的 Java 应用程序，由 Servlet 容器对其进行管理，当用户对容器发送 HTTP 请求时，容器将通知相应的 Servlet 对象进行处理，完成用户与程序之间的交互。在 Servlet 编程中，Servlet API 提供了标准的接口与类，这些对象对 Servlet 的操作非常重要，它们为 HTTP 请求与程序回应提供了丰富的方法。

7.2.1 Servlet 接口

Servlet 的运行需要 Servlet 容器的支持。Servlet 容器通过调用 Servlet 对象提供的标准的 API 接口，对请求进行处理。在 Servlet 开发中，任何一个 Servlet 对象都要直接或间接地实现 javax.servlet.Servlet 接口。Servlet 接口提供了 5 个方法，如表 7-1 所示。

表 7-1　Servlet 接口提供的方法及说明

方法	说明
public void init(ServletConfig config)	容器在创建好 Servlet 对象后，就会调用此方法。该方法接收一个 ServletConfig 类型的参数，Servlet 容器通过这个参数向 Servlet 传递初始化配置信息
public void service(ServletRequest request,ServletResponse response)	负责响应用户的请求，当容器接收到客户端访问 Servlet 对象的请求时，就会调用此方法。容器会构造一个表示客户端请求信息的 ServletRequest 对象和一个响应客户端的 ServletResponse 对象作为参数传递给 service()方法。在 service()方法中，可以通过 ServletRequest 对象得到客户端的相关信息和请求信息，在对请求进行处理后，调用 ServletResponse 对象的方法设置响应信息
public void destroy()	负责释放 Servlet 对象占用的资源。当服务器关闭或者 Servlet 对象被移除时，Servlet 对象会被销毁，容器会调用此方法
public ServletConfig getServletConfig()	用于获取 Servlet 对象的配置信息，返回 Servlet 的 ServletConfig 对象
public String getServletInfo()	返回一个字符串，其中包含关于 Servlet 的信息，例如，作者、版本和版权等信息

其中，ini()、service()、destory()方法可以表现 Servlet 的生命周期。而 HttpServlet 的常用方法如表 7-2 所示。

表 7-2　HttpServlet 的常用方法

方法	说明
protected void doGet(HttpServletRequest req,HttpServletResponse resp)	用于处理 GET 类型的 HTTP 请求方法
protected void doPost(HttpServletRequest req,HttpServletResponse resp)	用于处理 POST 类型的 HTTP 请求方法
protected void doPut(HttpServletRequest req,HttpServletResponse resp)	用于处理 PUT 类型的 HTTP 请求方法

【例 7-2】创建一个 Servlet，向客户端输出一个字符串。

```java
package com.jsp.servlet;
import java.io.IOException;
import java.io.PrintWriter;
import javax.servlet.ServletConfig;
import javax.servlet.ServletException;
import javax.servlet.ServletRequest;
import javax.servlet.ServletResponse;
import javax.servlet.annotation.WebServlet;
import javax.servlet.http.HttpServlet;
import javax.servlet.http.HttpServletRequest;
import javax.servlet.http.HttpServletResponse;

@WebServlet("/WordServlet")
public class WordServlet extends HttpServlet {
    private static final long serialVersionUID = 1L;
    public WordServlet() {
        super();
    }
    @Override
    public void init(ServletConfig config) throws ServletException {
        super.init(config);
    }
    protected void doGet(HttpServletRequest request, HttpServletResponse response) throws ServletException,
    IOException {
        response.getWriter().append("Served at: ").append(request.getContextPath());
    }
    protected void doPost(HttpServletRequest request, HttpServletResponse response) throws ServletException,
    IOException {
        doGet(request, response);
    }
    @Override
    public void service(ServletRequest req, ServletResponse res) throws ServletException, IOException {
        super.service(req, res);
        PrintWriter pwt = res.getWriter();
        pwt.println("Congratulations");
        pwt.close();
    }
    @Override
    public void destroy() {
        super.destroy();
    }
    @Override
    public ServletConfig getServletConfig() {
        return super.getServletConfig();
    }
    @Override
    public String getServletInfo() {
        return super.getServletInfo();
```

```
        }
    }
```

当客户端请求到来时，Servlet 容器将调用 Servlet 实例的 service()方法对请求进行处理。service()方法首先通过 ServletResponse 类中的 getWriter()方法调用，得到一个 PrintWriter 类型的输出流对象 out，然后调用 out 对象的 println()方法，向客户端发送字符串 Congratulations，最后关闭 out 对象。

7.2.2　ServletConfig 接口

从类名上来看，就知道 ServletConfig 类是 Servlet 程序的配置信息类。

ServletConfig 接口位于 javax.servlet 包中，它封装了 Servlet 的配置信息，在 Servlet 初始化期间被传递。每一个 Servlet 都有且只有一个 ServletConfig 对象。该对象提供了 4 个方法，如表 7-3 所示。

表 7-3　ServletConfig 接口提供的方法

方法	说明
public String getInitParameter(String name)	返回 String 类型名称为 name 的初始化参数值
public Enumeration getInitParameterNames()	获取所有初始化参数名的枚举集合
public ServletContext getServletContext()	用于获取 Servlet 上下文对象
public String getServletName()	返回 Servlet 对象的实例名

ServletConfig 类的三大作用如下：

- 可以获取 Servlet 程序的别名 servlet-name 的值。
- 获取初始化参数 init-param。
- 获取 ServletContext 对象。

7.2.3　HttpServletRequest 接口

在 Servlet API 中，定义了一个 HttpServletRequest 接口，它继承自 ServletRequest 接口。HttpServletRequest 对象专门用于封装 HTTP 请求信息，简称 request 对象。

HTTP 请求信息包含请求行信息、请求头信息和请求体信息三部分，所以 HttpServletRequest 接口中定义了获取请求行、请求头和请求体信息的相关方法。

1. 获取请求行信息

HTTP 请求的请求行中包含请求方法、请求资源名、请求路径等信息，HttpServletRequest 接口定义了一系列获取请求行信息的方法，如表 7-4 所示。

表 7-4　HttpServletRequest 接口提供的获取请求行信息的方法

方法	说明
public String getContextPath()	返回当前 Servlet 所在的应用的名字(上下文)。对于默认(ROOT)上下文中的 Servlet，此方法返回空字符串""
public Cookie[] getCookies()	返回请求中发送的所有 cookie 对象，返回值为 cookie 数组

（续表）

方法	说明
public String getMethod()	该方法用于获取 HTTP 请求方式(如 GET、POST 等)
public String getQueryString()	该方法用于获取请求行中的参数部分，也就是 URL 中 "?" 以后的所有内容
public String getRequestURI()	该方法用于获取请求行中的资源名称部分，即位于 URL 的主机和端口之后、参数部分之前的部分
public StringBuffer getRequestURL()	返回请求的 URL。此 URL 中不包含请求的参数。注意此方法返回的数据类型为 StringBuffer
public String getServletPath()	该方法用于获取 Servlet 所映射的路径
public HttpSession getSession()	返回与请求关联的 HttpSession 对象
public String getRemoteAddr()	该方法用于获取客户端的 IP 地址
public String getRemoteHost()	该方法用于获取客户端的完整主机名，如果无法解析出客户机的完整主机名，则该方法将会返回客户端的 IP 地址

2. 获取请求头信息

当浏览器发送请求时，需要通过请求头向服务器传递一些附加信息，例如客户端可以接收的数据类型、压缩方式、语言等。为了获取请求头中的信息，HttpServletRequest 接口定义了一系列用于获取 HTTP 请求头字段的方法，如表 7-5 所示。

表 7-5　HttpServletRequest 接口提供的获取请求头信息的方法

方法	说明
public String getHeader(String name)	该方法用于获取一个指定头字段的值。如果请求信息中包含多个指定名称的头字段，则该方法返回其中第一个头字段的值
public Enumeration getHeaders(String name)	该方法返回指定头字段的所有值的枚举集合，在多数情况下，一个头字段名在请求信息中只出现一次，但有时可能会出现多次
public Enumeration getHeaderNames()	该方法返回请求头中所有头字段的枚举集合
public String getContentType()	该方法用于获取 Content-Type 头字段的值
public int getContentLength()	该方法用于获取 Content-Length 头字段的值
public String getCharacterEncoding()	该方法用于返回请求信息的字符集编码

3. 获取请求体信息

JSP 中主要通过 request 获得请求体。请求体中一般为传输的请求参数。在实际开发中，经常需要获取用户提交的表单数据，例如，用户名、密码、电子邮件等，为了方便获取表单中的请求参数，HttpServletRequest 接口定义了一些获取请求参数的方法，如表 7-6 所示。

表 7-6　HttpServletRequest 接口提供的获取请求体信息的方法

方法	说明
String getParameter(String name)	该方法用于获取某个指定名称的参数值,如果请求信息中没有包含指定名称的参数,getParameter()方法返回 null;如果指定名称的参数存在但没有设置值,则返回一个空串;如果请求信息中包含多个该指定名称的参数,getParameter()方法返回第一个出现的参数值
String[] getParameterValues(String name)	HTTP 请求信息中可以有多个相同名称的参数(通常由一个包含有多个同名的字段元素的 FORM 表单生成),如果要获得 HTTP 请求信息中的同一个参数名所对应的所有参数值,那么就应该使用 getParameterValues()方法,该方法用于返回一个 String 类型的数组
Enumeration getParameterNames()	该方法用于返回一个包含请求信息中所有参数名的 Enumeration 对象,在此基础上,可以对请求信息中的所有参数进行遍历处理
Map getParameterMap()	Parameter Map()方法用于将请求信息中的所有参数名和值装入进一个 Map 对象中返回

7.2.4　HttpServletResponse 接口

HttpServletResponse 接口位于 javax.servlet.http 包中,继承了 javax.servlet.ServletResponse 接口,也是非常重要的对象,其常用方法如表 7-7 所示。

表 7-7　HttpServletResponse 接口的常用方法

方法	说明
public void addCookie(Cookie cookie)	向客户端写入 cookie 信息
public void sendError(int sc)	发送一个错误状态码为 sc 的错误响应到客户端,参数 sc 为错误状态
public void sendError(int sc,String msg)	发送一个包含错误状态码及错误信息的响应到客户端码,参数 msg 为错误信息
public void sendRedirect(String location)	使用客户端重定向到新的 URL,参数 location 为新的地址

7.2.5　GenericServlet 类

在编写一个 Servlet 对象时,必须实现 javax.servlet.Servlet 接口。在 Servlet 接口中包含 5 个方法,也就是说创建一个 Servlet 对象要实现这 5 个方法,这样操作非常不方便。javax.servlet.GenericServlet 类简化了此操作,实现了 Servlet 接口。

```
public abstract class GenericServlet
extends Object
implements Servlet,ServletConfig,Serializable
```

GenericServlet 类是一个抽象类,分别实现了 Servlet 接口与 ServletConfig 接口。该类实现了除 service()之外的其他方法。在创建 Servlet 对象时，可以继承 GenericServlet 类来简化程序中的代码，但需要实现 service()方法。

7.2.6　HttpServlet 类

GenericServlet 类实现了 javax.servlet.Servlet 接口。在实际开发过程中，大多数的应用都是使用 Servlet 处理 HTTP 协议的请求，并对请求做出响应，所以通过继承 GenericServlet 类仍然不是很方便。javax.servlet.http.HttpServlet 类对 GenericServlet 类进行了扩展，为 HTTP 请求的处理提供了灵活的方法。

> public abstract class HttpServlet
> 　　　extends GenericServlet implements Serializable

HttpServlet 类仍然是一个抽象类，实现了 service()方法，并针对 HTTP 1.1 中定义的 7 种请求类型提供了相应的方法：doGet()、doPost()、doPut()、doDelete()、doHead()、doTrace()和doOptions()。在这 7 个方法中，除了对 doTrace()方法与 doOptions()方法进行简单实现外，HttpServlet 类并没有对其他方法进行实现，实际开发中需要开发人员在使用过程中根据实际需要对其进行重写。

HttpServlet 类继承了 GenericServlet 类，通过其对 GenericServlet 类的扩展，可以很方便地对 HTTP 请求进行处理及响应。该类与 GenericServlet 类、Servlet 接口的关系如图 7-2 所示。

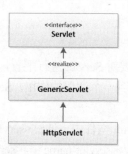

图 7-2　HttpServlet 类与 GenericServlet 类、Servlet 接口的关系

7.3　Servlet 的创建与配置

在 Java 的 Web 开发中，业务逻辑可以由 Servlet 进行处理，它也可以通过 HttpServletResponse对象对请求做出响应，功能十分强大。本节对 Servlet 的创建及配置进行介绍。

7.3.1　Servlet 的创建

Servlet 的创建主要有两种方法。第一种方法是创建一个普通的 Java 类，使这个类继承HttpServlet 类，再通过手动配置 web.xml 文件注册 Servlet 对象。该方法操作较烦琐，通常不被采纳，而是使用第二种方法，即通过 IDE 集成开发工具进行创建。下面以 Eclipse 为例，介绍Servlet 的创建过程。

(1) 在 Eclipse 的包资源管理器中，单击鼠标右键，在弹出的快捷菜单中选择 New | Servlet

命令，在弹出的对话框中输入新建 Servlet 所在的包和类名，如图 7-3 所示，然后单击"Next(下一步)"按钮。

(2) 再单击"Next(下一步)"按钮至方法选择页面，如图 7-4 所示，选择 Servlet 包含的方法。

(3) 单击"Next(下一步)"按钮，打开 Servlet 配置对话框，保持默认设置不变，单击"Finish(完成)"按钮，即可完成 Servlet 的创建。

图 7-3　Create Servlet 对话框

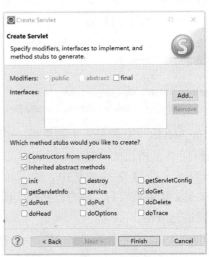

图 7-4　选择 Servlet 包含的方法

7.3.2　Servlet 的配置

要使 Servlet 对象正常运行，需要对 Servlet 进行配置，告知 Web 容器哪一个请求调用哪一个 Servlet 对象处理，即对 Servlet 起到一个注册的作用。Servlet 的配置包含在 web.xml 文件中，配置操作如下。

(1) 声明 Servlet 对象。在 web.xml 文件中，通过<servlet>标签声明一个 Servlet 对象。在此标签下包含两个主要子元素，分别为<servlet-name>与<servlet-class>。其中，<servlet-name>元素用于指定 Servlet 的名称；<servlet-class>元素指定 Servlet 对象的完整位置，包含 Servlet 对象的包名与类名。其声明语句如下：

```
<servlet>
    <servlet-name>SimpleServlet</servlet-name>
    <servlet-class>com.jsp.Servlet.SimpleServlet</servlet-class>
</servlet>
```

(2) 映射 Servlet。在 web.xml 文件中声明了 Servlet 对象后，需要映射访问 Servlet 的 URL。该操作使用<servlet-mapping>标签进行配置。<servlet-mapping>标签包含两个子元素，分别为<servlet-name>与<url-pattern>。其中，<servlet-name>元素与<servlet>标签中的<servlet-name>元素相对应，不可以随意命名。<url-pattern>元素用于映射访问 URL。其配置方法如下：

```
<servlet-mapping>
    <servlet-name>SimpleServlet</servlet-name>
    <url-pattern>/SimpleServlet</url-pattern>
</servlet-mapping>
```

【例 7-3】Servlet 的创建及配置。

(1) 创建名为 MyServlet 的 Servlet 对象，它继承了 HttpServlet 类。在该类中重写 doGet()方法，用于处理 HTTP 的 get 请求，通过 PrintWriter 对象进行简单输出。关键代码如下：

```java
public class MyServlet extends HttpServlet {
    public void doGet(HttpServletRequest request,HttpServletResponse response) throws ServletException,
    IOException {
        response.setContentType("text/html");
        response.setCharacterEncoding("GBK");
        PrintWriter out = response.getWriter();
        out.println("<HTML>");
        out.println("<HEAD><TITLE>Servlet 实例</TITLE></HEAD>");
        out.println("<BODY>");
        out.print("Servlet 实例：");
        out.print(this.getClass());
        out.println("</BODY>");
        out.println("</HTML>");
        out.flush();
        out.close();
    }
}
```

(2) 在 web.xml 文件中对 MyServlet 进行配置，其中访问 URL 的相对路径为/servlet/MyServlet。关键代码如下：

```xml
<servlet>
    <servlet-name>MyServlet</servlet-name>
    <servlet-class>com.jsp.Servlet.MyServlet</servlet-class>
</servlet>
<servlet-mapping>
    <servlet-name>MyServlet</servlet-name>
    <url-pattern>/</url-pattern>
</servlet-mapping>
```

本实例使用 MyServlet 对象对请求进行处理，通过 PrintWriter 对象向页面中打印信息。运行程序，效果如图 7-5 所示。

图 7-5　在浏览器中直接访问 Servlet

7.4　本章小结

本章首先介绍了 Servlet 基础，读者需要了解 Servlet 的结构体系、Servlet 与 JSP 的区别及掌握 Servlet 的原理；然后介绍了 Servlet 开发的相关知识，这一部分内容在 Java Web 开发中十分重要，需要读者重点掌握 Servlet 的常用 API、创建及配置 Servlet，并能够使用 Servlet 处理 Web 应用中的业务逻辑。

7.5 实践与练习

1. 请简单描述访问一个 JSP 页面时的执行流程。
2. 简要说明 Servlet 和 JSP 之间跳转有哪两种方式？有什么区别？
3. 简要说明如果要在请求范围内共享数据，如何实现？
4. 简要说明 Servlet 和 JSP 分别有什么作用？
5. 请描述 Servlet 的线程特性。
6. 使用 Servlet 实现用户注册功能。
7. 编写一个 Servlet，将表单提交的商品信息输出到页面中。

第8章

过滤器和监听器

Servlet 过滤器是 Servlet 程序的一种特殊用法，主要用来完成一些通用的操作，如编码的过滤、判断用户的登录状态。过滤器使得 Servlet 开发者能够在客户端请求到达 Servlet 资源之前被截获，在处理之后再发送给被请求的 Servlet 资源，并且还可以截获响应，修改之后再发送给用户。

而 Servlet 监听器可以监听客户端发出的请求、服务器端的操作，开发人员通过监听器可以自动激发一些操作，如监听在线人数。

本章的学习目标：

- 了解过滤器的作用
- 掌握过滤器的核心对象
- 创建与配置过滤器
- 掌握监听器的创建和配置

8.1 Servlet 过滤器

8.1.1 什么是过滤器

Servlet 过滤器是在 Java Servlet 2.3 规范中定义的，它是一种可以插入的 Web 组件，能够对 Servlet 容器接收到的客户端请求和向客户端发出的响应对象进行截获。过滤器支持对 Servlet 程序和 JSP 页面的基本请求处理功能，如日志、性能、安全、会话处理、XSLT 转换等。

Servlet 过滤器本身不产生请求和响应，它只提供过滤作用。Servlet 过滤器能够在 Servlet 程序(JSP 页面)被调用之前，检查 request 对象，修改请求头和请求内容；在 Servlet 程序(JSP 页面)被调用之后，检查 response 对象，修改响应头和响应内容。

对于程序开发人员而言，过滤器实质上就是应用服务器上的一个 Web 应用组件，用于拦截客户端(浏览器)与目标资源的请求，并对这些请求进行一定过滤处理再发送给目标资源。过滤器的处理方式如图 8-1 所示。

从图 8-1 中可以看出，在 Web 容器中部署了过滤器以后，不仅客户端发送的请求会经过过滤器的处理，而且请求在发送到目标资源处理以后，请求的回应信息也同样要经过过滤器。

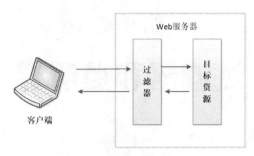

图 8-1　过滤器的处理方式

如果一个 Web 应用中使用一个过滤器不能解决实际中的业务需要,那么可以部署多个过滤器对业务请求进行多次处理,这样做就组成了一个过滤器链。Web 容器在处理过滤器链时,将按过滤器的先后顺序对请求进行处理,如图 8-2 所示。

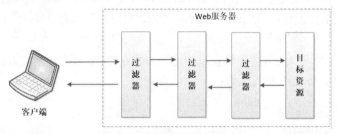

图 8-2　过滤器链的处理方式

如果在 Web 窗口中部署了过滤器链,也就是部署了多个过滤器,请求会依次按照过滤器顺序进行处理,在第一个过滤器处理请求后,会传递给第二个过滤器进行处理,以此类推,一直传递到最后一个过滤器为止,再将请求交给目标资源进行处理。目标资源在处理了经过过滤的请求后,其回应信息再从最后一个过滤器依次传递到第一个过滤器,最后传送到客户端,这就是过滤器在过滤器链中的应用流程。

8.1.2　过滤器核心对象

过滤器对象在 javax.servlet 包中,名称为 Filter,它是一个接口。除这个接口外,与过滤器相关的对象还有 FilterConfig 与 FilterChain 对象,这两个对象也是接口对象,位于 javax.servlet 包中,分别为过滤器的配置对象与过滤器的传递工具。在实际开发中,定义过滤器对象只需要直接或间接地实现 Filter 接口即可,如图 8-3 所示中的 MyFilterl 过滤器与 MyFilter2 过滤器,而 FilterConfig 对象与 FilterChain 对象用于对过滤器的相关操作。

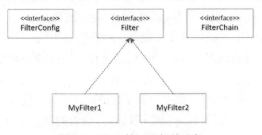

图 8-3　Filter 接口及相关对象

1. Filter 接口

每一个过滤器对象都要直接或间接地实现 Filter 接口，在 Filter 接口中定义了 3 个方法，分别为 init()方法、doFilter()方法和 destroy()方法，如表 8-1 所示。

表 8-1　Filter 接口的方法

方法	说明
public void init(FilterConfig filterConfig) throws ServletException	过滤器的初始化方法，Servlet 容器在创建过滤器实例时调用这个方法，在这个方法中可以读出在 web.xml 文件中为该过滤器配置的初始化参数
public void doFilter(ServletRequest request, ServletResponse response, FilterChain chain) throws IOException,ServletException	用于完成实际的过滤操作，当客户请求访问与过滤器相关联的 URL 时，Servlet 容器将先调用过滤器的这个方法，FilterChain 参数用于访问后续过滤器
public void destroy()	过滤器在被取消前执行这个方法，释放过滤器申请的资源

2. FilterConfig 接口

FilterConfig 接口由 Servlet 容器进行实现，主要用于获取过滤器中的配置信息，其方法如表 8-2 所示。

表 8-2　FilterConfig 接口的方法

方法	说明
public String getFilterName()	用于获取过滤器的名称
public ServletContext getServletContext()	获取 Servlet 上下文
public String getInitParameter(String name)	获取过滤器的初始化参数值
public Enumeration getInitParameterNames()	获取过滤器的所有初始化参数

3. FilterChain 接口

FilterChain 接口用于定义一个 Filter 链的对象应该对外提供的方法，这个接口只定义了一个 doFilter 方法，方法声明如下：

```
public void doFilter(ServletRequest request, ServletResponse response) throws
java.io.IOException.ServletException
```

FilterChain 接口的 doFilter 方法用于通知 Web 容器，把请求交给 Filter 链中的下一个 Filter 去处理，如果当前调用此方法的 Filter 对象是 Filter 链中的最后一个 Filter，那么将把请求交给目标 Servlet 程序去处理。

8.1.3　过滤器的创建与配置

1. 过滤器的创建

创建一个过滤器对象需要实现 javax.servlet.Filter 接口，同时实现 Filter 接口的 3 个方法。创建一个 Servlet 过滤器的步骤如下。

(1) 创建一个实现了 javax.servlet.Filter 接口的类。

(2) 重写 init(FilterConfig filterConfig)方法，指定一个过滤器配置的初始化参数，申请过滤器需要的资源。

(3) 重写方法 doFilter(ServletRequest request,ServletResponse response,FilterChain chain)，完成过滤操作，可以从 ServletRequest 参数中得到全部的请求信息，从 ServletResponse 参数中得到全部的响应信息。

(4) 在 doFilter()方法的最后，使用 FilterChain 参数的 doFilter()方法将请求和响应后传。

(5) 对响应的 Servlet 程序和 JSP 页面注册过滤器，在部署描述文件(web.xml)中使用 <filter-mapping>和<filter>元素对过滤器进行配置。

【例 8-1】创建名称为 MyFilter 的过滤器对象。

```java
package com.jsp.filter;

import java.io.IOException;
import javax.servlet.Filter;
import javax.servlet.FilterChain;
import javax.servlet.FilterConfig;
import javax.servlet.ServletException;
import javax.servlet.ServletRequest;
import javax.servlet.ServletResponse;
//过滤器
public class MyFilter implements Filter {
    //初始化方法
    public void init(FilterConfig fConfig) throws ServletException {
        //初始化处理
    }
    //过滤处理方法
    public void doFilter(ServletRequest request,ServletResponse response,FilterChain chain) throws
    IOException,ServletException{
        //过滤处理
        chain.doFilter(request,response);
    }
    //销毁方法
    public void destroy(){
        //释放资源
    }
}
```

以上定义的过滤器 MyFilter，实现了 Filter 接口，其中，init()方法用于对过滤器的初始化进行处理；destroy()方法是过滤器的销毁方法，主要用于释放资源；对于过滤处理的业务逻辑需要编写到 doFilter()方法中。在请求过滤处理后，需要调用 chain 参数的 doFilter()方法，将请求向下传递给下一过滤器或目标资源。

说明：
使用过滤器并不一定要将请求向下传递到下一过滤器或目标资源，如果业务逻辑需要，也可以在过滤处理后直接回传客户端。

2. 过滤器的配置

过滤器与 Servlet 十分相似，在创建之后同样需要对其进行配置，过滤器的配置主要分为两个步骤，分别为声明过滤器对象和创建过滤器映射。

【例 8-2】在工程目录 Server 节点下的 conf/web.xml 文件中为 MyFilter 过滤器对象配置映射关系。

```
<filter>
    <filter-name>MyFilter</filter-name><!--过滤器名称-->
    <filter-class>com.jsp.filter.MyFilter</filter-class><!--类全限定名(类路径)-->
</filter>
<filter-mapping>
    <filter-name>MyFilter</filter-name><!--和上边的 filter-name 保持一致-->
    <url-pattern>/*</url-pattern><!--拦截路径，这个表示拦截所有文件-->
</filter-mapping>
```

<filter>标签用于声明过滤器对象，在这个标签中必须配置两个子元素，分别为过滤器的名称与过滤器完整类名，其中<filter-name>用于定义过滤器的名称，<filter-class>用于指定过滤器的完整类名。

<filter-mapping>标签用于创建过滤器的映射，它的主要作用是指定 Web 应用中，哪些 URL 应用哪一个过滤器进行处理。在<filter-mapping>标签中需要指定过滤器的名称与过滤器的 URL 映射，其中<filter-name>用于定义过滤器的名称，<url-pattern>用于指定过滤器应用的 URL。

注意：

<filter>标签中的<filter-name>可以是自定义名称，而<filter-mapping>标签中的<filter-name>是指定的已定义的过滤器名称，它需要与<filter>标签中的<filter-name>一一对应。

【例 8-3】本示例实现了例 8-1 中的过滤器 MyFilter，并对该过滤器的运行进行测试。

修改后的过滤器 MyFilter 类代码如下：

```
package com.jsp.filter;
import java.io.IOException;
import javax.servlet.Filter;
import javax.servlet.FilterChain;
import javax.servlet.FilterConfig;
import javax.servlet.ServletException;
import javax.servlet.ServletRequest;
import javax.servlet.ServletResponse;
//过滤器
@WebFilter(value="/*")
public class MyFilter implements Filter {

    public MyFilter() {
        System.out.println("实例化 Filter");
    }
    //初始化方法
    public void init(FilterConfig fConfig) throws ServletException {
        //初始化处理
```

```
        System.out.println("初始化 Filter");
    }
    //过滤处理方法
    public void doFilter(ServletRequest request,ServletResponse response,FilterChain chain) throws
    IOException,ServletException{
        //过滤处理
        System.out.println("进入 doFilter");
        //chain.doFilter(request,response);//放行
    }
    //销毁方法
    public void destroy(){
        //释放资源
        System.out.println("销毁 Filter");
    }
}
```

重启 Tomcat，运行任意一个 jsp 页面，可以发现浏览器中没有任何输出了，这表示该页面的请求被拦截了。再返回 Eclipse 的 Console 工作台查看输出信息，可以看到 MyFilter 过滤器生效了，如图 8-4 所示。

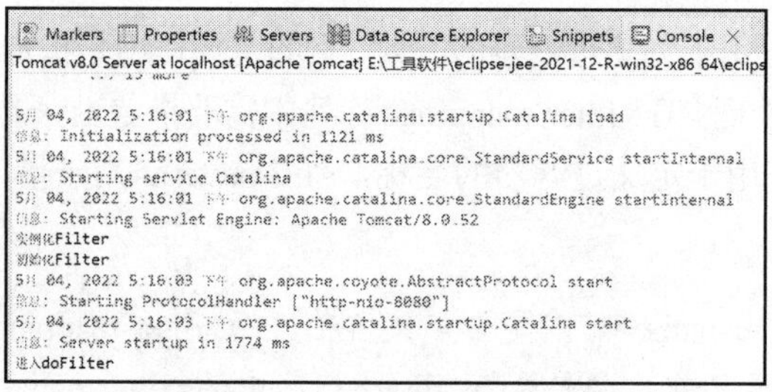

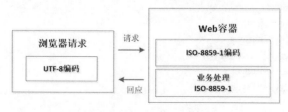

图 8-4　拦截器输出结果

8.1.4　字符编码过滤器

在 Java Web 程序开发中，由于 Web 容器内部所使用的编码格式并不支持中文字符集，因此，处理浏览器请求中的中文数据就会出现乱码现象，Web 请求中的编码如图 8-5 所示。

图 8-5　Web 请求中的编码

从图 8-5 中可以看出，由于 Web 容器使用了 ISO-8859-1 的编码格式，因此在 Web 应用的业务处理中也会使用 ISO-8859-1 的编码格式。虽然浏览器提交的请求使用的是中文编码格式 UTF-8，但经过业务处理中的 ISO-8859-1 编码，仍然会出现中文乱码现象。解决此问题的方法非常简单，在业务处理中重新指定中文字符集进行编码即可解决。在实际开发过程中，如果通过每一个业务处理指定中文字符集编码，则操作过于烦琐，而且容易遗漏某一个业务中的字符编码设置；如果通过过滤器来处理字符编码，就可以做到简单又万无一失，如图 8-6 所示。

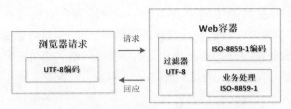

图 8-6　在 Web 容器中加入字符编码过滤器

在 Web 应用中部署字符编码过滤器以后，即使 Web 容器的编码格式不支持中文，但浏览器的每一次请求都会经过过滤器进行转码，所以，可以完全避免中文乱码现象的产生。

【例 8-4】创建字符编码过滤器，避免请求信息处理过程中的中文乱码现象产生。

(1) 创建字符编码过滤器 CharacterEncodingFilter 类，该类实现了 javax.servlet.Filter 接口，并在 doFilter()方法中对请求中的字符编码格式进行设置，其关键代码如下：

```java
package com.jsp.filter;
import java.io.IOException;
import javax.servlet.Filter;
import javax.servlet.FilterChain;
import javax.servlet.FilterConfig;
import javax.servlet.ServletException;
import javax.servlet.ServletRequest;
import javax.servlet.ServletResponse;
public class CharacterEncodingFilter implements Filter {
    protected String encoding=null;
    protected FilterConfig filterConfig=null;
    @Override
    public void init(FilterConfig filterConfig) throws ServletException {
        // TODO Auto-generated method stub
        this.filterConfig=filterConfig;
        this.encoding=filterConfig.getInitParameter("encoding");
    }
    //过滤器的处理方法
    @Override
    public void doFilter(ServletRequest request, ServletResponse response, FilterChain chain)
            throws IOException, ServletException {
        // TODO Auto-generated method stub
        if(encoding!=null) {
            request.setCharacterEncoding(encoding);
            response.setContentType("text/html;charset="+encoding);
        }
        chain.doFilter(request,response);
    }
    @Override
    public void destroy() {
        // TODO Auto-generated method stub
        this.encoding=null;
        this.filterConfig=null;
    }
}
```

CharacterEncodingFilter 类是实例中的字符编码过滤器，它通过在 doFilter()方法中指定 request 与 reponse 两个参数的字符集 encoding 进行编码处理，使得目标资源的字符集支持中文。其中 encoding 是 CharacterEncodingFilter 类定义的字符编码格式成员变量，该变量在过滤器的初始化方法 init()中被赋值，它的值是通过 FilterConfig 对象读取配置文件中的初始化参数获取的。

注意:

在过滤器对象的 doFilter()方法中，业务逻辑处理完成之后，需要通过 FilterChain 对象的 doFilter()方法将请求传递到下一过滤器或目标资源，否则将出现错误。

(2) 在创建了过滤器对象之后，还需要在工程目录 Server 节点下的 web.xml 文件中对过滤器进行配置，配置代码如下:

```
<filter>
    <filter-name>CharacterEncodingFilter</filter-name>
    <filter-class>com.jsp.filter.CharacterEncodingFilter</filter-class>
    <init-param>
        <param-name>encoding</param-name>
        <param-value>GBK</param-value>
    </init-param>
</filter>
<filter-mapping>
    <filter-name>CharacterEncodingFilter</filter-name>
    <url-pattern>/*</url-pattern>
    <dispatcher>REQUEST</dispatcher>
    <dispatcher>FORWARD</dispatcher>
</filter-mapping>
```

在过滤器 CharacterEncodingFilter 的配置声明中，实例将它的初始化参数 encoding 的值设置为 GB18030，它与 JSP 页面的编码格式相同，支持中文。

(3) 创建处理请求的 AddServlet 类，该类继承 HttpServlet，关键代码如下:

```
package com.jsp.servlet;
import java.io.IOException;
import java.io.PrintWriter;
import javax.servlet.ServletException;
import javax.servlet.http.HttpServlet;
import javax.servlet.http.HttpServletRequest;
import javax.servlet.http.HttpServletResponse;
public class AddServlet extends HttpServlet{
    private static final long serialVersionUID = 1L;
    public void doPost(HttpServletRequest request,HttpServletResponse response) throws ServletException,
    IOException{
        PrintWriter out=response.getWriter();
        String name=request.getParameter("name");
        if(name!=null&&!name.isEmpty()) {
            out.print("你好"+name);
            out.print(",<br>欢迎来到我的主页");
        }else {
            out.print("请输入您的中文名字");
```

```
        }
        out.print("<br><a href=index.jsp>返回</a>");
        out.flush();
        out.close();
    }
}
```

AddServlet 的类主要通过 doPost()方法实现信息请求的处理，其处理方式是将所获取到的信息直接输出到页面中。

技巧：

在 Java Web 程序开发中，通常情况下，Servlet 所处理的请求类型都是 GET 或 POST，所以可以在 doGet()方法中调用 doPost()方法，把业务处理代码写到 doPost()方法中，或在 doPost()方法中调用 doGet()方法，把业务处理代码写到 doGet()方法中，无论 Servlet 接收的请求类型是 GET 还是 POST，Servlet 都对其进行处理。

(4) 在编写了 Servlet 类后，还需要在 web.xml 文件中对 Servlet 进行配置，其配置代码如下：

```
<servlet>
    <servlet-name>AddServlet</servlet-name>
    <servlet-class>com.jsp.servlet.AddServlet</servlet-class>
</servlet>
<servlet-mapping>
    <servlet-name>AddServlet</servlet-name>
    <url-pattern>/AddServlet</url-pattern>
</servlet-mapping>
```

(5) 创建名称为 index.jsp 的页面，它是程序中的主页。该页面主要用于放置添加图书信息的表单，其关键代码如下：

```
<%@ page language="java" contentType="text/html;charset=GB18030" pageEncoding="GB18030"%>
<!DOCTYPE html>
<html>
<head>
<title>Insert title here</title>
</head>
<body>
<form action="com.jsp.servlet.AddServlet" method="post">
    <p>
        请输入你的名字
        <input type="text" name="name" />
        <input type="submit" value="提交"/>
    </p>
</form>
</body>
</html>
```

编写完 index.jsp 页面后，即可部署发布程序。运行程序，将打开 index.jsp 页面，如图 8-7 所示。添加信息后，单击"添加"按钮，其效果如图 8-8 所示。

图 8-7　添加信息　　　　　　　　　图 8-8　显示信息

8.2　Servlet 监听器

Servlet 技术中已经定义了一些事件，并且可以针对这些事件来编写相关的事件监听器，从而对事件做出响应。例如，想要在应用程序启动和关闭时来执行一些任务，如数据库连接的建立和释放，或者想要监控 Session 的创建和销毁，就可以通过监听器实现。

8.2.1　Servlet 监听器简介

Servlet 事件监听器是一个实现了特定接口的 Java 程序，这个程序专门用于监听 Web 应用中 ServletContext、HttpSession 和 ServletRequest 等域对象的创建和销毁过程、监听这些域对象属性的修改，以及感知绑定到 HttpSession 域中的某个对象的状态。

监听器的作用是监听 Web 容器的有效期事件，因此它是由容器管理的，利用 Listener 接口监听在容器中的某个执行程序，并且根据其应用程序的需求做出适当的响应。表 8-3 所示列出了 Servlet 和 JSP 中的 8 个 Listener 接口和 6 个 Event 类。

表 8-3　Listener 接口与 Event 类

Listener 接口	描述	Event 类
ServletContextListener	监听 ServletContext 对象的创建与销毁过程	ServletContextEvent
ServletContextAttributeListener	监听 ServletContext 对象中的属性变更	ServletContextAttributeEvent
HttpSessionListener	监听 HttpSession 对象的创建和销毁过程	HttpSessionEvent
HttpSessionAttributeListener	监听 HttpSession 对象中的属性变更	
HttpSessionActivationListener	监听 HttpSession 中对象活化和钝化的过程	HttpSessionBindingEvent
HttpSessionBindingListener	监听 JavaBean 对象绑定到 HttpSession 对象和从 HttpSession 对象解绑的事件	
ServletRequestListener	监听 ServletRequest 对象的创建和销毁过程	ServletRequestEvent
ServletRequestAttributeListener	监听 ServletRequest 对象中的属性变更	ServletRequestAttributeEvent

表 8-3 中 HttpSessionActivationListener 的描述中涉及活化和钝化的概念。HttpSession 对象从内存中转移至硬盘的过程称为钝化，HttpSession 对象从持久化状态变为运行状态的过程称为活化。

根据监听事件的不同，可以将表中的监听器分为如下三类。

- 用 于 监 听 域 对 象 创 建 和 销 毁 的 事 件 监 听 器 (ServletContextListener 接 口、HttpSessionListener 接口、ServletRequestListener 接口)。
- 用于监听域对象属性增加和删除的事件监听器(ServletContextAttributeListener 接口、HttpSessionAttributeListener 接口、ServletRequestAttributeListener 接口)。
- 用于监听绑定到 HttpSession 域中某个对象状态的事件监听器(HttpSessionBindingListener 接口、HttpSessionActivationListener 接口)。

在 Servlet 规范中，这三类事件监听器都定义了相应的接口，在编写事件监听器程序时只需实现对应的接口即可。在使用监听程序时，Web 服务器会根据监听器所实现的接口，把它注册到被监听的对象上，当触发了某个对象的监听事件时，Web 容器将会调用 Servlet 监听器与之相关的方法对事件进行处理。

8.2.2 Servlet 监听器的原理

Servlet 监听器是当今 Web 应用开发的一个重要组成部分。它是在 Servlet 2.3 规范中和 Servlet 过滤器一起引入的，并且在 Servlet 2.4 规范中对其进行了较大的改进，主要是用来对 Web 应用进行监听和控制的，以增强 Web 应用的事件处理能力。

Servlet 监听器的功能比较接近 Java 的 GUI 程序的监听器，可以监听由于 Web 应用中状态改变而引起的 Servlet 容器产生的相应事件，然后接收并处理这些事件。

8.2.3 Servlet 上下文监听

每一个 Web 应用都有一个 ServletContext 与之相关联。ServletContext 对象在应用启动时被创建，在应用关闭的时候被销毁。ServletContext 在全局范围内有效，类似于应用中的一个全局变量。Servlet 上下文监听可以监听 ServletContext 对象的创建、删除及属性的添加、删除和修改操作，该监听器需要用到如下两个接口。

1. ServletContextListener 接口

ServletContextListener 是 ServletContext 的 listener 接口，监听 ServletContext 发生的变化，开发者能够在为客户端请求提供服务之前向 ServletContext 中添加任意对象。这个对象在 ServletContext 启动的时候被初始化，然后在 ServletContext 整个运行期间都是可见的。

当 Servlet 容器启动或终止 Web 应用时，会触发 ServletContextEvent 事件，该事件由 ServletContextListener 来处理。该接口存放在 javax.servlet 包内，它主要实现监听 ServletContext 的创建和删除。在 ServletContextListener 接口中定义了处理 ServletContextEvent 事件的两个方法，如表 8-4 所示。

表 8-4　ServletContextListener 接口提供的方法

方法	描述
void contextInitialized(ServletContextEvent event)	通知正在收听的对象，应用程序已经被加载及初始化
void contextDestroyed(ServletContextEvent event)	通知正在收听的对象，应用程序已经被载出，即关闭

用户需要创建一个 java 类实现 javax.servlet.ServletContextListener 接口，并提供上面两个方

法。该接口通常应用于缓存使用管理，使用缓存的思路大概如下。

当服务器启动时，ServletContextListener 的 contextInitialized()方法被调用，所以需在里面创建好缓存。可以从文件中或者数据库中读取缓存内容生成类，用 ServletContext.setAttribute()方法将缓存类保存在 ServletContext 的实例中。

程序使用 ServletContext.getAttribute()读取缓存。如果是 JSP 程序，使用 application.getAttribute()。如果是 Servlet 程序，使用 getServletContext().getAttribute()。如果缓存发生变化(如访问计数)，用户可以同时更改缓存和文件或数据库。用户既可以等变化积累到一定程度再保存，也可以在下一步保存。

服务器将要关闭时，ServletContextListener 的 contextDestroyed()方法被调用，所以应在里面保存缓存的更改。将更改后的缓存保存回文件或者数据库，以更新原来的内容。

【例 8-5】创建 ServletContextListener 接口。

如果需要在处理任何客户端请求之前创建一个数据库连接，并且希望在整个应用过程中该连接都是可用的，这个时候 ServletContextListener 接口就十分有用。

```
package com.database;
import javax.servlet.ServletContext;
import javax.servlet.ServletContextAttributeEvent;
import javax.servlet.ServletContextAttributesListener;
import javax.servlet.ServletContextEvent;
import javax.servlet.ServletContextListener;
import com.database.DbConnection;

public class DatabaseContextListener implements ServletContextListener {
    private ServletContext context = null;
    private Connection conn = null;
    public DatabaseContextListener() {

    }
    //该方法在 ServletContext 启动之后被调用，并准备好处理客户端请求
    public void contextInitialized(ServletContextEvent event)    {
        this.context = event.getServletContext();
        conn = DbConnection.getConnection;
        // 这里 DbConnection 是一个定制好的类，用以创建一个数据库连接
        context = setAttribute("dbConn",conn);
    }
    //这个方法在 ServletContext 将要关闭的时候调用
    public void contextDestroyed(ServletContextEvent event){
        this.context = null;
        this.conn = null;
    }
}
```

然后部署 DatabaseContextListener 类，并在 web.xml 文件中添加如下配置信息：

```
<listener>
com.database.DatabaseContextListener
</listener>
```

一旦 Web 应用启动的时候，我们就能在任意的 servlet 或者 jsp 中通过下面的方式获取数据库连接：

```
Connection conn = (Connection) getServletContext().getAttribute("dbConn");
```

【例 8-6】创建监听器。

```
public class MyContentListener implements ServletContextListener //省略了监听器中间的相关代码
```

要让 Web 容器在 Web 应用程序启动时通知 MyContentListener，需要在 web.xml 文件中使用<listener>元素来配置监听器类。本实例在 web.xml 中做如下配置：

```
<listener>
    <listener-class>com.listener.MyContentListener</listener-class>
</listener>
```

2. ServletAttributeListener 接口

该接口存放在 javax.servlet 包内，主要实现监听 ServletContext 属性的增加、删除和修改。ServletAttributeListener 接口提供了以下 3 个方法，如表 8-5 所示。

表 8-5　ServletAttributeListener 接口提供的方法

方法	描述
void attributeAdded(ServletContextAttributeEvent event)	当有对象加入 Application 的范围时，通知正在收听的对象
void attributeReplaced(ServletContextAttributeEvent event)	当在 Application 的范围有对象取代另一个对象时，通知正在收听的对象
void attributeRemoved(ServletContextAttributeEvent event)	当有对象从 Application 的范围移除时，通知正在收听的对象

8.2.4　HTTP 会话监听

在 HTTP 会话监听过程中，可以通过 HttpSessionListener 接口监听 HTTP 会话的创建与销毁；通过 HTTPSessionActivationListener 监听 HTTP 会话的 active、passivate 情况；通过 HttpSessionBindingListener 监听 HTTP 会话中对象的绑定信息；通过 HttpSessionAttributeListener 监听 HTTP 会话中属性的设置情况。

1. HttpSessionListener 接口

HttpSessionListener 接口提供了两个方法，如表 8-6 所示。

表 8-6　HttpSessionListener 接口提供的方法

方法	描述
void sessionCreated(HttpSessionEvent event)	通知正在收听的对象，session 已经被加载及初始化
void sessionDestroyed(HttpSessionEvent event)	通知正在收听的对象，session 已经被载出(HttpSessionEvent 类的主要方法是 getSession()，可以使用该方法回传一个 session 对象)

2. HttpSessionActivationListener 接口

HttpSessionActivationListener 接口提供了 3 个方法,如表 8-7 所示。

表 8-7　HttpSessionActivationListener 接口提供的方法

方法	描述
void attributeAdded(HttpSessionBindingEvent event)	当有对象加入 session 的范围时,通知正在收听的对象
void attributeReplaced(HttpSessionBindingEvent event)	当在 session 的范围有对象取代另一个对象时,通知正在收听的对象
void attributeRemoved(HttpSessionBindingEvent event)	当有对象从 session 的范围移除时,通知正在收听的对象(HttpSessionBindingEvent 类主要有 getName()、getSession()和 getValues()3 个方法)

3. Http BindingListener 接口

Http BindingListener 接口是唯一不需要在 web.xml 中设定 Listener 的。Http BindingListener 接口提供了两个方法,如表 8-8 所示。

表 8-8　Http BindingListener 接口提供的方法

方法	描述
void valueBound((HttpSessionBindingEvent event)	当有对象加入 session 的范围时会被自动调用
void valueUnBound(HttpSessionBindingEvent event)	当有对象从 session 的范围内移除时会被自动调用

4. HttpSessionAttributeListener 接口

HttpSessionAttributeListener 接口提供了两个方法,如表 8-9 所示。

表 8-9　HttpSessionAttributeListener 接口提供的方法

方法	描述
void sessionDidActivate(HttpSessionEvent event)	通知正在收听的对象,其 session 已经变为有效状态
void sessionWillPassivate(HttpSessionEvent event)	通知正在收听的对象,其 session 已经变为无效状态

【例 8-7】监听 HTTP 会话程序。

(1) 创建一个 SessionListener 类,实现 HttpSessionListener 接口,用来监听会话的创建、销毁。代码如下:

```
package eflylab;
import java.util.Hashtable;
import java.util.Iterator;
import javax.servlet.http.HttpSession;
import javax.servlet.http.HttpSessionEvent;
import javax.servlet.http.HttpSessionListener;
public class SessionListener implements HttpSessionListener {
    /**
     * 该类实现了 HttpSessionListener 接口
```

```
   * 该类还有一个属性 Hashtable，用来保存所有的登录信息
   * 当创建一个 Session 时，就调用 sessionCreated()方法将登录会话保存到 Hashtable 中
   * 当销毁一个 Session 时，就调用 sessionDetoryed()方法将登录信息从 Hashtable 中移除
   * 这就实现了管理在线用户登录会话信息的目的
   */
// 集合对象，保存 session 对象的引用
static Hashtable<String, HttpSession> ht = new Hashtable();
// 实现 HttpSessionListener 接口，完成 session 创建事件控制
@Override
public void sessionCreated(HttpSessionEvent arg0) {
    HttpSession session = arg0.getSession();
    ht.put(session.getId(), session);
    System.out.println("create session :" + session.getId());
}
// 实现 HttpSessionListener 接口，完成 session 销毁事件控制
@Override
public void sessionDestroyed(HttpSessionEvent arg0) {
    HttpSession session = arg0.getSession();
    System.out.println("destory session :" + session.getId());
    ht.remove(session.getId());
}
// 返回全部 session 对象集合
static public Iterator getSet() {
    return ht.values().iterator();
}
// 依据 session id 返回指定的 session 对象
static public HttpSession getSession(String sessionId) {
    return (HttpSession) ht.get(sessionId);
}
}
```

(2) 创建测试会话监听的页面，代码如下：

```
<%@ page contentType="text/html; charset=gb2312" %>
<%
    String strName = null;
    String strThing = null;
    try {
        strName = request.getParameter("name");
        strThing = request.getParameter("thing");
        if ((strName == null) || (strName.length() == 0)) {
            throw new Exception("null strName");
        }
        if ((strThing == null) || (strThing.length() == 0))
            throw new Exception("null strThing");
        session.setAttribute("name", strName);
        session.setAttribute("thing", strThing);
        response.sendRedirect("display.jsp");
    } catch (Exception e) {
    }
%>
```

```
<html>
<head>
<title>会话管理</title>
</head>
<body>
<center>会话管理示例</center>
<form action="" method="post" >
    <table align="center">
        <tr>
            <td>名称:</td>
                <td> <input name="name" type="input"/> </td>
        </tr>
        <tr>
            <td>事件:</td>
            <td> <input name="thing" type="input"/> </td>
        </tr>
        <tr>
            <td align="right"> </td>
            <td align="right">
                <button type="submit">提交</button>
                <button type="reset">重置</button>
            </td>
        </tr>
    </table>
</form>
</body>
</html>
```

(3) 创建 display.jsp 页面,用于显示会话信息。当访问上面页面时就会出现一个登录框,输入登录信息后,进入 display.jsp 页面显示刚才输入的内容。代码如下:

```
<%@ page language="java" contentType="text/html;charset=GB18030" pageEncoding="GB18030"%>
<!DOCTYPE html>
<html>
<head>
<title>会话控制显示</title>
</head>
<body bgcolor="#FFFFFF">
<%
if (session.isNew()==true){
    response.sendRedirect("index.jsp");
}
out.println("name: "+ session.getAttribute("name") + "<br>");
out.println("thing: "+ session.getAttribute("thing") + "<br>");
out.println("session id: " + session.getId() + "<br>");
out.println("create time: " + session.getCreationTime() );
%>
<form >
    <table>
        <tr>
            <td><a href="session.jsp">管理</a></td>    
```

```
<td><a href="logout.jsp">注销</a></td>    
      </tr>
    </table>
</form>
</body>
</html>
```

(4) 单击"管理"链接会进入会话管理页面 session.jsp；单击"注销"链接就会进入会话注销页面 logout.jsp，使 HTTP 会话无效。会话管理 session.jsp 页面的代码如下：

```
<%@ page language="java" contentType="text/html;charset=GB18030" pageEncoding="GB18030"%>
<%@ page import= "eflylab.*.java.util.*"%>
<!DOCTYPE html>
<html>
<head>
<title>Lomboz JSP</title>
</head>
<body bgcolor="#FFFFFF">
会话管理
<br>
<table border="1">
<tr bgcolor="yellow">
<td>会话 id</td>
<td>用户名 </td>
<td>事件</td>
<td>创建时间 </td>
<td>操作</td>
</tr>
<%
Iterator iterator = SessionListener.getSet(); //获得返回全部 session 对象集合
while(iterator.hasNext()){
    try{
        HttpSession session1 = (HttpSession)iterator.next();
        out.println("<tr>");
        out.println("<td>" + session1.getId() + "</td>" );
        out.println("<td>" + session1.getAttribute("name") + "</td>" );
        out.println("<td>" + session1.getAttribute("thing") + "</td>" );
        out.println("<td>" + session1.getCreationTime() + "</td>" );
        %>
        <td> <a href='end.jsp?sessionid=<%=session1.getId() %>'>销毁</a> </td>
        <%
        out.println("</tr>");
    }catch(Exception ex){
        ex.printStackTrace();
        return;
    }
}
%>
</table>
</body>
</html>
```

（5）会话注销页面 logout.jsp 的代码如下：

```jsp
<%@ page language="java" contentType="text/html;charset=GB18030" pageEncoding="GB18030"%>
<!DOCTYPE html>
<html>
<head>
<title>会话控制</title>
</head>
<body bgcolor="#FFFFFF">
<%
if(session.isNew()!=true){
    session.invalidate();
}
response.sendRedirect("index.jsp");
%>
</body>
</html>
```

（6）移除会话页面 end.jsp 的代码如下：

```jsp
<%@ page language="java" contentType="text/html;charset=GB18030" pageEncoding="GB18030"%>
<%@ page import="eflylab.*"%>
<!DOCTYPE html>
<html>
<head>
<title>Lomboz JSP</title>
</head>
<body bgcolor="#FFFFFF">
<%
// 关闭会话，释放资源
try {
    String strSid = request.getParameter("sessionid");
    HttpSession session1 = SessionListener.getSession(strSid); //根据 ID 获取 Session
    if (session1!=null){
        session1.invalidate();
    }
} catch (Exception e) {
    e.printStackTrace();
}
response.sendRedirect("session.jsp");
%>
</body>
</html>
```

（7）配置部署文件 web.xml 如下：

```xml
<?xml version="1.0" encoding="UTF-8"?>
<web-app version="2.4"
    xmlns="http://java.sun.com/xml/ns/j2ee"
    xmlns:xsi="http://www.w3.org/2001/XMLSchema-instance"
    xsi:schemaLocation="http://java.sun.com/xml/ns/j2ee
```

```
                http://java.sun.com/xml/ns/j2ee/web-app_2_4.xsd">
    <listener>
        <listener-class>eflylab.SessionListener</listener-class>
    </listener>
</web-app>
```

部署完成后，即可运行程序，效果如图 8-9、图 8-10 所示。单击"管理"链接，进入会话管理页面，如图 8-11 所示，单击"销毁"链接，可以销毁对应的会话记录。

图 8-9　输入信息

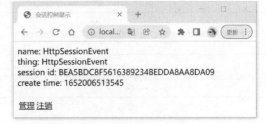

图 8-10　显示会话信息

图 8-11　会话管理页面

8.2.5　Servlet 请求监听

在 Servlet 2.4 规范中新加了一个技术，就是可以监听客户端的请求。一旦能够在监听程序中获取客户端的请求，就可以对请求进行统一处理。比如做一个 Web 管理程序，如果在本机访问，就可以不登录，如果是远程访问，那么就需要登录。这样我们可以监听客户端的请求，从请求中获得客户端地址，并通过这个地址做出对应的处理。

要实现客户端的请求和请求参数设置的监听，需要实现 ServletRequestListener、ServletRequestAttributeListener 两个接口。

1．ServletRequestListener 接口

ServletRequestListener 接口提供了两个方法，如表 8-10 所示。

表 8-10　ServletRequestListener 接口提供的方法

方法	描述
void requestInitalized(ServletRequestEvent event)	通知正在收听的对象，ServletRequest 已经被加载及初始化
void requestDestroyed(ServletRequestEvent event)	通知正在收听的对象，ServletRequest 已经被载出，即关闭

2. ServletRequestAttributeListener 接口

ServletRequestAttributeListener 接口提供了 3 个方法，如表 8-11 所示。

表 8-11　ServletRequestAttributeListener 接口提供的方法

方法	描述
void attributeAdded(ServletRequestAttributeEvent event)	当有对象加入 request 的范围时，通知正在收听的对象
void attributeReplaced(ServletRequestAttributeEvent event)	当在 request 的范围内有对象取代另一个对象时，通知正在收听的对象
void attributeRemoved(ServletRequestAttributeEvent event)	当有对象从 request 的范围移除时，通知正在收听的对象

8.2.6　Servlet 请求监听的实践案例

监听器的作用是监听 Web 容器的有效事件，它由 Servlet 容器管理，利用 Listener 接口监听某个执行程序，并根据该程序的需求做出适当的响应。下面扩展例 8-7，实现对客户端请求和请求中参数设置的监听。

【例 8-8】扩展例 8-7，实现对客户端请求和请求中参数设置的监听。

(1) 创建 MyRequestListener 类，继承自两个接口，分别为 ServletRequestListener 和 ServletRequestAttributeListener 接口，代码如下：

```
package eflylab;
import javax.servlet.*;
public class MyRequestListener
implements ServletRequestListener,ServletRequestAttributeListener
{
    //ServletRequestListener
    public void requestDestroyed(ServletRequestEvent sre)
    {
        logout("request destroyed");
    }
    public void requestInitialized(ServletRequestEvent sre)
    {
        logout("request init");//日志
        ServletRequest sr=sre.getServletRequest();

        if(sr.getRemoteAddr().startsWith("127"))
            sr.setAttribute("isLogin",new Boolean(true));
        else
            sr.setAttribute("isLogin",new Boolean(false));
    }//ServletRequestListener
    //ServletRequestAttributeListener
    public void attributeAdded(ServletRequestAttributeEvent event)
    {
        logout("attributeAdded('" + event.getName() + "','" +
        event.getValue() + "')");
```

```
    }
    public void attributeRemoved(ServletRequestAttributeEvent event)
    {
        logout("attributeRemoved('" + event.getName() + "','" +
        event.getValue() + "')");
    }
    public void attributeReplaced(ServletRequestAttributeEvent event)
    {
        logout("attributeReplaced('" + event.getName() + "','" +
        event.getValue() + "')");
    }//ServletRequestAttributeListener
    private void logout(String msg)
    {
        java.io.PrintWriter out=null;
        try
        {
            out=new java.io.PrintWriter(new java.io.FileOutputStream("c:\\request.txt",true));
            out.println(msg);
            out.close();
        }
        catch(Exception e)
        {
            out.close();
        }
    }
}
```

(2) 在 requestInitialized()方法里，获得客户端的请求对象，然后通过这个请求对象获得访问的客户端 IP 地址。如果该地址是"127"开头的，那么就认为它是从本机访问，则在请求中设置一个 isLogin 的属性，并且这个属性的值为 Boolean(true)对象；如果不是从本机访问，那么必须把这个属性设置成 Boolean(false)对象。

8.3 Servlet 3.0 新特性

Servlet 3.0 是 Servlet 规范的最新版本。该版本中引入了若干个重要的新特性，例如新增的注释、异步处理、可插性支持等内容。这些新增的特性是 Servlet 技术逐渐完善的一个体现。

(1) 注释支持：Servlet、Filter、Listener 无须在 web.xml 中进行配置，可以通过对应注释进行配置。

(2) 支持 Web 模块。

(3) Servlet 异步处理。

(4) 文件上传 API 简化。

需要注意，Tomcat 7 以上的版本都支持 Servlet 3.0；JavaEE 版本必须 6.0 以上才支持 Servlet 3.0，可以不创建 web.xml 文件。

8.3.1 新增注释

在 Servlet 3.0 中，用户无须在 web.xml 文件中对 Servlet 或者过滤器进行配置，可直接使用注释进行配置。Servlet 3.0 新增的注释有@WebServlet、@WebFilter、@WebListener、@WebInitParam 等。

- @WebServlet：修饰 Servlet 类，用于部署该 Servlet 类。
- @WebFilter：修饰 Filter 类，用于部署该 Filter 类。
- @WebListener：修饰监听器 Listener。
- @WebInitParam：与@WebServlet 或@WebFilter 注释连用，为它们配置参数。
- @MultipartConfig：修饰 Servlet 类，指定该 Servlet 类负责处理 multipart/form-data 类型的请求(主要用于处理上传文件)。
- @ServletSecurity：修饰 Servlet 类，是与 JAAS(Java 验证和授权 API)有关的注释。
- @HttpConstrait：与@ServletSecurity 连用。
- @HttpMethodConstraint：与@ServletSecurity 连用。

下面重点介绍@WebServlet、@WebFilter、@WebListener 和@WebInitParam。

1. @WebServlet

@WebServlet 注释定义在 Servlet 的类声明之前，用于定义 Servlet 组件。使用该注释，用户无须在 web.xml 文件中对 Servlet 进行配置。@WebServlet 注释包含的属性如表 8-12 所示。

表 8-12 @WebServlet 注释包含的属性

属性名	类型	说明
name	String	Servlet 的 name 属性，等价于<servlet-name>。如果没有显式指定，则该 Servlet 的取值即为类的全限定名
value	String[]	该属性等价于 urlPattern 属性，但两个属性不能同时使用
urlPatterns	String[]	一组 Servlet 的 URL 匹配模式，等价于<url-pattern>标签
loadOnStartup	int	Servlet 的加载顺序，等价于<load-on-startup>标签
initParams	String	一组 Servlet 初始化参数，等价于<init-param>标签
syncSupported	Boolean	声明 Servlet 是否支持异步操作模式，等价于<async-supported>标签
smallIcon	String	Servlet 的小图标
largeIcon	String	Servlet 的大图标
description	String	该 Servlet 的描述信息，等价于<description>标签
isplayName	String	该 Servlet 的显示名，通常配合工具使用，等价于<display-name>标签

【例 8-9】通过 Servlet 技术实现用户注册。

(1) 创建用户注册页 regform.jsp。

```
<%@ page language="java" contentType="text/html; charset=UTF-8" pageEncoding="UTF-8"%>
<!DOCTYPE html>
<html>
<head>
<meta charset="UTF-8">
```

```
<title>用户注册</title>
</head>
<body>
    <div>请输入注册信息
        <form name="form1" method="post" action="servlet/RegServlet">
            <table border="0" >
                <tr>
                    <td>姓名：</td>
                    <td><input type="text" name="name"/></td>
                </tr>
                <tr>
                    <td>年龄：</td>
                    <td><input type=text name="age"/></td>
                </tr>
                <tr>
                    <td>性别：</td>
                    <td>
                        <select name = "sex">
                            <option value="男" selected="selected">男</option>
                            <option value="女">女</option>
                        </select>
                    </td>
                </tr>
                <!-- 以下是提交、取消按钮 -->
                <tr>
                    <td>
                        <input type="submit" value="提交" />
                    </td>
                    <td>
                        <input type="reset" value="取消" />
                    </td>
                </tr>
            </table>
        </form>
    </div>
</body>
</html>
```

(2) 创建名为 RegServlet 的 Servlet 类，该类继承 HttpServlet 类，并应用@WebServlet 注释，配置 Servlet 的 name 属性与 urlPatterns 属性。代码如下：

```
package com.jsp.servlet;

import java.io.IOException;
import java.io.PrintWriter;

import javax.servlet.ServletException;
import javax.servlet.annotation.WebServlet;
import javax.servlet.http.HttpServlet;
import javax.servlet.http.HttpServletRequest;
import javax.servlet.http.HttpServletResponse;
```

```
/**
 * 用户注册 Servlet 类
 *
 * @author pan_junbiao
 *
 */
@WebServlet(name = "RegServlet", urlPatterns = "/RegServlet")
public class RegServlet extends HttpServlet
{

    private static final long serialVersionUID = 1L;

    protected void doPost(HttpServletRequest request, HttpServletResponse response) throws ServletException,
    IOException
    {
        // 设置 request 的编码
        request.setCharacterEncoding("UTF-8");
        // 获取信息
        String name = request.getParameter("name");
        String age = request.getParameter("age");
        String sex = request.getParameter("sex");

        // 设置 response 的编码
        response.setCharacterEncoding("UTF-8");
        response.setContentType("text/html");
        // 获取 PrintWriter 对象
        PrintWriter out = response.getWriter();
        // 输出信息
        out.println("<HTML>");
        out.println("<HEAD><TITLE>注册信息</TITLE></HEAD>");
        out.println("<BODY>");
        out.println("姓名: " + name + "<br>");
        out.println("年龄: " + age + "<br>");
        out.println("性别: " + sex + "<br>");
        out.println("</BODY>");
        out.println("</HTML>");
        // 释放 PrintWriter 对象
        out.flush();
        out.close();
    }
}
```

说明:

使用@WebServlet 注释, 配置 Servlet 的 name 属性与 urlPatterns 属性, 代码如下:

```
@WebServlet(name = "RegServlet", urlPatterns = "/RegServlet")
```

这样配置完成后, 就不必在 web.xml 文件中配置相应的<servlet>和<servlet-mapping>元素了。与上面的代码等价的 web.xml 文件的配置如下:

```
<servlet>
  <servlet-name>RegServlet</servlet-name>
  <servlet-class>com.jsp.servlet.RegServlet</servlet-class>
</servlet>

<servlet-mapping>
  <servlet-name>RegServlet</servlet-name>
  <url-pattern>/RegServlet</url-pattern>
</servlet-mapping>
```

(3) 运行程序，填写注册页面如图 8-12 所示；提交注册信息后，结果如图 8-13 所示。

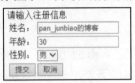

图 8-12　填写注册页面

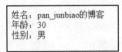

图 8-13　提交注册信息

2. @WebFilter

@WebFilter 注释用于声明过滤器，该注释将会在部署时被容器处理，容器根据具体的属性配置将相应的类部署为过滤器。该注释拥有的属性如表 8-13 所示。

表 8-13　@WebFilter 注释的常用属性

属性名	类型	描述
filterName	String	过滤器的 name 属性，等价于<filter-name>
value	String[]	该属性等价于 urlPatterns 属性，但是两者不能同时使用
urlPatterns	String	一组过滤器的 URL 匹配模式，等价于<url-pattern>标签
servletNames	String[]	指定过滤器将应用于哪些 Servlet，取值是@WebServlet 中的 name 属性的取值，或者是 web.xml 中<servlet-name>的取值
initParams	String	一组过滤器初始化参数，等价于<init-param>标签
asyncSupported	Boolean	声明过滤器是否支持异步操作模式，等价于<async-supported 标签
description	String	该过滤器的描述信息，等价于<description>标签
displayName	String	该过滤器的显示名，通常配合工具使用，等价于<display-name>标签
dispatcherTypes	DispatcherType	指定过滤器的转发模式，具体取值包括 ASYNC、ERROR、FORWARD、INCLUDE 和 REQUEST

【例 8-10】创建过滤器，并使用@WebFilter 注释进行配置。

```
@WebFilter(filterName = "char", urlPatterns = "/*")
public class CharFilter implements Filter
{
    // 省略了过滤器中间的代码
}
```

如此配置之后，就不需要在 web.xml 文件中配置相应的<filter>和<filter-mapping>元素了，容器会在部署时根据指定的属性将该类发布为过滤器。使用@WebFilter 注释,等价于在 web.xml 文件中进行如下配置:

```
<filter>
    <filter-name>char</filter-name>
    <filter-class>CharFilter</filter-class>
</filter>
<filter-mapping>
    <filter-name>char</filter-name>
    <url-pattern>/*</url-pattern>
</filter-mapping>
```

3. @WebListener

@WebListener 注释用于声明监听器,该注释用于充当给定 Web 应用上下文中各种 Web 应用事件的监听器的类。可以使用@WebListener 来标注实现以下类:ServletContextListener、ServletContextAttributeListener、ServletRequestListener、ServletRequestAttributeListener、HttpSessionListener、HttpSessionAttributeListener。@WebListener 注释有一个 value 属性,该属性为可选属性,用于描述监听器信息。

【例 8-11】使用@WebListener 注释创建监听器。

```
@WebListener("监听器的描述信息")
public class MyContextListener implements ServletContextListener
{
    // 省略了监听器中间的代码
}
```

这样配置完成后,就不必在 web.xml 文件中配置相应的<listener>元素了。与上面的代码等价的 web.xml 文件的配置如下:

```
<listener>
    <listener-class>MyContextListener</listener-class>
</listener>
```

4. @WebInitParam

@WebInitParam 注释等价于 web.xml 文件中的<servlet>和<filter>的<init-param>子标签,该注释通常不单独使用,而是配合@WebServlet 或者@WebFilter 使用。

@WebInitParam 注释的常用属性如表 8-14 所示。

表 8-14　@WebInitParam 注释的常用属性

属性名	类型	描述
name	String	指定参数的名称,等价于<param-name>标签,必填项
value	String	指定参数的值,等价于<param-value>标签,必填项
description	String	关于参数的描述,等价于<description>标签,非必填项

【例 8-12】应用@WebInitParam 注释配置初始化参数。

```
package com.jsp.servlet;
import javax.servlet.annotation.WebInitParam;
import javax.servlet.annotation.WebServlet;
import javax.servlet.http.HttpServlet;

@WebServlet(urlPatterns = { "/simple" }, name = "SimpleServlet",
initParams = { @WebInitParam(name = "username", value = "pan_junbiao") })
public class SimpleServlet extends HttpServlet
{
    // 省略了 Servlet 中间的代码
}
```

配置完成后，则不必在 web.xml 文件中配置相应的<servlet>和<servlet-mapping>元素了。以上代码等价的 web.xml 文件配置如下：

```
<servlet>
    <servlet-name>SimpleServlet</servlet-name>
    <servlet-class>com.jsp.servlet.SimpleServlet</servlet-class>
    <init-param>
        <param-name>username</param-name>
        <param-value>pan_junbiao</param-value>
    </init-param>
</servlet>
<servlet-mapping>
    <servlet-name>SimpleServlet</servlet-name>
    <url-pattern>/</url-pattern>
</servlet-mapping>
```

8.3.2　对文件上传的支持

在 Servlet 3.0 出现之前，处理文件需要借助第三方组件，例如 commons fileupload 等，而 Servlet 3.0 的出现解决了此问题。用户通过 Servlet 3.0 技术可以十分方便地实现文件上传。实现文件上传需要以下两项内容：

- 需要添加@MultipartConfig 注释。
- 从 request 对象中获取 Part 文件对象。

@MultipartConfig 注释需要标注在@WebServlet 注释之上，其常用属性如表 8-15 所示。

表 8-15　@MultipartConfig 注释的常用属性

属性名	类型	描述
fileSizeThreshold	Int	当数据量大于该值时，内容将被写入文件
location	String	存放生成的文件地址
maxFileSize	Long	允许上传的文件最大值，默认值为-1，表示没有限制
maxRequestSize	Long	针对该 multipart/form-data 请求的最大数量，默认值为-1，表示没有限制

除了要配置@MultipartConfig 注释之外，还需要使用 getPart()与 getParts()两个重要的方法。这两个方法的语法格式如下：

```
Part getPart(String name)
Collection<Part>getParts()
```

getPart()方法的 name 参数表示请求的 name 文件。getParts()方法可获取请求中的所有文件。上传文件用 javax.servlet.http.Part 对象来表示。Part 接口提供了处理文件的简易方法，如 write()、delete()等。

【例 8-13】应用 Servlet 实现文件上传。

(1) 新建 JSP 页面，添加"上传"按钮，代码如下：

```
<%@ page language="java" contentType="text/html; charset=UTF-8" pageEncoding="UTF-8"%>
<!DOCTYPE html>
<html>
<head>
<meta charset="UTF-8">
<title>文件上传</title>
</head>
<body>
    <form action="UploadServlet" enctype="multipart/form-data" method="post">
        选择文件：<input type="file" name="file1" id="file1">
        <input type="submit" name="btnUpload" value="上传" />
    </form>
</body>
</html>
```

(2) 编写 Servlet 类 UploadServlet，用于处理文件上传，上传过程中对上传文件进行控制，代码如下：

```
package com.jsp.servlet;
import java.io.File;
import java.io.IOException;
import java.io.PrintWriter;
import javax.servlet.ServletException;
import javax.servlet.annotation.MultipartConfig;
import javax.servlet.annotation.WebServlet;
import javax.servlet.http.HttpServlet;
import javax.servlet.http.HttpServletRequest;
import javax.servlet.http.HttpServletResponse;
import javax.servlet.http.Part;
/**
 * 文件上传 Servlet 类
 *
 * @author pan_junbiao
 *
 */
@WebServlet("/UploadServlet")
@MultipartConfig
public class UploadServlet extends HttpServlet
```

```
{
    private static final long serialVersionUID = 1L;

    protected void doPost(HttpServletRequest request, HttpServletResponse response) throws ServletException,
IOException
    {
        response.setContentType("text/html; charset=UTF-8");
        PrintWriter out = response.getWriter();
        String path = this.getServletContext().getRealPath("/");    //获取服务器地址
        Part p = request.getPart("file1");                          //获取用户选择的上传文件
        if (p.getContentType().contains("image"))                   //仅处理上传的图片文件
        {
            String fname1 = p.getSubmittedFileName();               //获取上传文件的名称
            String fileName = path + "/upload/" + fname1;           //上传文件的路径和文件名称

            File file = new File(fileName);
            File parentFile = file.getParentFile();
            if (!parentFile.exists())                               //如果文件夹不存在，则创建该文件夹
            {
                parentFile.mkdir();
            }

            p.write(fileName);                                      //写入文件
            out.write("文件上传成功");

        } else
        {
            out.write("请选择图片文件！ ");
        }
    }
}
```

运行程序，单击“选择文件”按钮，如果上传文件是图片文件，单击“上传”按钮后，即可实现文件上传，如图 8-14 所示。

图 8-14　上传文件

8.3.3　异步处理

异步处理是 Servlet 3.0 最重要的内容之一。在 Servlet 3.0 之前，一个 Servlet 的工作流程是：Servlet 接收到请求后，需要对请求携带的数据进行一些预处理；接着调用业务接口的某些方法，以完成业务处理；然后将处理结果提交响应，至此，Servlet 线程结束。在此过程中，如果任何一个任务没有结束，Servlet 线程就处于阻塞状态，直到业务方法执行完毕。

Servlet 3.0 针对这一问题做了优化，通过使用 Servlet 3.0 的异步处理机制，可以将之前的 Servlet 处理流程调整为以下过程：首先，Servlet 接收到请求之后，需要对请求携带的数据进行一些预处理；接着 Servlet 线程将请求转交给一个异步线程来执行业务处理，线程本身返回至容器，此时 Servlet 还没有生成响应数据，异步线程处理完业务之后，可以直接生成响应数据，或者将请求继续转发给其他 Servlet。这样，Servlet 线程不再是一直处于阻塞状态以等待业务逻辑的处理，而是启动异步之后可以立即返回。

异步处理机制可以应用于 Servlet 和过滤器两种组件。由于异步处理的工作模式与普通工作模式有着本质的区别，在默认情况下并没有开启异步处理特性，如果希望使用该特性，则必须按如下方法启用：@WebServlet 和@WebFilter 注释提供了 asyncSupported 属性，默认该属性的取值为 false，若要启用异步处理支持，只需将该属性设置为 true 即可。

【例 8-14】使用@WebFilter 注释实现配置异步处理。

```
@WebFilter(urlPatterns = { "/chFilter" }, asyncSupported = true)
public class DemoFilter implements Filter
{
    // 省略了过滤器实现代码
}
```

如果选择在 web.xml 文件中对 Servlet 或者过滤器进行配置，可以在 Servlet 3.0 的<servlet>和<filter>标签中增加<async-supported>子标签，该标签的默认取值为 false，若要启用异步处理支持，则将其设为 true 即可。

【例 8-15】在 web.xml 中配置异步处理。

```
<servlet>
    <servlet-name>CharServlet</servlet-name>
    <servlet-class>com.jsp.servlet.CharServlet</servlet-class>
    <async-supported>true</async-supported>
</servlet>
```

8.4 本章小结

本章介绍了 Servlet 过滤器和监听器的内容，过滤器和监听器是 Servlet 非常重要的部分，读者不但要掌握如何创建过滤器和监听器，还要学会如何配置过滤器和监听器，并灵活地使用过滤器和监听器。除此之外，本章还介绍了 Servlet 3.0 的新特性，Servlet 3.0 比以前的版本有了很大的提高，新增了很多特性，本章主要介绍了新增的注释、文件上传和异步处理。

8.5 实践与练习

1. 什么是 Filter？简述过滤器的工作过程。
2. Filter 有哪些用途？

3. 简述过滤器的核心对象。

4. 简述创建一个 Filter 的操作步骤。

5. 实现一个 IP 过滤器，比如本地有 localhost、127.0.0.1，还有局域 IP 地址，可任选其一加入黑名单来测试。

∽ 第 9 章 ∝

Java Web的数据库操作

Web 应用程序的开发，离不开数据库的使用。Web 应用程序通过数据库来存储使用到的数据，以及在使用过程中产生的数据，如 Web 应用程序的用户及用户权限信息、用户操作行为数据、资讯新闻、产品数据、订单数据、订单结算状态等。

目前 Web 应用开发中使用到的主流数据库为 MySQL 数据库。MySQL 是一个小型关系数据库管理系统，开发者为瑞典 MySQL AB 公司，2008 年被 Sun 公司收购。2009 年，Sun 公司又被 Oracle 公司收购。目前，MySQL 被广泛应用在 Internet 上的中小型网站中。由于体积小、速度快、成本低，尤其是开放源码这一特点，许多中小型网站为了降低网站成本，选择 MySQL 作为网站数据库。本章将以 MySQL 数据库为例，介绍如何在 Java Web 中进行数据库操作。

本章的学习目标：
- 了解 JDBC 的结构体系
- 掌握 JDBC 连接数据库的过程
- 熟悉 JDBC 的常用 API
- 掌握通过 JDBC 对数据库数据进行增、删、改、查操作
- 掌握如何进行批处理
- 掌握 JDBC 在 Java Web 技术中的应用

9.1 JDBC 技术

JDBC(Java DataBase Connectivity)是 Java 程序与数据库系统通信的标准 API，它定义在 JDK 的 API 中。JDBC 在 Java 程序与数据库系统之间架起了一座桥梁，Java 程序通过 JDBC 技术可以与各种数据库交互。

9.1.1 JDBC 简介

JDBC 是 Java 程序操作数据库的 API。JDBC 定义了 Java 操作数据库的规范，它由一组用 Java 语言编写的类和接口组成，对数据库的操作提供了基本方法，但对数据库的具体操作由数据库厂商实现。使用 JDBC 操作数据库，需要数据库厂商提供数据库驱动程序，通过驱动程序与数据库进行交互。Java 程序与数据库的交互如图 9-1 所示。

通过图 9-1 可以看出，JDBC 可以方便地与各种数据库进行交互，不必为某一个特定的数

据库制定专门的访问程序。例如，访问 MySQL 数据库可以使用 JDBC 进行访问，访问 SQL Server 同样可以使用 JDBC。因此，对 Java 程序员而言，JDBC 是一套标准的操作数据库的 API；而对数据库厂商而言，JDBC 又是一套标准的模型接口。

除此之外，Java 程序也可以通过 Microsoft 提供的 ODBC 来访问数据库。ODBC 通过 C 语言实现 API。虽然 ODBC 的应用十分广泛，但通过 Java 语言来调用 ODBC 中的 C 代码，这在技术实现、安全性、跨平台等方面存在一些缺点，也有一定的难度；而 JDBC 则是纯 Java 语言编写的，通过 Java 程序来调用 JDBC 自然简单得多。所以，在 Java 开发领域中，一般都是使用 JDBC 来操作数据库。

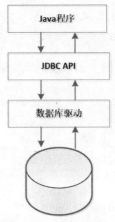

图 9-1　Java 程序与数据库的交互图

9.1.2　JDBC 连接数据库的过程

在了解 JDBC 与数据库后，本节介绍如何使用 JDBC 操作数据库。

1) 注册数据库驱动

在连接数据库前，首先要将数据库厂商提供的数据库驱动类注册到 JDBC 的驱动管理器中，通常情况下通过将数据库驱动类加载到 VM 来实现。

【例 9-1】加载数据库驱动，注册到驱动管理器。

```
Class.forName("com.mysql.jdbc.Driver");
```

2) 构建数据库连接 URL

注册数据库驱动之后，在连接数据库前，先构建数据库连接的 URL。这个 URL 由数据库厂商制定，不同的数据库的连接 URL 有所区别，但都符合格式"JDBC 协议+IP 地址或域名+端口+数据库名称"。如连接 MySQL 数据库的 test 数据库，连接 URL 字符串为"jdbc:mysql:/localhost:3306/test"。

3) 获取 Connection 对象

在注册数据库驱动及构建数据库连接 URL 后，就可以通过驱动管理器获取数据库的连接 Connection。Connection 对象是 JDBC 封装的数据库连接对象，只有创建此对象后，才可以对数据进行增、删、改、查操作，获取方法如下：

```
DriverManager.getConnection(url,username,password);
```

Connection 对象的获取需要用到 DriverManager 对象。DriverManager 的 getConnection()方法通过数据库连接 URL、数据库的用户名及密码创建 Connection 对象。

【例9-2】通过 JDBC 连接 MySQL 数据库。

(1) 将 MySQL 数据库的驱动包添加至项目的构建路径，构建开发环境。例如，右击 Eclipse 中的工程文件，在弹出的快捷菜单中选择 Build Path | Configure Build Path 命令，在打开的窗口中将数据库驱动包添加至构建路径。

> **说明：**
>
> 在 JDK 中不包含数据库的驱动程序，若要使用 JDBC 操作数据库，需要先下载数据库厂商提供的驱动包。本实例使用的是 MySQL 数据库，所以使用 MySQL 数据库驱动包，驱动包名称为 mysql-connector-java-5.1.27-bin.jar。

(2) 创建 connect_db.java，在该页面中加载数据库驱动，创建数据库连接，关键代码如下：

```java
package jspexample;
import java.sql.Connection;
import java.sql.DriverManager;
import java.sql.SQLException;
public class connect_db {
    public static void main(String[] args) {
        try{
            Class.forName("com.mysql.jdbc.Driver");                //加载数据库驱动，注册到驱动管理器
            String url ="jdbc:mysql://localhost:3306/jspexample";  //数据库连接字符串
            String username = "root";                              //数据库用户名
            String password ="123456";                             //数据库密码
            Connection conn=DriverManager.getConnection(url,username,password);  //创建 Connection 连接
            if(conn != null){                                      //判断数据库连接是否为空
                System.out.println("数据库连接成功！");             //输出连接信息
            conn.close();                                          //关闭数据库连接
            }else{
                System.out.println("数据库连接失败！");             //输出连接信息
            }
        }catch (ClassNotFoundException e){
            e.printStackTrace();
        }catch (SQLException e){
            e.printStackTrace();
        }
    }
}
```

Class 的 forName()方法将指定字符串名的类加载到 JVM 中，以加载数据库驱动。加载后，数据库驱动程序把驱动类自动注册到驱动管理器中。

在 connect_db.java 中，首先通过 Class 的 forName()方法加载数据库驱动，然后使用 DriverManager 对象的 getConnection()方法获取数据库连接对象 Connection，最后将获取结果输出到页面中。实例运行结果如图9-2所示。

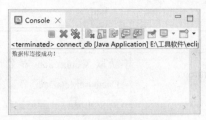

图 9-2　与数据库建立连接

9.2　JDBC API

JDBC 是 Java 程序操作数据库的标准，由一组 Java 语言编写的类和接口组成。Java 通过 JDBC 可以对多种关系数据库进行统一访问。所以，需要掌握 JDBC 中的类和接口，也就是 JDBC API。

JDBC API 定义了一系列抽象 Java 接口，通过这些接口可以连接到指定的数据库，执行 SQL 语句和处理返回结果。JDBC API 中的重要接口如下。

- java.sql.DriverManager：完成驱动程序的装载和建立新的数据库连接。
- java.sql.Connection：表示对某一指定数据库的连接。
- java.sql.Statement：管理在一指定数据库连接上的 SQL 语句的执行。
- java.sql.ResultSet：访问一指定 SQL 语句的原始结果。
- java.sql.PreparedStatement：对预编译的 SQL 语句的执行。
- java.sgl.CallableStatement：对一个数据库存储过程的执行。

9.2.1　Connection 接口

Connection 接口位于 java.sql 包中，用于连接数据库，只有获得数据库的连接对象，才能访问数据库，对数据库对象进行操作，比如对数据库数据记录进行增、删、改、查等操作。Connection 接口提供的方法如表 9-1 所示。

表 9-1　Connection 接口提供的方法

方法	说明
void close() throws SQLException	关闭 Connection 连接，立即释放 Connection 对象的数据库连接占用的 JDBC 资源。在操作数据库后，应立即调用此方法
void commit() throws SQLException	提交事务，释放 Connection 对象当前持有的所有数据库锁。当事务被设置为手动提交模式时，需要调用该方法提交事务
Statement createStatement() throws SQLException	创建一个 Statement 对象，将 SQL 语句发送到数据库。该方法返回 Statement 对象
boolean getAutoCommit() throws SQLException	判断 Connection 对象是否被设置为自动提交模式。该方法返回布尔值

（续表）

方法	说明
DatabaseMetaData getMetaData() throws SQLException	获取 Connection 对象所连接数据库的元数据对象 DatabaseMetaData。元数据包括关于数据库的表、受支持的 SQL 语法、存储过程、此连接的功能等信息
int getTransactionIsolation() throws SQLException	获取 Connection 对象的当前事务隔离级别
boolean isClosed() throws SQLException	判断 Connection 对象是否与数据库断开连接，该方法返回布尔值。当 Connection 对象与数据库断开连接，则不能再通过 Connection 对象操作数据库
boolean isReadOnly() throws SQLException	判断 Connection 对象是否为只读模式，该方法返回布尔值
PreparedStatement prepareStatement(String sql) throws SQLException	将参数化的 SQL 语句预编译并存储在 PreparedStatement 对象中，返回所创建的 PreparedStatement 对象
void releaseSavepoint(Savepoint savepoint) throws SQLException	从当前事务中移除指定的 Savepoint 和后续的 Savepoint 对象
void rollback() throws SQLException	回滚事务，并释放 Connection 对象当前持有的所有数据库锁。注意该方法需要应用于 Connection 对象的手动提交模式中
void rollback(Savepoint savepoint) throws SQLException	针对 Savepoint 对象之后的更改回滚事务
void setAutoCommit(boolean autoCommit) throws SQLException	设置 Connection 对象的提交模式。如果参数 autoCommit 的值设置为 true，Connection 对象则为自动提交模式；如果参数 autoCommit 的值设置为 false，Connection 对象则为手动提交模式
void setReadOnly(boolean readOnly) throws SQLException	将 Connection 对象的连接模式设置为只读，该方法用于对数据库进行优化
Savepoint setSavepoint() throws SQLException	在当前事务中创建一个未命名的保留点，并返回这个保留点对象
Savepoint setSavepoint(String name) throws SQLException	在当前事务中创建一个指定名称的保留点，并返回这个保留点对象
void setTransactionIsolation(int level) throws SQLException	设置 Connection 对象的事务隔离级别

9.2.2　DriverManager 接口

DriverManager 接口位于 JDBC 的管理层，作用于用户和驱动程序之间。DriverManager 跟踪可用的驱动程序，并在数据库和相应驱动程序之间建立连接。另外，DriverManager 类也处理诸如驱动程序登录时间限制及登录和跟踪消息的显示等事务。对于简单的应用程序，一般需要直接使用的唯一方法是 DriverManager.getConnection，正如其名称所示，该方法将建立与数据库的连接。DriverManager 接口提供的方法如表 9-2 所示。

表 9-2　DriverManager 接口提供的方法

方法	说明
public static void registerDriver(Driver driver) throws SQLException	在 DriverManager 中注册给定的驱动程序。参数 driver 为要注册的驱动
public static void deregisterDriver(Driver driver) throws SQLException	通过 DriverManager 注销给定的驱动程序(从列表中删除该驱动程序)。参数 driver 为要删除的驱动
public static Connection getConnection(String url) throws SQLException	根据指定数据库连接 URL，建立数据库连接 Connection。参数 url 为数据库连接 URL
public static Connection getConnection(String url, Properties info) throws SQLException	根据指定数据库连接 URL 及数据库连接属性信息建立数据库连接 Connection。参数 url 为数据库连接 URL，参数 info 为数据库连接属性
public static Connection getConnection(String url, String user,String password) throws SQLException	根据指定数据库连接 URL、用户名及密码建立数据库连接 Connection。参数 url 为数据库连接 URL，参数 user 为连接数据库的用户名，参数 password 为连接数据库的密码
public static Enumeration<Driver> getDrivers()	获取当前 DriverManager 中已加载的所有驱动程序，它的返回值为 Enumeration

9.2.3　Statement 接口

Statement 是 Java 执行数据库操作的一个重要接口，用于在已经建立数据库连接的基础上，向数据库发送要执行的 SQL 语句。Statement 用于执行不带参数的简单 SQL 语句，并返回它所生成结果的对象。

在创建数据库连接之后，就是通过程序来调用 SQL 语句对数据库进行增、删、改、查操作。在 JDBC 中，Statement 接口封装了这些操作。Statement 接口提供了执行 SQL 语句和获取查询结果的基本方法，如表 9-3 所示。

表 9-3　Statement 接口提供的方法

方法	说明
void addBatch(String sql) throws SQLException	该方法用于 SQL 命令的批处理。将 SQL 语句添加到 Statement 对象的当前命令列表中
void clearBatch() throws SQLException	清空 Statement 对象中的命令列表
void close() throws SQLException	立即释放连接和 JDBC 资源，而不是等待该对象自动关闭时发生此操作
boolean execute(String sql) throws SQLException	执行给定的 SQL 语句。如果 SQL 语句返回结果，该方法返回 true，否则返回 false

(续表)

方法	说明
int[] executeBatch() throws SQLException	将一批 SQL 命令提交给数据库执行,返回更新计数组成的数组
ResultSet executeQuery(String sql) throws SQLException	执行给定的 SQL 查询语句。该方法返回查询所获取的结果集 ResultSet 对象
int executeUpdate(String sql) throws SQLException	执行数据更新 SQL 语句,主要是 DML(Data Manipulation Language, 数据操作语言)类型(INSERT、UPDATE、DELETE)的 SQL 语句, 返回更新所影响的行数
Connection getConnection() throws SQLException	获取数据库的连接, 即获取 Connection 对象
boolean isClosed() throws SQLException	判断 Statement 对象是否已被关闭。如果被关闭,则不能再调用该 Statement 对象执行 SQL 语句,该方法返回布尔值

9.2.4　PreparedStatement 接口

Statement 接口封装了 JDBC 执行 SQL 语句的方法, 它可以完成 Java 程序执行 SQL 语句的操作。但在实际开发过程中, SQL 语句往往需要将程序中的变量做查询条件参数等。使用 Statement 接口进行操作过于烦琐, 并且存在安全方面的缺陷, 针对这一问题, JDBC API 中封装了 Statement 的扩展 PreparedStatement 接口。

PreparedStatement 接口是用于预执行 SQL 语句的对象。SQL 语句预编译存储在 PreparedStatement 对象中, 可以使用 PreparedStatement 对象多次高效执行 SQL 语句。

PreparedStatement 接口继承于 Statement 接口, 它拥有 Statement 接口中的方法, 而且 PreparedStatement 接口针对带有参数 SQL 语句的执行操作进行了扩展。应用于 PreparedStatement 接口中的 SQL 语句, 可以使用占位符 "?" 来代替 SQL 语句中的参数, 然后再对其进行赋值。PreparedStatement 接口提供的方法如表 9-4 所示。

表 9-4　PreparedStatement 接口提供的方法

方法	说明
void setBinaryStream(int parameterIndex, InputStream x) throws SQLException	将输入流 x 作为 SQL 语句中的参数值。parameterIndex 为参数位置的索引
void setBoolean(int parameterIndex,boolean x) throws SQLException	将布尔值 x 作为 SQL 语句中的参数值。parameterIndex 为参数位置的索引
void setByte(int parameterIndex,byte x) throws SQLException	将 byte 值 x 作为 SQL 语句中的参数值。parameterIndex 为参数位置的索引
void setDate(int parameterIndex,Date x) throws SQLException	将 java.sql.Date 值 x 作为 SQL 语句中的参数值。parameterIndex 为参数位置的索引
void setDouble(int parameterIndex,double x) throws SQLException	将 double 值 x 作为 SQL 语句中的参数值。parameterIndex 为参数位置的索引

方法	说明
void setFloat(int parameterIndex,float x) throws SQLException	将 float 值 x 作为 SQL 语句中的参数值。parameterIndex 为参数位置的索引
void setInt(int parameterIndex,int x) throws SQLException	将 int 值 x 作为 SQL 语句中的参数值。parameterIndex 为参数位置的索引
void setInt(int parameterIndex,long x) throws SQLException	将 long 值 x 作为 SQL 语句中的参数值。parameterIndex 为参数位置的索引
void setObject(int parameterIndex,Object x) throws SQLException	将 Object 对象 x 作为 SQL 语句中的参数值。parameterIndex 为参数位置的索引
void setShort(int parameterIndex,short x) throws SQLException	将 short 值 x 作为 SQL 语句中的参数值。parameterIndex 为参数位置的索引
void setString(int parameterIndex,String x) throws SQLException	将 String 值 x 作为 SQL 语句中的参数值。parameterIndex 为参数位置的索引
void setTimestamp(int parameterIndex, Timestamp x) throws SQLException	将 Timestamp 值 x 作为 SQL 语句中的参数值。parameterIndex 为参数位置的索引
ResultSet executeQuery()	在此 PreparedStatement 对象中执行 SQL 查询，并返回该查询生成的 ResultSet 对象
int executeUpdate()	在此 PreparedStatement 对象中执行 SQL 语句，该语句必须是 DML 类型的 SQL 语句，比如 INSERT、UPDATE 或 DELETE 语句；或者是无返回内容的 SQL 语句，比如 DDL(Data Definition Language，数据定义语言)语句

在实际的开发过程中，如果涉及向 SQL 语句传递参数，最好使用 PreparedStatement 接口实现。因为使用 PreparedStatement 接口，不仅可以提高 SQL 的执行效率，而且可以避免 SQL 语句的注入式攻击。

9.2.5　ResultSet 接口

执行 SQL 语句的查询语句会返回查询的结果集。在 JDBC API 中，通过调用 Statement 对象的 excuteQuery()方法创建该对象，即使用 ResultSet 对象接收 excuteQuery()查询结果集。ResultSet 接口位于 java.sql 包中，封装了数据查询的结果集。ResultSet 对象包含了符合 SQL 语句的所有行，以逻辑表格的形式封装了执行数据库操作的结果集。针对 Java 中的数据类型提供了一套 getXxx()方法，通过这些方法可以获取每一行中的数据。

另外，ResultSet 对象维护了一个指向当前数据行的游标，初始的时候，游标在第一行之前，可以通过 ResultSet 对象的 next()方法移动到下一行。ResultSet 对象提供的方法如表 9-5 所示。

表 9-5 ResultSet 接口提供的方法

方法	说明
boolean absolute(int row) throws SQLException	将光标移动到 ResultSet 对象的给定行编号。参数 row 为行编号
void afterLast() throws SQLException	将光标移动到 ResultSet 对象的最后一行之后
void beforeFirst() throws SQLException	立即释放 ResultSet 对象的数据库和 JDBC 资源
void deleteRow() throws SQLException	从 ResultSet 对象中删除当前行
boolean first() throws SQLException	将光标移动到 ResultSet 对象的第一行
InputStream getBinaryStream(String columnLabel) throws SQLException	以 byte 流的方式获取 ResultSet 对象当前行中指定列的值，参数 columnLabel 为列名称
Date getDate(String columnLabel) throws SQLException	以 java.sql.Date 方式获取 ResultSet 对象当前行中指定列的值。参数 columnLabel 为列名称
double getDouble(String columnLabel) throws SQLException	以 double 方式获取 ResultSet 对象当前行中指定列的值。参数 columnLabel 为列名称
float getFloat(String columnLabel) throws SQLException	以 float 方式获取 ResultSet 对象当前行中指定列的值。参数 columnLabel 为列名称
int getInt(String columnLabel) throws SQLException	以 int 的方式获取 ResultSet 对象当前行中指定列的值。参数 columnLabel 为列名称
String getString(String columnLabel) throws SQLException	以 String 方式获取 ResultSet 对象当前行中指定列的值，参数 columnLabel 为列名称
boolean isClosed() throws SQLException	判断当前 ResultSet 对象是否已关闭
boolean last() throws SQLException	将光标移动到 ResultSet 对象的最后一行
boolean next() throws SQLException	将光标位置向后移动一行，如移动的新行有效返回 true，否则返回 false
oolean previous() throws SQLException	将光标位置向前移动一行，如移动的新行有效返回 true，否则返回 false

9.3 使用 JDBC 操作数据库

在了解 JDBC API 后，就可以通过 JDBC API 来操作数据库，实现对数据库的增、删、改、查操作。

9.3.1 添加数据

通过 JDBC 向数据库添加数据，可以使用 SQL 语句中的 INSERT 语句实现，SQL 语句中的参数可以用占位符 "?" 代替，然后通过 PreparedStatement 对其赋值并执行 SQL 语句。

【例 9-3】通过 JDBC 添加数据记录。

(1) 在 MySQL 数据库中创建图书信息表 books，其结构如图 9-3 所示。

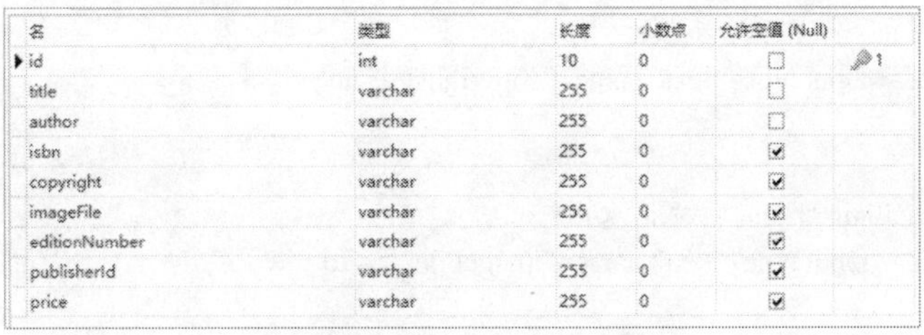

名	类型	长度	小数点	允许空值 (Null)	
▶ id	int	10	0	☐	🔑1
title	varchar	255	0	☐	
author	varchar	255	0	☐	
isbn	varchar	255	0	☑	
copyright	varchar	255	0	☑	
imageFile	varchar	255	0	☑	
editionNumber	varchar	255	0	☑	
publisherId	varchar	255	0	☑	
price	varchar	255	0	☑	

图 9-3　图书信息表 books 的结构

(2) 创建 Book 类，用于封装图书对象信息。关键代码如下：

```java
package jspexample;

public class Book {
    private int id;
    private String title;                //书名
    private String author;               //作者
    private String isbn;                 //ISBN 号
    private String copyright;            //版权
    private String imageFile;            //封面图像文件名称
    private String editionNumber;        //版本号
    private String publisherId;          //出版商 ID
    private String price;                //价格
    public String getIsbn(){return isbn;}
    public void setIsbn(String isbn){this.isbn =isbn;}
    public String getTitle() {return title;}
    public void setTitle(String title){this.title = title;}
//省略部分 setXxx()与 getXxx()方法
}
```

(3) 创建 book_form.jsp 页面，创建一个表单，用于添加图书信息。该表单提交到 addbook.jsp 页面进行处理。关键代码如下：

```html
<form action="addbook.jsp" method="post" onsubmit="return check(this);">
    <table align="center" width="450">
        <tr>
            <td align="center" colspan="2"><h2>添加图书</h2><hr></td>
        </tr>
        <tr>
            <td align="right">图书名称：</td>
            <td><input type="text" name="title"/></td>
        </tr>
        <tr>
            <td align="right">作者：</td>
            <td><input type="text" name="author"/></td>
        </tr>
        <tr>
            <td align="right">ISBN：</td>
            <td><input type="text" name="isbn"/></td>
        </tr>
        <tr>
```

```
          <td align="right">版权：</td>
          <td><input type="text" name="copyright"/></td>
        </tr>
        <tr>
          <td align="right">大图：</td>
          <td><input type="text" name="imageFile"/></td>
        </tr>
        <tr>
          <td align="right">版本号：</td>
          <td><input type="text" name="editionNumber"/></td>
        </tr>
        <tr>
          <td align="right">出版商 ID：</td>
          <td><input type="text" name="publisherId"/></td>
        </tr>
        <tr>
          <td align="right">价格：</td>
          <td><input type="text" name="price"/></td>
        </tr>
        <tr>
          <td align="center"colspan="2"><input type="submit" value="添加"></td>
        </tr>
    </table>
</form>
```

（4）创建 addbook.jsp 页面，用于对添加的图书信息请求进行处理。该页面通过 JDBC 把 book_form.jsp 页面所提交的图书信息写入数据库中。关键代码如下：

```
<%@ page language="java" contentType="text/html; charset=UTF-8" pageEncoding="UTF-8"%>
<%@ page import="java.sql.*" %>
<% request.setCharacterEncoding("UTF-8");%>
<jsp:useBean id="book" class="jspexample.Book"></jsp:useBean>
<jsp:setProperty property="*" name="book"/>
<!DOCTYPE html>
<html>
<head>
<meta charset="ISO-8859-1">
<title>Insert title here</title>
</head>
<body>

<%
Class.forName("com.mysql.jdbc.Driver");
try{
 //加载数据库驱动，注册到驱动管理器
String url = "jdbc:mysql://localhost:3306/jspexample"; //数据库连接字符串
String username ="root";                                //数据库用户名
String password ="123456";                              //数据库密码
Connection conn = DriverManager.getConnection(url,username,password);//创建 Connection 连接
String sql = "insert into books(title,author,isbn,copyright,imageFile,editionNumber,
publisherId,price)values(?,?,?,?,?,?,?,?)";             //添加图书信息的 SQL 语句
```

```
PreparedStatement ps = conn.prepareStatement(sql);        //获取 PreparedStatement
ps.setString(1,book.getTitle());                          //对 SQL 语句中的第 1 个参数赋值
ps.setString(2,book.getAuthor());                         //对 SQL 语句中的第 2 个参数赋值
ps.setString(3,book.getIsbn());                           //对 SQL 语句中的第 3 个参数赋值
ps.setString(4,book.getCopyright());                      //对 SQL 语句中的第 4 个参数赋值
ps.setString(5,book.getImageFile());                      //对 SQL 语句中的第 5 个参数赋值
ps.setString(6,book.getEditionNumber());                  //对 SQL 语句中的第 6 个参数赋值
ps.setString(7,book.getPublisherId());                    //对 SQL 语句中的第 7 个参数赋值
ps.setString(8, book.getPrice());                         //对 SQL 语句中的第 8 个参数赋值
out.print("price="+book.getPrice());
int row = ps.executeUpdate();                             //执行更新操作，返回所影响的行数
if(row >0) {                                              //判断是否更新成功
    out.print("成功添加了"+row+"条数据！");                   //更新成功输出信息
  }
ps.close();                                               //关闭 PreparedStatement，释放资源
conn.close();                                             //关闭 Connection，释放资源
}catch (Exception e){
  out.print("图书信息添加失败！");
  e.printStackTrace();
}
%>
<br>
 <a href="book_form.jsp">i 返回</a>
</body>
</html>
```

在 addbook.jsp 页面中，首先通过<jsp:useBean>实例化 JavaBean 对象 Book，并通过<jsp:setProperty>对 Book 对象中的属性赋值，在构建了图书对象后，通过 JDBC 将图书信息写入数据中。

技巧：
<jsp:setProperty>标签的 property 属性值可以设置为"*"，将表单中的属性值赋值给 JavaBean 对象中的同名属性。这样就不用对 JavaBean 中的属性一一进行赋值了。

向数据库插入图书信息的过程中，主要通过 PreparedStatement 对象进行操作。使用 PreparedStatement 对象，其 SQL 语句中的参数可以使用占位符"？"代替，再通过 PreparedStatement 对象对 SQL 语句中的参数逐一赋值，将图书信息传递到 SQL 语句中。

注意：
使用 PreparedStatement 对象对 SQL 语句的占位符参数赋值，其参数的下标值不是 0，而是 1。通过 PreparedStatement 对象对 SQL 语句中的参数进行赋值后，需要调用其 executeUpdate() 方法执行更新操作，才能真正将图书信息写入数据库。该方法执行后返回 int 型数据，即所影响的行数。

技巧：
在执行数据操作之后，应该立即调用 ResultSet 对象、PreparedStatement 对象、Connection 对象的 close()方法，及时释放所占用的数据库资源。

运行 book_form.jsp 程序，进入添加图书信息页面，效果如图 9-4 所示。填写图书信息，单击"添加"按钮，所填写的图书信息数据被写入数据库中，插入成功后，查看数据库，如图 9-5 所示。

图 9-4　添加数据记录

图 9-5　查看插入的数据

9.3.2　查询数据

使用 JDBC 查询数据与添加数据的操作步骤基本相同，但执行查询数据操作后需要通过 ResultSet 对象来接收查询结果集。

ResultSet 对象是 JDBC API 中用于存储结果集的对象，从数据表中所查询到的数据都放到这个集合中，该对象的结构如图 9-6 所示。

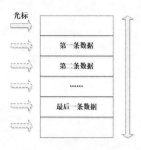

图 9-6　ResultSet 结构图

从图 9-6 中可以看出，在 ResultSet 集合中，通过移动"光标"来获取所查询到的数据。"光标"可以进行上下移动，例如获取 ResultSet 集合中的某一条数据，只需要把"光标"定位到当前数据行即可。

> **注意:**
> 默认情况下，ResultSet 的光标位置在第一行数据之前，所以，在第一次获取数据时就需要移动光标位置。

【例 9-4】通过 JDBC 查询图书信息，并显示在 JSP 页面中。

(1) 创建名称为 Book 的类，用于封装图书信息，见例 9-3。

(2) 创建名称为 FindServlet 的 Servlet 对象，用于查询所有图书信息。在此 Servlet 中，编写 doGet()方法，建立数据库连接，并将所查询的数据集合放到 HttpServletRequest 对象中，将请求转发到 JSP 页面。关键代码如下：

```java
protected void doGet(HttpServletRequest request, HttpServletResponse response) throws ServletException,
IOException {
    // TODO Auto-generated method stub
    try {
        Class.forName("com.mysql.jdbc.Driver");                    //加载数据库驱动，注册到驱动管理器
        String url="jdbc:mysql://localhost:3306/jspexample";       //数据库连接字符串
        String username = "root";                                  //数据库用户名
        String password ="123456";                                 //数据库密码
        Connection conn=DriverManager.getConnection(url,username,password); //创建 Connection 连接
        Statement stmt = conn.createStatement();                   //获取 Statement 对象
        String sql ="select * from books";                         //添加图书信息的 SQL 语句
        ResultSet rs = stmt.executeQuery(sql);                     //执行查询
        List<Book> list = new ArrayList<Book>();                   //实例化 List 对象
        while(rs.next()) {                                         //光标向后移动，并判断是否有效
            Book book = new Book();                                //实例化 Book 对象
            book.setId(rs.getInt("id"));                          //对 id 属性赋值
            book.setTitle(rs.getString("title"));                 //对 name 属性赋值
            book.setAuthor(rs.getString("author"));               //对 author 属性赋值
            book.setIsbn(rs.getString("isbn"));                   //对 ISBN 属性赋值
            book.setCopyright(rs.getString("copyright"));         //对 copyright 属性赋值
            book.setImageFile(rs.getString("imageFile"));         //对 imageFile 属性赋值
            book.setEditionNumber(rs.getString("editionNumber")); //对 editionNumber 属性赋值
            book.setPublisherId(rs.getString("publisherId"));     //对 publisherId 属性赋值
            book.setPrice(rs.getString("price"));                 //对 price 属性赋值
            list.add(book);                                       //将图书对象添加到集合中
        }
        request.setAttribute("list",list);                         //将图书集合放置到 request 中
        rs.close();                                                //关闭 ResultSet
        stmt.close();                                              //关闭 Statement
        conn.close();                                              //关闭 Connection
    }catch (ClassNotFoundException e){
        e.printStackTrace();
        }catch (SQLException e){
            e.printStackTrace();
    }
    request.getRequestDispatcher("book_list.jsp").forward(request,response);//请求转发到 book_list.sp
}
```

以上程序首先获取数据库连接 Connection；然后通过 Statement 对象执行 SELECT 语句查询图书信息，获取 ResultSet 结果集；最后遍历 ResultSet 中的数据来封装图书对象 Book，将其添加到 List 集合中，转发到显示页面进行显示。

技巧：

ResultSet 集合中第一行数据之前与最后一行数据之后都存在一个位置，默认情况下光标位于第一行数据之前，使用 while 条件循环遍历 ResultSet 对象，在第一次循环时，执行条件 rs.next() 将光标移动到第一条数据的位置。

获取到ResultSet对象后，可以通过移动光标定位到查询结果中的指定行，然后通过ResultSet对象提供的一系列getXxx()方法获取当前数据记录。

(3) 创建 book_list.jsp 页面，用于显示所有图书信息。关键代码如下：

```jsp
<%@ page language="java" contentType="text/html; charset=utf-8" pageEncoding="utf-8"%>
<%@page import="java.util.ArrayList"%>
<%@page import="java.util.List"%>
<%@page import="jspexample.Book"%>
<!DOCTYPE html>
<html>
<head>
<meta charset="utf-8">
<title>Insert title here</title>
</head>
<body>
    <table align="center" width="650" border="1">
        <tr>
            <td align="center" colspan="9"><h2>所有图书</h2></td>
        </tr>
        <tr align="center">
            <td><b>ID</b></td>
            <td><b>图书名称</b></td>
            <td><b>作者</b></td>
            <td><b>ISBN</b></td>
            <td><b>版权</b></td>
            <td><b>大图</b></td>
            <td><b>版本</b></td>
            <td><b>版本号</b></td>
            <td><b>价格</b></td>
        </tr>
        <%  //获取图书信息集合
        List<Book> list =(List<Book>)request.getAttribute("list");
         //判断集合是否有效
         if(list ==null || list.size()<1) {
           out.print("没有数据！");
        }else{
            //遍历图书集合中的数据
        for(Book book:list){
        %>
        <tr align="center">
            <td><%=book.getId()%></td>
            <td><%=book.getTitle()%></td>
            <td><%=book.getAuthor()%></td>
            <td><%=book.getIsbn()%></td>
            <td><%=book.getCopyright()%></td>
            <td><%=book.getImageFile()%></td>
            <td><%=book.getEditionNumber()%></td>
            <td><%=book.getPublisherId()%></td>
            <td><%=book.getPrice()%></td>
        </tr>
```

```
            <%
                }
                }
            %>
        </table>
    </body>
```

由于 FindServlet 将查询的所有图书信息集合放到了 request 中，因此在 book_list.jsp 页面中可以通过 request 的 getAttribute()方法获取这一集合对象。实例中在获取所有图书信息集合后，通过 for 循环遍历该集合对象，获得所有图书信息，并显示到页面中。

(4) 创建 show_book_entry.jsp 页面，在该页面中添加一个导航链接，用于请求查看所有图书信息。关键代码如下：

```
<body>
<a href="FindServlet">所有图书</a>
</body>
```

运行该程序，单击"所有图书"链接后，可以查看从数据库中查询到的所有图书信息，如图 9-7 所示。

图 9-7　查询所有信息

9.3.3　修改数据

使用 JDBC 修改数据库中的数据，操作步骤与添加数据相似，只不过修改数据需要使用 UPDATE 语句实现，如把 id 为 2 的图书名称修改为"JSP 案例教程"，其 SQL 语句如下：

```
update books set title="JSP 案例教程" where id=2
```

在实际开发中，通常由程序传递 SQL 语句中的参数，所以修改数据也需要使用 PreparedStatement 对象进行操作，以方便传递参数。

【例 9-5】通过 Servlet 类修改图书名称。

(1) 在 book_list.jsp 页面中增加"修改图书名称"表单，将该表单的提交地址设置为 UpdateServlet。关键代码如下：

```
<table align="center" width="650" border="1">
    <tr>
        <td align="center" colspan="9"><h2>所有图书</h2></td>
    </tr>
    <tr align="center">
```

```
        <td><b>ID</b></td>
        <td><b>图书名称</b></td>
        <td><b>作者</b></td>
        <td><b>ISBN</b></td>
        <td><b>版权</b></td>
        <td><b>大图</b></td>
        <td><b>版本</b></td>
        <td><b>版本号</b></td>
        <td><b>价格</b></td>
        <td><b>修改名称</b></td>
    </tr>
    <%    //获取图书信息集合
    List<Book> list =(List<Book>)request.getAttribute("list");
     //判断集合是否有效
     if(list ==null || list.size()<1) {
       out.print("没有数据！");
    }else{
         //遍历图书集合中的数据
    for(Book book:list){
    %>
    <tr align="center">
        <td><%=book.getId()%></td>
        <td><%=book.getTitle()%></td>
        <td><%=book.getAuthor()%></td>
        <td><%=book.getIsbn()%></td>
        <td><%=book.getCopyright()%></td>
        <td><%=book.getImageFile()%></td>
        <td><%=book.getEditionNumber()%></td>
        <td><%=book.getPublisherId()%></td>
        <td><%=book.getPrice()%></td>
        <td>
            <form action="UpdateServlet" method="post" onsubmit="return check(this);">
            <input type="hidden" name="id" value="<%=book.getId()%>">
            <input type="text" name="title" size="3">
            <input type="submit" value="修改">
            </form>
        </td>
    </tr>
    <%
    }
    }
    %>
</table>
```

在修改图书信息时，需要传递图书 id 与图书名称 title 两个参数，因为修改图书名称时需要明确指定需要修改的图书 id，若没有此限制条件，SQL 语句将会修改所有图书的名称。

技巧：

由于图书 id 属性并不需要显示在表单中，因此可以将 id 对应文本框<input>中的 type 属性设置为 hidden，这样 id 属性就不会显示在页面中了。

(2) 创建修改图书信息请求的 Servlet 对象，其名称为 UpdateServlet。由于表单提交的请求类型为 post，因此在 UpdateServlet 中编写 doPost()方法，对修改图书信息的请求进行处理。关键代码如下：

```
protected void doPost(HttpServletRequest request, HttpServletResponse response) throws ServletException,
IOException {
    // TODO Auto-generated method stub
    int id = Integer.valueOf(request.getParameter("id"));
    String title = request.getParameter("title");
    try {
    Class.forName("com.mysql.jdbc.Driver");                      //加载数据库驱动，注册到驱动管理器
    String url = "jdbc:mysql://localhost:3306/jspexample";       //数据库连接字符串
    String username = "root";                                    //数据库用户名
    String password ="123456";                                   //数据库密码
    Connection conn=DriverManager.getConnection(url,username,password);   //创建 Connection 连接
    String sql = "update books set title=? where id=?";          //更新 SQL 语句
    PreparedStatement ps = conn.prepareStatement(sql);           //获取 PreparedStatement
    ps.setString(1,title);                                       //对 SQL 语句中的第 1 个参数赋值
    ps.setInt(2,id);                                             //对 SQL 语句中的第 2 个参数赋值
    ps.executeUpdate();                                          //执行更新操作
    ps.close();                                                  //关闭 PreparedStatement
    conn.close();                                                //关闭 Connection
    }catch (Exception e){
    e.printStackTrace();
    }
    response.sendRedirect("FindServlet");                        //重定向到 FindServlet
    //doGet(request, response);
}
```

示例在执行图书数量的更新操作后，通过 HttpServletRequest 对象将请求重定向到 FindServlet。

运行程序，进入程序中的 show_book_entry.jsp 页面，单击"所有图书"链接后，进入图书信息列表页面，在该页面中可以对图书名称进行修改，如图 9-8 所示。正确填写图书名称，单击"修改"按钮，即可将图书名称更新到数据中。

图 9-8　修改图书名称

技巧：

HttpServletRequest 所接收的参数值为 String 类型，而图书 id 与图书数量为 int 类型，所以需要对其进行转换类型操作，实例中通过 Integer 类的 valueOf()方法进行转换。

9.3.4 删除数据

删除数据使用的 SQL 语句为 DELETE 语句，如删除图书 id 为 2 的图书信息，其 SQL 语句如下：

```
delete from books where id=2
```

在实际开发中，由程序传递 SQL 语句中的参数，所以修改数据也需要使用 PreparedStatement 对象进行操作。

【例 9-6】在 show_book_entry.jsp 页面，添加"删除图书"超链接，通过 Servlet 实现对数据的删除操作。

(1) 在 book_list.jsp 页面中，增加删除图书信息的超链接，将链接的地址指向 DeleteServlet。关键代码如下：

```
<table align="center" width="650" border="1">
    <tr><td align="center" colspan="9"><h2>所有图书</h2></td></tr>
    <tr align="center">
        <td><b>ID</b></td>
        <td><b>图书名称</b></td>
        <td><b>作者</b></td>
        <td><b>ISBN</b></td>
        <td><b>版权</b></td>
        <td><b>大图</b></td>
        <td><b>版本</b></td>
        <td><b>版本号</b></td>
        <td><b>价格</b></td>
        <td><b>修改名称</b></td>
        <td><b>删除</b></td>
    </tr>
    <%    //获取图书信息集合
List<Book> list =(List<Book>)request.getAttribute("list");
    //判断集合是否有效
if(list ==null || list.size()<1) {
out.print("没有数据！");
}else{
        //遍历图书集合中的数据
for(Book book:list){
%>
    <tr align="center">
        <td><%=book.getId()%></td>
        <td><%=book.getTitle()%></td>
        <td><%=book.getAuthor()%></td>
        <td><%=book.getIsbn()%></td>
        <td><%=book.getCopyright()%></td>
            <td><%=book.getImageFile()%></td>
            <td><%=book.getEditionNumber()%></td>
            <td><%=book.getPublisherId()%></td>
            <td><%=book.getPrice()%></td>
            <td>
```

```
                    <form action="UpdateServlet" method="post" onsubmit="return check(this);">
                    <input type="hidden" name="id" value="<%=book.getId()%>">
                    <input type="text" name="title" size="3">
                    <input type="submit" value="修改">
                    <a href="DeleteServlet?id=<%=book.getId()%>">删除</a>
                    </form>
                </td>
                <td><a href="DeleteServlet?id=<%=book.getId()%>">删除</a></td>
            </tr>
            <%
            }
        }%>
        </table>
```

　　在删除数据信息时，需要传递要删除的图书对象，因此，在删除图书信息的超链接中加上图书 id 值。

　　(2) 编写处理删除图书请求的 Servlet，名称为 DeleteServlet。在 doGet()方法中编写删除图书信息的程序。关键代码如下：

```
protected void doGet(HttpServletRequest request, HttpServletResponse response) throws ServletException,
IOException {
    // TODO Auto-generated method stub
    int id = Integer.valueOf(request.getParameter("id"));   //获取图书 id
     try{
            Class.forName("com.mysql.jdbc.Driver");   //加载数据库驱动，注册到驱动管理器
            String url = "jdbc:mysql://localhost:3306/jspexample";   //数据库连接字符串
            String username = "root";                  //数据库用户名
            String password ="123456";                 //数据库密码
            Connection conn=DriverManager.getConnection(url,username,password);  //创建Connection连接
        String sql = "delete from books where id=?";      //删除图书信息的 SQL 语句
        PreparedStatement ps = conn.prepareStatement(sql);     //获取 PreparedStatement
        ps.setInt(1,id);                         //对 SQL 语句中的第一个占位符赋值
        ps.executeUpdate();                      //执行更新操作
        ps.close();                              //关闭 PreparedStatement
        conn.close();                            //关闭 Connection
    }catch (Exception e){
        e.printStackTrace();
    }
    response.sendRedirect("FindServlet");            //重定向到 FindServlet
}
```

　　在 DeleteServlet 类的 doGet()方法中，首先获取要删除的图书 id，然后创建数据库连接 Connection，通过 PreparedStatement 对 SQL 语句进行预处理并对 SQL 语句参数赋值，最后执行删除指令。

　　技巧：

　　在 DeleteServlet 完成删除数据操作后，通过 HttpServletResponse 对象将请求重定向到 FindServlet，再次执行查询所有图书信息操作，从而实现查看删除后的结果。

运行程序，单击"所有图书"链接，进入图书信息列表，可以看到每一条图书信息的超链接，如图 9-9 所示。单击每一条图书信息对应的"删除"链接后，该图书将从数据库中删除。

图 9-9　删除图书数量

9.3.5　批处理

在 JDBC 开发中，操作数据库需要与数据库建立连接，然后将要执行的 SQL 语句传送到数据库服务器，最后关闭数据库连接。如果按照该流程执行多条 SQL 语句，那么就需要建立多个数据库连接，这样比较浪费时间。JDBC 的批处理很好地解决了这个问题。

JDBC 中批处理的原理是将批量的 SQL 语句一次性发送到数据库中进行执行，从而解决多次与数据库连接所产生的速度瓶颈。

【例 9-7】创建学生信息表，通过 JDBC 的批处理操作，一次将多个学生信息写入数据库中。

(1) 创建学生信息表 students，其结构如图 9-10 所示。

栏位	索引	外键	触发器	选项	注释	SQL 预览			
名			类型			长度	小数点	允许空值 (	
id			int			10	0	☐	🔑1
name			varchar			255	0	☐	
sex			tinyint			10	0	☑	
▶ age			int			11	0	☑	

图 9-10　学生信息表 students 结构

(2) 创建名称为 Batch 的类，该类用于对学生信息进行批量添加操作。首先在 Batch 类中编写 getConnection()方法，用于获取数据库连接的 Connection 对象，其关键代码如下：

```
public class Batch {
    private static final String DRIVER_CLASS = "com.mysql.jdbc.Driver";
    private static final String url = "jdbc:mysql://localhost:3306/jspexample";
    private static final String user ="root";
    private static final String psw ="123456";

    public static Connection getConnction(){
        Connection dbConnection = null;
        try {
            Class.forName(DRIVER_CLASS);
            dbConnection = DriverManager.getConnection(url,user,psw);
        }catch(Exception e){
            e.printStackTrace();
        }
        return dbConnection;
```

```
        }
    }
```

(3) 编写 saveBatch()方法，实现批量添加学生信息功能。本实例通过 PreparedStatement 对象实现。关键代码如下：

```
public int saveBatch(){
    int row = 0;                                          //行数
    Connection conn = getConnction();                     //获取数据库连接
    try{
        String sql="insert into students(id,name,sex,age)values(?,?,?,?)";   //插入数据的 SQL 语句
        PreparedStatement ps = conn.prepareStatement(sql);          //创建 PreparedStatement
        Random random = new Random();                     //实例化 Random
        for (int i=0;i<10;i++){                           //循环添加数据
            ps.setInt(1,i+1);                             //对 SQL 语句中的第 1 个参数赋值
            ps.setString(2,"student"+i);                  //对 SQL 语句中的第 2 个参数赋值
            ps.setBoolean(3,i%2 ==0?true:false);          //对 SQL 语句中的第 3 个参数赋值
            ps.setInt(4,random.nextInt(5)+10);            //对 SQL 语句中的第 4 个参数赋值
            ps.addBatch();                                //添加批处理命令
        }
        int[] rows = ps.executeBatch();                   //执行批处理操作并返回计数组成的数组
        row = rows.length;                                //对行数赋值
        ps.close();                                       //关闭 PreparedStatement
        conn.close();                                     //关闭 Connection
    }catch(Exception e){
        e.printStackTrace();
    }
    return row;                                           //返回添加的行数
}
```

本实例创建 PreparedStatement 对象后，通过 for 循环向 PreparedStatement 批量添加 SQL 命令，其中学生信息数据通过程序模拟生成。执行批处理后，获取返回计数组成的数组，将数组的长度赋值给 row 变量，以计算数据库操作所影响到的行数。

(4) 创建页面 batch_index.jsp，通过<jsp:useBean>实例化 Batch 对象，执行批量添加数据操作。关键代码如下：

```
<%@ page language="java" contentType="text/html; charset=utf-8" pageEncoding="utf-8"%>
<jsp:useBean id="batch" class="jspexample.Batch"></jsp:useBean>
<!DOCTYPE html>
<html>
//省略代码
<body>
    <%
    //执行批量插入操作
    int row = batch.saveBatch();
    out.print("批量插入了【"+row+"】条数据！");
    %>
</body>
</html>
```

实例运行后，程序向数据库批量添加 10 条学生信息数据，运行结果如图 9-11 所示。用户可以打开数据表 students 查看，效果如图 9-12 所示。

图 9-11　实例运行结果

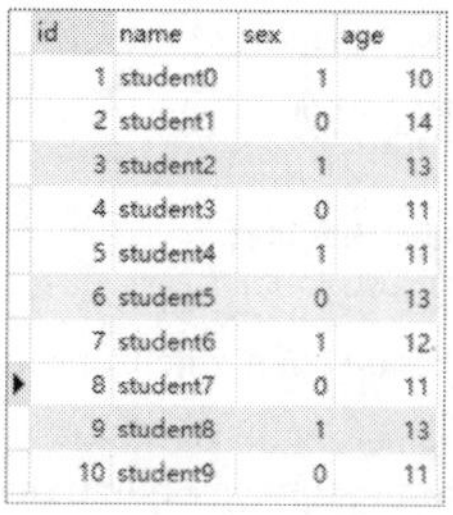

id	name	sex	age
1	student0	1	10
2	student1	0	14
3	student2	1	13
4	student3	0	11
5	student4	1	11
6	student5	0	13
7	student6	1	12
8	student7	0	11
9	student8	1	13
10	student9	0	11

图 9-12　表中的数据

9.4　JDBC 在 Java Web 中的应用

在 Java Web 开发中，JDBC 的应用十分广泛。通常情况下，Web 程序操作数据库都是通过 JDBC 实现，即使目前数据库方面的开源框架层出不穷，但其底层实现也离不开 JDBC API。

9.4.1　开发模式

在 Java Web 开发中使用 JDBC，应遵循 MVC(Model-View-Controller)的设计思想，从而使 Web 程序拥有一定的健壮性、可扩展性。

MVC 是一种程序设计理念，该理念将软件分成三层结构，分别为模型层、视图层和控制层。其中，模型层泛指程序中的业务逻辑，用于处理真正的业务操作；视图层是指程序与用户相交互的界面，对用户呈现出视图，但不包含业务逻辑；控制层是对用户各种请求的分发处理，将指定的请求分配给指定的业务逻辑进行处理。

> **技巧：**
> 在最初的开发模式中，程序开发并没有分层的概念，其业务逻辑代码、视图代码均写在一起，这样的开发方式不利于软件的维护及扩展，也不能达到代码的重用。MVC 设计思想则改变了这一缺点，模型层、视图层与控制层各自独立，降低了程序中的耦合，如果业务逻辑及业务计划发生了改变，则只需要更改模型层代码即可，而不需要去操作视图层与控制层。

JDBC 应用于 Java Web 开发中，处于 MVC 中的模型层位置，如图 9-13 所示。

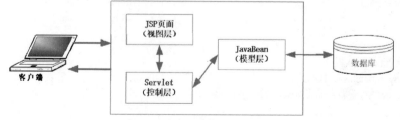

图 9-13　Java Web 中的 MVC

客户端通过 JSP 页面与程序进行交互，对于数据的增、删、改、查请求由 Servlet 对其进行分发处理，如 Servlet 接收到删除数据请求，就会分发给删除数据的 JavaBean 对象，而真正的数据库操作是通过 JDBC 封装的 JavaBean 实现的。

9.4.2　分页查询

分页查询是 Java Web 开发中常用的技术。在数据量非常大的情况下，不适合将所有数据显示到一个页面中，这样查看不方便，还会占用程序及数据库资源，此时最好的方法是对数据进行分页查询。

通过 JDBC 实现分页查询的方法有很多种，而且不同的数据库机制也提供了不同的分页方式，在这里介绍两种常用的分页方法。

1. 通过 ResultSet 的光标实现分页

ResultSet 是 JDBC API 中封装的查询结果集对象，通过该对象可以实现数据的分页显示。在 ResultSet 对象中，有一个"光标"的概念，光标通过上下移动定位查询结果集中的行，从而获取数据。所以通过 ResultSet 的移动"光标"，可以设置 ResultSet 对象中记录的起始位置和结束位置，来实现数据的分页显示。

通过 ResultSet 的光标实现分页，优点是在各种数据库上通用，缺点是占用大量资源，不适合数据量大的情况。

2. 通过数据库机制进行分页

很多数据库自身都提供了分页机制，如 SQL Server 中提供的 top 关键字、MySQL 数据库中提供的 limit 关键字，它们都可以设置数据返回的记录数。

通过各种类型的数据库提供的分页机制实现分页查询，其优点是减少数据库资源的开销，提高程序的性能；缺点是只针对某一种数据库通用。

> **说明：**
> 由于通过 ResultSet 的光标实现数据分页存在性能方面的缺陷，因此在实际开发中，很多情况下都是采用数据库提供的分页机制来实现分页查询功能。

【例 9-8】通过 MySQL 数据库提供的分页机制，实现商品信息的分页查询功能，将分页数据显示在 JSP 页面中。

(1) 首先创建学生信息表 students，如例 9-7 的图 9-10 所示。

(2) 创建名称为 Student 的类，用于封装学生信息，该类是学生信息的 JavaBean。关键代码如下：

```
package jspexample;
public class Student {
    private int id;
    private String name;    //姓名
    private int sex;        //性别
    private int age;        //年龄
    public int getId() {
        return id;
```

```
        }
        public void setId(int id) {
            this.id = id;
        }
//省略其他 getXxx()和 setXxx()方法
    }
```

Student 类封装了学生对象的基本信息。除此之外，Student 类还定义了分页中的每页记录数，它是一个静态变量，可以直接对其进行引用。同时由于每页记录数并不会被经常修改，因此实例将其定义为 final 类型。

技巧：

在 Java 语言中，如果定义了静态的 final 类型变量，通常情况下将这个变量大写。

（3）创建名称为 StudentDao 的类，主要用于封装学生对象的数据库相关操作。在 StudentDao 类中，首先编写 getConnection()方法，用于创建数据库连接 Connection 对象，其关键代码如下：

```java
package jspexample;
import java.sql.Connection;
import java.sql.DriverManager;
import java.sql.PreparedStatement;
import java.sql.ResultSet;
import java.sql.SQLException;
import java.sql.Statement;
import java.util.ArrayList;
import java.util.List;
public class StudentDao {
    // 获取数据库连接
    public Connection getConnection() {
        Connection conn = null;
        try {
            Class.forName("com.mysql.jdbc.Driver");
            String url =
            "jdbc:mysql://localhost:3306/jspexample?useUnicode=true&characterEncoding=UTF-8";
            String username = "root";
            String password = "123456";
            conn = DriverManager.getConnection(url, username, password);
        } catch (ClassNotFoundException e) {
            e.printStackTrace();
        } catch (SQLException e) {
            e.printStackTrace();
        }
        return conn;
    }
```

技巧：

Connection 对象是每一个数据操作方法都要用到的对象，所以实例中封装 getConnection()方法创建 Connection 对象，以实现代码的重用。

（4）继续在 StudentDao 类中，创建学生信息的分页查询方法 find()，该方法包含一个 page 参数，用于传递要查询的页码。关键代码如下：

```java
// 分页查询所有学生信息
public List<Student> find(int page) {
    List<Student> list = new ArrayList<Student>();
    Connection conn = getConnection();
    String sql = "select * from students order by id asc limit ?,?";
    try {
        PreparedStatement ps = conn.prepareStatement(sql);
        ps.setInt(1, (page - 1) * Student.PAGE_SIZE);
        ps.setInt(2, Student.PAGE_SIZE);
        ResultSet rs = ps.executeQuery();
        while (rs.next()) {
            Student p = new Student();
            p.setId(rs.getInt("id"));
            p.setName(rs.getString("name"));
            p.setSex(rs.getInt("sex"));
            p.setAge(rs.getInt("age"));
            list.add(p);
        }
        rs.close();
        ps.close();
        conn.close();
    } catch (SQLException e) {
        e.printStackTrace();
    }
    return list;
}
```

find()方法用于实现分页查询功能，该方法根据入口参数 page 传递的页码，查询指定页码中的记录，主要通过 limit 关键字实现。

> **说明：**
> MySQL 数据库提供的 limit 关键字，能够控制查询数据结构集起始位置及返回记录的数量，使用方式如下：
>
> limit arg1,arg2
>
> 参数说明：
> ● arg1：用于指定查询记录的起始位置。
> ● arg2：用于指定查询数据所返回的记录数。

find()方法主要应用 limit 关键字编写分页查询的 SQL 语句，其中 limit 关键字的两个参数通过 PrepareStatement 对其进行赋值，第 1 个参数为查询记录的起始位置，根据 find()方法中的页码参数 page 可以对其进行计算，其算法为(page-1)*Student.PAGE_SIZE；第 2 个参数为返回的记录数，也就是每一页所显示的记录数量，其值为 Student.PAGE_SIZE。

在对 SQL 语句传递了这两个参数后，执行 PreparedStatement 对象的 executeQuery()方法，

就可以获取到指定页码中的结果集。案例中将所有查询的学生信息封装为 Student 对象，放置到 List 集合中，最后将其返回。

StudentDao 类主要用于封装学生信息的数据库操作，所以对于学生信息数据库操作相关方法应定义在该类中。在分页查询过程中，还需要获取学生信息的总记录数，用于计算学生信息的总页数，该操作编写在 findCount 方法中。关键代码如下：

```
// 查询总记录数
public int findCount() {
    int count = 0;
    Connection conn = getConnection();
    String sql = "select count(*) from students";
    try {
        Statement stmt = conn.createStatement();
        ResultSet rs = stmt.executeQuery(sql);
        if (rs.next()) {
            count = rs.getInt(1);
        }
        rs.close();
        stmt.close();
        conn.close();
    } catch (SQLException e) {
        e.printStackTrace();
    }
    return count;
}
```

查询学生信息总记录数的 SQL 语句为 select count(*) from students。findCount()方法主要通过执行这条 SQL 语句获取总记录数的值。

注意：
获取查询结果需要调用 ResultSet 对象的 next()方法向下移动光标，由于所获取的数据只是单一的一个数值，因此实例中通过 if(rs.next())进行调用，而没有使用 while 调用。

(5) 创建名称为 SearchServlet 的类，该类是分页查询学生信息的 Servlet 对象。在 FindServlet 类中重写 doGet()方法，对分页请求进行处理，其关键代码如下：

```
protected void doGet(HttpServletRequest request, HttpServletResponse response) throws ServletException,
IOException {
    int currPage = 1;                                    //当前页码
    if (request.getParameter("page") != null) {          //判断传递页码是否有效
        currPage = Integer.parseInt(request.getParameter("page"));    //对当前页码赋值
    }
    StudentDao dao = new StudentDao();                   //实例化 StudentDao
    List<Student> list = dao.find(currPage);             //查询所有学生信息
    request.setAttribute("list", list);                  //将 list 放置到 request 中
    int pages;                                           //总页数
    int count = dao.findCount();                         //查询总记录数
    //System.out.print(count);
    if (count % Student.PAGE_SIZE == 0) {                //计算总页数
```

```
        pages = count / Student.PAGE_SIZE;        //对总页数赋值
    } else {
        pages = count / Student.PAGE_SIZE + 1;
    }
    StringBuffer sb = new StringBuffer();          //实例化 StringBuffer
    for (int i = 1; i <= pages; i++) {             //通过循环构建分页条
        if (i == currPage) {                       //判断是否当前页
            sb.append(" 『" + i + "』 ");           //构建分页条
        } else {
        sb.append(" ");                            //构建分页条
        sb.append("<a href='SearchServlet?page="+i+"'>"+i+"</a>");    //构建分页条
    }
    }
    request.setAttribute("bar", sb.toString());    //把分页条的字符串放置到 request 中
    request.getRequestDispatcher("student_list.jsp").forward(request, response);//转发到 student_list.jsp 页面
}
```

　　FindServlet 类的 doGet()方法主要做了以下两件事：获取分页查询结果集，构造分页条对象。其中获取分页查询结果集非常简单，通过调用 StudentDao 类的 find()方法，并传递所要查询的页码就可以获取；分页条对象是 JSP 页面中的分页条，用于显示学生信息的页码，程序中主要通过创建页码的超链接，然后组合字符串进行构造。

　　在构建分页条时，需要计算学生信息的总页码，它的值通过总记录数与每页记录数计算得出。计算得出总页码后，实例中通过 StringBuffer 组合字符串构建分页条。

　　在获取查询结果集 List 与分页条后，FindServlet 分别将这两个对象放置到 request 中，将请求转发到 student_list.jsp 页面做出显示。

　　(6) 创建 student_list.jsp 页面，该页面通过获取查询结果集 List 与分页条来分页显示学生信息数据。关键代码如下：

```
<%@ page language="java" contentType="text/html, charset=utf-8" pageEncoding="utf-8" %>
<%@page import="java.util.ArrayList"%>
<%@page import="java.util.List"%>
<%@page import="jspexample.Student"%>
<%@page import="jspexample.StudentDao"%>
//省略代码
    <table align="center" width="600" border="1">
    <tr><td align="center" colspan="5"><h2>所有学生信息</h2></td></tr>
    <tr align="center">
        <td><b>ID</b></td>
        <td><b>姓名</b></td>
        <td><b>性别</b></td>
        <td><b>年龄</b></td>
    </tr>
    <%
        List<Student> list =(List<Student>)request.getAttribute("list");
        for(Student p:list) {
    %>
    <tr align="center">
        <td><%=p.getId()%></td>
```

```
        <td><%=p.getName()%></td>
        <%
            String s = "";
            if(p.getSex()==1)
                s = "男";
            else
                s = "女";
        %>
        <td><%=s%></td>
        <td><%=p.getAge()%></td>
    </tr>
    <% } %>
    <tr>
        <td align="center" colspan="5">
        <%= request.getAttribute("bar") %>
        </td>
    </tr>
</table>
```

查询结果集 List 与分页条均从 request 对象中进行获取，其中结果集 List 通过 for 循环遍历并将每一条学生信息输出到页面中，分页条输出到学生信息下方。

(7) 编写程序中的主页面 student_index.jsp，在该页面中编写分页查询商品信息的超链接，指向 SearchServlet 类。关键代码如下：

```
<body>
<a href="SearchServlet">查看所有学生信息</a>
</body>
```

编写完成该页面后，运行程序，效果如图 9-14 所示。

单击页面中的"查看所有学生信息"超链接后，将看到学生信息的分页显示结果，如图 9-15 所示。从图 9-15 可以看到学生信息的分页条，所有学生信息分 3 页进行显示，单击分页条中的超

图 9-14　student_index.jsp 页面

链接可以查看指定页面的学生信息数据，如查看第 2 页数据，其运行结果如图 9-16 所示。

ID	姓名	性别	年龄
1	student0	男	10
2	student1	女	14
3	student2	男	13
4	student3	女	11
5	student4	男	11
6	student5	女	13
7	student6	男	13
8	student7	女	11
9	student8	男	13
10	student9	女	11

所有学生信息

[1] 2 3

图 9-15　分页显示学生信息 1

ID	姓名	性别	年龄
11	student10	男	22
12	student11	女	14
13	student12	男	15
14	student13	女	20
15	student14	男	18
16	student15	女	19
17	student16	男	20
18	student17	女	16
19	student18	男	17
20	student19	女	18

所有学生信息

1 [2] 3

图 9-16　分页显示学生信息 2

9.5　本章小结

本章首先对 JDBC 技术及 JDBC 连接数据的过程进行了介绍；然后对 JDBC API 中的常用对象进行了介绍，这些常用对象需要读者重点了解，应掌握各对象的主要功能及作用；之后又介绍了 JDBC 操作数据库的方法，在这一部分内容中，需要重点掌握通过 DBC API 实现数据的增、删、改、查方法；最后介绍了 JDBC 在 Java Web 中的应用，该部分需要理解 MVC 设计思想，掌握 JDBC 在 Java Web 中的开发模式，以及掌握如何实现数据的分页查询。

9.6　实践与练习

1. 什么是 JDBC？
2. 简述 JDBC 原理。
3. 简述 JDBC 核心类(接口)。
4. 建立一个 MySQL 数据库 school，在其中建立一张学生表 students。
5. 通过 JDBC 实现以下功能：
(1) 查询所有学生信息，并将查询结果输出到 JSP 页面中。
(2) 插入学生信息。
(3) 对指定的学生信息进行编辑。
(4) 删除指定的学生记录。

表达式语言(EL)

表达式语言的英文为 Expression Language，简称为 EL，它是 JSP 2.0 中引入的内容。通过 EL 可以简化 JSP 中对象的引用，规范页面代码，增加程序的可读性及可维护性。表达式语言(EL) 为不熟悉 Java 语言页面开发的人员提供了一个开发 Java Web 应用的新途径。本章将对表达式语言(EL)的语法、运算符及隐含对象进行详细介绍。

本章的学习目标：

- 了解 EL 的基本语法和 EL 的特点
- 学会禁用 EL 的几种方法
- 掌握 EL 保留的关键字
- 应用 EL 的运算符进行运算，掌握运算符的优先级
- 掌握访问作用域范围的隐含对象的应用
- 掌握访问环境信息的隐含对象的应用
- 定义和使用 EL 函数的方法及常见问题分析

10.1 EL 概述

在 EL 没有出现之前，开发人员开发 Java Web 应用程序时，经常需要将大量的 Java 代码片段嵌入 JSP 页面中，这会使页面看起来很乱，而使用 EL 则比较简洁。

【例 10-1】在 JSP 页面中显示保存在 session 范围内的变量 user_name，并将其输出到页面中。代码如下：

```
<%
    if(session.getAttribute("user_name")!=null){
        out.println(session.getAttribute("user_name").toString());
    }
%>
```

如果使用 EL，则只需要下面的一句代码即可实现：

```
${user_name}
```

10.1.1　EL 的基本语法

JSP 表达式可以访问 JavaBean 中的数据，可以用来创建算术表达式，也可以用来创建逻辑表达式。JSP 表达式内可以使用整型数、浮点数、字符串、常量 true 和 false，还有 null。EL 表达式的语法非常简单，它以"${"开头，以"}"结束，中间为表达式。语法格式如下：

> ${expression}

参数 expression 用于指定要输出的内容，可以是字符串，也可以是由 EL 运算符组成的表达式。

技巧：

由于 EL 表达式的语法以"${"开头，如果在 JSP 网页中要显示"${"字符串，必须在前面加上"\"符号，或者写成"${${"，也就是用表达式来输出"${"符号。在 EL 表达式中要输出一个字符串，可以将此字符串放在一对单引号或双引号内。

【例 10-2】在页面中输出字符串"百度一下，生活更美好"，代码如下：

> ${'百度一下，生活更美好'}或${"百度一下，生活更美好"}

10.1.2　EL 的特点

EL 除了具有语法简单、使用方便的特点，还具有以下特点。

* EL 可以与 JSTL 结合使用，也可以与 JavaScript 语句结合使用。
* EL 中会自动进行类型转换。如果想通过 EL 输入两个字符串型数值(如 num1 和 num2)的和，可以直接通过"+"号进行连接(如${numl+num2})。
* EL 不仅可以访问一般变量，还可以访问 JavaBean 中的属性以及嵌套属性和集合对象。在 EL 中可以执行算术运算、逻辑运算、关系运算和条件运算等操作。
* 在 EL 中可以获得命名空间(PageContext 对象，它是页面中所有其他内置对象的最大范围的集成对象，通过它可以访问其他内置对象)。
* 在使用 EL 进行除法运算时，如果作为除数，则返回无穷大 Infinity，而不返回错误。
* 在 EL 中可以访问 JSP 的作用域(如 request、session、application 及 page)。
* 扩展函数可以与 Java 类的静态方法进行映射。

10.2　与低版本的环境兼容——禁用 EL

EL 已经是一项成熟、标准的技术，只要 Web 服务器能够支持 Servlet 2.4/JSP 2.0，就可以在 JSP 页面中直接使用 EL。由于在 JSP 2.0 以前版本中没有 EL，因此 JSP 为了和以前的规范兼容，还提供了禁用 EL 的方法。JSP 中提供了以下 3 种禁用 EL 的方法。

技巧：

如果在使用 EL 时没有被正确解析，而是原样显示 EL 表达式，则说明 Web 服务器不支持 EL，那么就需要检查 EL 是否被禁用。

10.2.1 使用反斜杠 "\" 符号

这是一种最简单的禁用 EL 的方法。该方法只需要在 EL 的起始标记 "${" 前加上 "\" 符号，具体的语法格式如下：

```
\${expression}
```

【例 10-3】禁用页面中的 EL "${number}"，可以使用如下代码：

```
\${number}
```

需要注意的是，该语法适合只是禁用页面的一个或几个 EL 表达式的情况。

10.2.2 使用 page 命令禁用 EL

使用 JSP 的 page 命令也可以禁用 EL 表达式，其具体的语法格式如下：

```
<%@ page isELIgnored="true | false" %>
```

参数 isELIgnored 用于指定是否禁用页面中的 EL，如果为 true，则忽略页面中的 EL，否则解析页面中的 EL。

【例 10-4】如果要忽略页面中的 EL，可以在页面的顶部添加以下代码：

```
<%@ page isELIgnored="true" %>
```

该方法适合禁用一个 JSP 页面中的 EL。

10.2.3 在 web.xml 文件中配置<el-ignored>元素

在 web.xml 文件中配置<el-ignored>元素，可以实现禁用服务器中的 EL。

【例 10-5】在 web.xml 文件中配置<el-ignored>元素，代码如下：

```
<jsp-config>
    <jsp-property-group>
        <url-pattern>*.jsp</url-pattern>
        <el-ignored>true</el-ignored>
    </jsp-property-group>
</jsp-config>
```

该方法适用于禁用 Web 应用中所有 JSP 页面中的 EL。

10.3 保留的关键字

和 Java 一样，EL 也有其保留关键字。在为变量命名时，应避免使用这些关键字，即使使用 EL 输出已经保存在作用域范围内的变量，也不能使用关键字，如果已经定义为关键字，那么需要修改变量名。EL 中的保留关键字如表 10-1 所示。

表 10-1　EL 中的保留关键字

and	eq	gt	instanceof
div	or	le	false
empty	not	lt	ge

如果在 EL 中使用了保留关键字，那么 Eclipse 将给出如图 10-1 所示的错误提示。如果忽略该提示，继续运行程序，将显示如图 10-2 所示的错误提示。

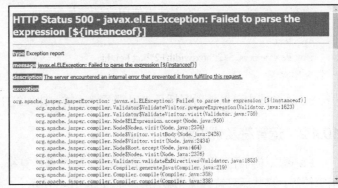

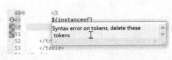

图 10-1　在 Eclipse 中显示的错误提示　　　　图 10-2　在 IE 浏览器显示的错误提示

10.4　EL 的使用及相关运算

10.4.1　EL 的简单使用

1. 属性赋值时使用 EL

通常，在 JSP 页面中使用<jsp:setProperty>动作设置属性的语法如下：

<jsp:setProperty name = "JavaBean 实例名" property = "JavaBean 属性名" value = "BeanValue"/>

这其实就是一个简单的字符串赋值。如果使用 EL 表达式来表示属性值，语法如下：

${expr}

其中，expr 指的是表达式。

在 EL 中通用的操作符是点(.)和大括号({})。这两个操作符允许通过内嵌的 JSP 对象访问各种各样的 JavaBean 属性。举例来说，上面的<jsp:setProperty>动作的使用如下：

<jsp:setProperty name="site" property="perimeter" value="${2*box.width+2*box.height}"/>

JSP 编译器在属性中遇到"${}"格式时，会产生代码来计算这个表达式，并且产生一个替代品来代替表达式的值。

2. 在 JSP 标签中使用 EL

开发人员也可以在标签的模板文本中使用表达式语言。比如，<jsp:text>标签简单地将其主体中的文本插入 JSP 输出中，代码如下：

```
<jsp:text>
    <h1>Hello JSP!</h1>
</jsp:text>
```

现在，在<jsp:text>标签主体中使用表达式如下：

```
<jsp:text>
Box Perimeter is: ${2*box.width+2*box.height}
</jsp:text>
```

EL 表达式中可以使用圆括号来组织子表达式，比如${(1+2)*3}等于 9，${1+(2*3)}等于 7。

10.4.2　运算符及优先级

EL 可以访问各种运算符，包括算术运算符、关系运算符、逻辑运算符、条件运算符及 empty 运算符等。这些运算符的优先级由高至低如表 10-2 所示。在多个运算符同时存在时，运算符的优先级决定了各个运算符的运算顺序。对于同级的运算符，从左向右运算。

表 10-2　EL 运算符的优先级

操作符	描述
.	访问一个 Bean 属性或者一个映射条目
[]	访问一个数组或者链表的元素
()	组织一个子表达式以改变优先级
+	加
-	减或负
*	乘
/ 或 div	除
% 或 mod	取模
== 或 eq	测试是否相等
!= 或 ne	测试是否不等
< 或 lt	测试是否小于
> 或 gt	测试是否大于
<= 或 le	测试是否小于或等于
>= 或 ge	测试是否大于或等于
&& 或 and	测试逻辑与
|| 或 or	测试逻辑或
! 或 not	测试取反
empty	测试是否空值

说明：

()的优先级高于大部分优先级，因此使用括号()可以改变优先级，例如，${5/(9-6)}改变了先乘除、后加减的基本规则。

下面结合运算符的应用，对 EL 运算符进行详细介绍。

10.4.3 通过 EL 访问数据

通过 EL 提供的"[]"和"."运算符可以访问数据。通常情况下，"[]"和"."运算符是等价的，可以相互代替。

【例 10-6】访问 JavaBean 对象 userInfo 的 id 属性，可以写成以下两种形式：

```
${userInfo.id}
${userInfo[id]}
```

但并不是所有情况下都能相互替代，例如，当对象的属性名中包括一些特殊符号(-或.)时，就只能使用"[]"运算符来访问对象的属性。例如，${bookInfo[book-id]}是正确的，而${bookInfo.book-id}则是错误的。另外，EL 的"[]"运算符还可以用来获取数组或者 List 集合中的数据，下面进行详细介绍。

1. 数组元素的获取

应用"[]"运算符可以获取数组的指定元素，但是"."运算符则不能。

【例 10-7】获取 request 范围中的数组 arrBook 中的第 1 个元素，可以使用下面的 EL 表达式：

```
${arrBook[0]}
```

由于数组的索引值是从 0 开始的，因此要获取第 1 个元素，需要的索引值为 0。

【例 10-8】通过 EL 输出数组的全部元素。

编写 array.jsp 文件，在该文件中，首先定义一个包含 3 个元素的一维数组，并赋初始值，然后通过 for 循环和 EL 输出该数组中的全部元素。关键代码如下：

```
<%
    String[] arr={"Java Web 基础教程","Java 程序设计语言","JSP 案例教程"};    //定义一维数组
    request.setAttribute("book",arr);                      //将数组保存到 request 对象中
    String[] arr1=(String[])request.getAttribute("book");   //获取保存到 request 范围内的变量
    //通过循环和 EL 输出一维数组的内容
    for(int i=0;i<arr1.length;i++) {
        request.setAttribute("request1",i);                //将循环变量 i 保存到 request 范围内的变量中
%>
        ${request1}:${book[request1]}<br> <!-- EL 方式输出 -->
<%}%>
```

在上面的代码中，必须将循环变量 i 保存到 request 变量中，否则将不能正确访问数组。这里不能直接使用 Java 代码片段中定义的变量 i，也不能使用<%=i%>输出 i。

在运行时，系统会先获取 request 变量的值，然后将输出数组内容的表达式转换为"${book[索引]}"格式，例如，获取第 1 个数组元素，则转换为${book[0]}，然后输出。实例的运行结果如

图 10-3 所示。

2. List 集合元素的获取

应用"[]"运算符还可以获取 List 集合中的指定元素，但是"."运算符则不能。

【例 10-9】向 session 中保存一个 List 集合对象，其中包含 3 个元素，然后应用 EL 输出该集合的全部元素，代码如下：

```
<%
List<String> list = new ArrayList<String>();                    //声明一个 List 集合的对象
list.add("饼干");                                               //添加第 1 个元素
list.add("牛奶");                                               //添加第 2 个元素
list.add("果冻");                                               //添加第 3 个元素
session.setAttribute("goodsList",list);                         //将 List 集合保存到 session 对象中
%>
<%
List<String> list1=(List<String>)session.getAttribute("goodsList");  //获取保存到 session 范围内的变量
//通过循环和 EL 输出 List 集合的内容
for(int i=0;i<list1.size();i++){
    request.setAttribute("request1",i);                         //将循环增量保存到 request 范围内
%>
${request1}:${goodsList[request1]}         <!-- 输出集合中的第 i 个元素 -->
<%}%>
```

运行程序，效果如图 10-4 所示。

图 10-3　运行结果　　　　　　　　　　　图 10-4　显示 List 集合中的全部元素

10.4.4　在 EL 中进行算术运算

EL 中也可以使用算术运算符进行运算。和其他程序设计语言一样，EL 提供了加、减、乘、除和求余 5 种算术运算符，如表 10-3 所示。

表 10-3　EL 的算术运算符

运算符	功能	示例	结果
+	加	${10+1}	11
-	减	${50-20}	30
*	乘	${12.1*10}	121.0
/或 div	除	${5/2}或${5 div 2}	2.5
		${5/0} 或 ${5 div 0}	Infinity
% 或 mod	求余	${5%3}或${5 mod 3}	2
		${10%0}或${10 mod 0}	将抛出异常：java.lang.ArithmeticException:/by zero

---

注意：

EL 的"+"运算符与 Java 的"+"运算符不同，它不能实现两个字符串之间的连接。

10.4.5 在 EL 中判断对象是否为空

在 EL 中，判断对象是否为空，可以通过 empty 运算符实现。empty 运算符是一个前缀(prefix)运算符，即 empty 运算符位于操作数前方，用来确定一个对象或变量是否为 null 或空。empty运算符的格式如下：

```
${empty expression}
```

参数 expression 用于指定要判断的变量或对象。

【例 10-10】定义两个 request 范围内的变量 user 和 userl，分别设置值为 null 和""。代码如下：

```
<%request.setAttribute("user","");%>
<%request.setAttribute("user1",null);%>
```

然后，通过 empty 运算符判断 user 和 userl 是否为空，代码如下：

```
${empty user}     //返回值为 true
${empty user1}    //返回值为 true
```

一个变量或对象为 null 或空代表的意义是不同的。null 表示这个变量没有指明任何对象，而空表示这个变量所属的对象其内容为空，例如，空字符串、空的数组或者空的 List 容器。另外，empty 运算符也可以与 not 运算符结合使用，用于判断一个对象或变量是否为非空。

【例 10-11】判断 request 范围的变量 user 是否为非空。

```
<%request.setAttribute("user",""); %>
${not empty user}    //返回值为 false
```

10.4.6 在 EL 中进行逻辑关系运算

在 EL 中，通过逻辑运算符和关系运算符可以实现逻辑关系运算。关系运算符用于实现两个表达式的比较，进行比较的表达式可以是数值型，也可以是字符串型。而逻辑运算符，则常用于对 Boolean 型数据进行操作。逻辑运算符和关系运算符经常一同使用。

【例 10-12】用表达式判断 90 分到 100 分的成绩。

```
成绩>=90 and 成绩<=100
```

在这个表达式中，">="和"<="为关系运算符，and 为与运算符。本节对关系运算符和逻辑运算符进行介绍。

1. 关系运算符

EL 提供了 6 种关系运算符，如表 10-4 所示，这些运算符不仅可以比较整数和浮点数，还可以比较字符串。关系运算符的使用格式如下：

```
${表达式 1 关系运算符 表达式 2}
```

表 10-4　EL 的关系运算符

运算符	功能	示例	结果
==或 eq	等于	${5==5}或${5 eq 5}	true
		${"B"=="b"}或${"B" eq "b"}	false
!=或 ne	不等于	${5!=5}或${5 ne 5}	false
		${"B"!="B"}或${"B" ne "B"}	false
<或 lt	小于	${4<3}或${4 lt 3}	false
		${"A"<"B"}或${"A" lt "B"}	true
>或 gt	大于	${4>3}或${4 gt 3}	true
		${"A">"B"}或${"A" gt "B"}	false
<=或 le	小于或等于	${4<=3}或${4 le 3}	false
		${"A"<="A"}或${"A" le "A"}	true
>=或 ge	大于或等于	${4>=3}或${4 ge 3}	true
		${"A">="B"}或${"A" ge "B"}	false

2. 逻辑运算符

在进行比较运算时，如果涉及两个或两个以上判断条件时，例如，要判断变量是否大于或等于 90，并且小于或等于 100，就需要用到逻辑运算符。由逻辑运算符和操作数组成的表达式为逻辑表达式，其值为 Boolean 型或是可以转换为 Boolean 型的字符串，并且返回结果也是Boolean 型。EL 的逻辑运算符如表 10-5 所示。

表 10-5　EL 的逻辑运算符

运算符	功能	示例	结果
&& 或 and	与	${true && false} 或{true and false}	false
		${"true" && "true"} 或${"true" and "true"}	true
‖ 或 or	或	${true ‖ false}或${true or false}	true
		${false ‖ false}或${false or false}	false
! 或 not	非	${!true}或${not true}	false
		${!false}或${not false}	true

在进行逻辑运算时，在表达式的值确定时停止运算。例如，在表达式 A and B and C 中，如果 A 为 true，B 为 false，则只计算 A and B，并返回 false；再如，在表达式 A or B or C 中，如果 A 为 true，B 为 false，则只计算 A or B，然后返回 true。

【例 10-13】通过 EL 输出数组的所有元素。

创建 array_list.jsp 文件。首先定义两个 request 范围内的变量，并赋初始值，然后将这两个变量和关系运算符、逻辑运算符组成条件表达式，并输出运算结果。array_list.jsp 文件的关键代码如下：

```
<body>
<%
```

```
request.setAttribute("username","apple");        //定义 request 范围内的变量 username
request.setAttribute("password","Apple2022#");    //定义 request 范围内的变量 password
%>
\${username!="" and (username=="苹果")}          <!-- 将 EL 原样输出 -->
${username!="" and username=="苹果"}<br>         <!-- 输出由关系和逻辑运算符组成的表达式的值 -->
\${username=="apple" and password=="apple"}       <!-- 将 EL 原样输出 -->
${username=="mr" and password=="mrsoft" }        <!-- 输出由关系和逻辑运算符组成的表达式的值 -->
</body>
```

运行程序，效果如图 10-5 所示。

图 10-5　通过 EL 输出数组中的全部元素

10.4.7　在 EL 中进行条件运算

EL 中也可以通过条件运算符来进行条件运算，语法格式如下：

${条件表达式? 表达式 1:表达式 2}

其中有"条件表达式""表达式 1"和"表达式 2"3 个参数。

- 条件表达式：用于指定一个条件表达式，表达式的值为 Boolean 型。表达式可以由关系运算符、逻辑运算符和 empty 运算符组成。
- 表达式 1：条件表达式的值为 true 时返回的值。
- 表达式 2：条件表达式的值为 false 时返回的值。

在上面的语法中，如果条件表达式为真，则返回表达式 1 的值，否则返回表达式 2 的值。

【例 10-14】当变量 cart 的值为空时，输出"cart 为空"，否则输出 cart 的值。具体代码如下：

${empty cart?"cart 为空":cart}

通常情况下，条件运算符可以用 JSTL 中的条件标签<c:if>或<c:choose>替代。

10.5　EL 的隐含对象

为了能够获得 Web 应用程序中的相关数据，EL 提供了 11 个隐含对象，如表 10-6 所示，这些对象类似于 JSP 的内置对象，可以直接通过对象名操作。在 EL 的隐含对象中，除 PageContext 是 JavaBean 对象并对应于 javax.servlet.jsp.PageContext 类型外，其他隐含对象都对应于 java.util.Map 类型。这些隐含对象可以分为页面上下文对象、访问作用域范围的隐含对象和访问环境信息的隐含对象。

表 10-6　EL 提供的隐含对象

变量	类型	作用
pageContext	PageContextImpl	获取 JSP 中的九大隐含对象
pageScope	Map<String,Object>	获取 pageContext 域中的数据
requestScope	Map<String,Object>	获取 request 域中的数据
sessionScope	Map<String,Object>	获取 session 域中的数据
applicationScope	Map<String,Object>	获取 application 域(ServletContext)中的数据
param	Map<String,String>	获取请求参数的值
paramValues	Map<String,String[]>	获取请求参数的值，获取多个值的时候使用
header	Map<String,String>	获取请求头的信息
headerValues	Map<String,String[]>	获取请求头的信息，它可以获取多个值的情况
cookie	Map<String,Cookie>	获取当前请求的 Cookie 信息
initParam	Map<String,String>	获取在 web.xml 中配置的<context-param>上下文

10.5.1　页面上下文对象

　　EL 表达式中的 pageContext 可以获取 JSP 中的 9 个隐含对象，这些对象的原型可以通过查看其转换后的 Servlet 类得知。比如 JSP 中的 request 对象就是 HttpRequest 对象，session 对象就是 HttpSession 对象，我们可以调用其暴露出来的 getter 方法，而 EL 表达式只不过是以 "." 的形式执行其 getter 方法。

　　【例 10-15】通过 PageContext 获取页面上下文信息。

```
<body>
    1.获取请求的协议: ${pageContext.request.scheme }<br />
    2.获取服务器 IP: ${pageContext.request.serverName }<br />
    3.获取服务器端口: ${pageContext.request.serverPort }<br />
    4.获取工程路径: ${pageContext.request.contextPath }<br />
    5.获取请求方法: ${pageContext.request.method }<br />
    6.获取客户端 IP: ${pageContext.request.remoteHost }<br />
    7.获取会话 ID: ${pageContext.session.id }<br />
</body>
```

运行以上程序代码，运行结果如图 10-6 所示。

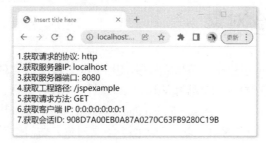

图 10-6　程序运行结果

1. 访问 request 对象

通过 pageContext 获取 JSP 内置对象中的 request 对象，格式如下：

```
${pageContext.request}
```

获取到 request 对象后，可以通过该对象获取与客户端相关的信息，包括 HTTP 报头信息、客户信息提交方式、客户端主机 P 地址和端口号等。例如，访问 getServerPort()方法，格式如下：

```
${pageContext.request.serverPort}
```

这行代码将返回端口号，这里为 8080。

2. 访问 response 对象

通过 pageContext 获取 JSP 内置对象中的 response 对象，格式如下：

```
${pageContext.response}
```

获取到 response 对象后，就可以通过该对象获取与响应相关的信息。例如，获取响应的内容类型，可以使用如下代码：

```
${pageContext.response.contentType}
```

这行代码将返回响应的内容类型，这里为 text/html;charset=UTF-8。

3. 访问 out 对象

通过 pageContext 获取 JSP 内置对象中的 out 对象，格式如下：

```
${pageContext.out}
```

获取到 out 对象后，就可以通过该对象获取与输出相关的信息。例如，要获取输出缓冲区的大小，可以使用如下代码：

```
${pageContext.out.bufferSize}
```

这行代码将返回输出缓冲区的大小。

4. 访问 session 对象

通过 pageContext 获取 JSP 内置对象中的 session 对象，语法格式如下：

```
${pageContext.session}
```

获取到 session 对象后，就可以通过该对象获取与 session 相关的信息。例如，获取 session 的有效时间，可以使用如下代码：

```
${pageContext.session.maxlnactivelntervaly}
```

这行代码将返回 session 的有效时间，这里为 1800 秒，即 30 分钟。

5. 访问 exception 对象

通过 pageContext 获取 JSP 内置对象中的 exception 对象，语法格式如下：

```
${pageContext.exception}
```

获取到 exception 对象后，就可以通过该对象获取 JSP 页面的异常信息。例如，要获取异常信息字符串，可以使用如下代码：

```
${pageContext.exception.message}
```

在使用该对象时，也需要在可能出现错误的页面中指定错误处理页，并且在错误处理页中指定 page 指令的 isErrorPage 属性值为 true，然后使用上面的 EL 输出异常信息。

6. 访问 page 对象

通过 pageContext 获取 JSP 内置对象中的 page 对象，语法格式如下：

```
${pageContext.page}
```

获取到 page 对象后，就可以通过如下代码获取当前页面的类文件：

```
${pageContext.page.class}
```

这行代码返回当前页面的类文件，这里为 class org.apache.jsp.index.jsp。

7. 访问 servletContext 对象

通过 pageContext 获取 JSP 内置对象中的 servletContext 对象，语法格式如下：

```
${pageContext.servletContext}
```

获取到 servletContext 对象后，就可以通过该对象获取 servlet 上下文信息。例如，要获取 servlet 上下文路径，代码如下：

```
${pageContext.servletContext.contextPath}
```

这行代码将返回当前页面的上下文路径。

10.5.2 访问作用域范围的隐含对象

EL 提供了 4 个用于访问作用域范围的隐含对象，即 pageScope、requestScope、sessionScope 和 applicationScope。应用隐含对象指定要查找的标识符作用域后，系统将不再按照默认顺序(page、request、session 及 application)来查找相应的标识符。这些隐含对象与 JSP 中的 page、request、session 及 application 内置对象类似，只不过这些隐含对象只能用来取得指定范围内的属性值，而不能取得其他相关信息。下面将介绍这 4 个隐含对象。

1. pageScope 隐含对象

pageScope 隐含对象用于获取 page(页面)范围内的属性值的集合，返回值为 java.util.Map 对象。下面通过例子介绍 pageScope 隐含对象的应用。

【例 10-16】通过 pageScope 隐含对象读取 page 范围内的 JavaBean 的属性值。

(1) 创建一个名称为 UserInfo 的 JavaBean，并将其保存到 com.jsp.bean 包中。在该 JavaBean 中包括一个 name 属性，具体代码如下：

```
package com.jsp.bean;
public class UserInfo {
```

```
        private String name ="";                //用户名
        public void setName(String name){       //name 属性对应的 set()方法
            this.name = name;
        }
        public String getName(){                //name 属性对应的 get()方法
        return name;
        }
}
```

(2) 编写 show_user.jsp 文件，在该文件中应用<jsp:useBean>动作标识，创建一个 page 范围内的 JavaBean 实例，并设置 name 属性的值为"张三"。具体代码如下：

```
<jsp:useBean id="user" scope="page" class="com.jsp.bean.UserInfo" type="com.jsp.bean.UserInfo">
    <jsp:setProperty name="user" property="name" value="张三" />
</jsp:useBean>
```

(3) 在 show_user.jsp 的<body>标记中，应用 pageScope 隐含对象获取该 JavaBean 实例的 name 属性，代码如下：

```
${pageScope.user.name}
```

运行程序，结果如图 10-7 所示。

图 10-7 读取 JavaBean 属性值

2. requestScope 隐含对象

requestScope 隐含对象用于获取包含 request(请求)范围内的属性值的集合，返回值为 java.util.Map 对象。例如，获取保存在 request 范围内的 userName 变量，代码如下：

```
<%
    request.setAttribute("username","landy");      //定义 request 范围内的变量 username
%>
${requestScope.username}
```

3. sessionScope 隐含对象

sessionScope 隐含对象用于获取 session(会话)范围内的属性值的集合,返回值为 java.utilMap 对象。例如，获取保存在 session 范围内的 username 变量，代码如下：

```
<%
    session.setAttribute("username","landy");   //定义 session 范围内的变量 username
%>
${sessionScope.username}
```

4. applicationScope 隐含对象

applicationScope 隐含对象用于获取 application(应用)范围内的属性值的集合，返回值为

java.util.Map 对象。例如，获取保存在 application 范围内的 product 变量，代码如下：

```
<%
    application.setAttribute("product","飞利浦剃须刀");    //定义 application 范围内的变量 product
%>
${applicationScope.product}
```

10.5.3　访问环境信息的隐含对象

EL 提供了 6 个访问环境信息的隐含对象。下面详细介绍这 6 个隐含对象。

1. param 对象

param 对象用于获取请求参数的值，应用在参数值只有一个的情况。在应用 param 对象时，返回的结果为字符串。

【例 10-17】首先新建一个 JSP 页面，添加一个文本框，设置 name 属性为 username，代码如下：

```
<input name="username" type="text" />
```

当表单提交后，要获取 username 文本框的值，代码如下：

```
${param.username}
```

如果 name 文本框中可以输入中文，那么在应用 EL 输出其内容前，还需应用"request.setCharacterEncoding("GB18030");"语句设置请求的编码为支持中文的编码，否则将产生中文乱码。

2. paramValues 对象

如果一个请求参数对应多个值时，则需要使用 paramValues 对象获取请求参数的值。在应用 paramValues 对象时，返回的结果为数组。

【例 10-18】首先新建一个 JSP 页面，添加一个复选框，名称为 favor，代码如下：

```
<input name="favor" type="checkbox" id="favor" value="登山"> 跑步
<input name="favor" type="checkbox" id="favor" value="游泳"> 游泳
<input name="favor" type="checkbox" id="favor" value="慢走"> 打球
<input name="favor" type="checkbox" id="favor" value="晨跑"> 音乐
```

当表单提交后，要获取 favor 的值，代码如下：

```
<% request.setCharacterEncoding("GB18030");%>
爱好为：${paramValues.favor[0]}${paramValues.favor[1]}${paramValues.favor[2]}${paramValues.favor[3]}
```

注意：

在应用 param 和 param Values 对象时，如果指定的参数不存在，则返回空的字符串，而不是返回 null。

3. header 和 headerValues 对象

header 对象用于获取 HTTP 请求中的一个具体的 header 值，但是某些情况下，可能存在同一个 header 拥有多个值的情况，这时必须使用 headerValues 对象。

【例 10-19】获取 HTTP 请求的 header 的 connection(是否需要持久连接)属性，代码如下：

${header.connection}或${header["connection"]}

上述 EL 表达式的输出结果如图 10-8 所示。如果要获取 HTTP 请求的 header 的 user-agent 属性，则需要应用以下 EL 表达式：

${header["user-agent"]}

执行该 EL 表达式，输出结果如图 10-9 所示。

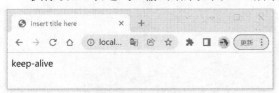

图 10-8　应用 header 对象获取的 connection 属性　　图 10-9　应用 header 对象获取的 user-agent 属性

4. initParam 对象

initParam 对象用于获取 Web 应用初始化参数的值。

【例 10-20】在 Web 应用的 web.xml 文件中设置一个初始化参数 author，用于指定作者。代码如下：

```
<context-param>
    <param-name>author</param-name>
    <param-value>landy</param-value>
</context-param>
```

应用 EL 获取 author 参数，代码如下：

${initParam.author}

【例 10-21】获取并显示 Web 应用初始化参数。

(1) 打开 web.xml 文件，在</web-app>标记的上方添加以下设置初始化参数的代码：

```
<context-param>
    <param-name>baidu</param-name>
    <param-value>百度一下，生活更美好</param-value>
</context-param>
```

以上代码设置了一个名称为 baidu 的参数，参数值为"百度一下，生活更美好"。

(2) 编写 baidu.jsp 文件，应用 EL 表达式获取并显示初始化参数 baidu，代码如下：

百度科技：${initParam.baidu}

运行代码，显示结果如图 10-10 所示。

5. cookie 对象

虽然 EL 并没有提供向 cookie 中保存值的方

图 10-10　获取初始化参数

法，但是它提供了访问由请求设置的 cookie 的方法，因此可以通过 cookie 隐含对象实现。如果在 cookie 中已经设定一个名称为 username 的值，那么可以使用${cookie.username}来获取该 cookie 对象。但是如果要获取 cookie 中的值，需要使用 cookie 对象的 value 属性。

【例 10-22】使用 response 对象设置一个请求有效的 cookie 对象，然后使用 EL 获取该 cookie 对象的值，代码如下：

```
<%
    Cookie myCookie = new Cookie("username","landy");
    response.addCookie(myCookie);
%>
${cookie.username.value}
```

运行代码，将在页面中显示 landy。

说明：

所谓的 cookie 是一个文本文件，它以 key、value 的方法将用户会话信息记录在该文本文件中，并将其暂时存放在客户端浏览器中。

10.6 定义和使用 EL 函数

在 EL 中，允许定义和使用函数。本节介绍如何定义、使用 EL 函数以及常见的错误。

10.6.1 定义和使用函数

函数的定义和使用分为以下 3 个步骤。

(1) 编写一个 Java 类，并在该类中编写公用的静态方法，用于实现自定义 EL 函数的具体功能。

(2) 编写标签库描述文件，对函数进行声明。该文件的扩展名为.tld，被保存到 Web 应用的 WEB-INF 文件夹下。

(3) 在 JSP 页面中引用标签库，并调用定义的 EL 函数，实现相应的功能。

下面将通过一个具体的实例介绍 EL 函数的定义和使用。

【例 10-23】定义 EL 函数，用于处理字符串中的回车换行符和空格符。

(1) 编写名称为 StringDeal 的 Java 类，保存在 com.jsp.bean 包中。在该类中定义公用静态方法 shiftEnter()，在该方法中替换输入字符串中的回车换行符为
、空格符为 ，最后返回替换后的字符串。代码如下：

```
package com.jsp.bean;
public class StringDeal {
    public static String shiftEnter(String str){          //定义公用的静态方法
        String newStr = str.replaceAll("rin","<br>");     //替换回车换行符
        newStr = newStr.replaceAll(""," ");          //替换空格符
        return newStr;
    }
}
```

(2) 编写标签库描述文件，名称为 stringDeal.tld，并将其保存到 WEB-INF 文件夹下。代码如下：

```
<?xml version="1.0" encoding="UTF-8"?>
<taglib xmlns="http://java.sun.com/xml/ns/j2ee" xmlns:xsi="http://www.w3.org/2001/XMLSchema-instance"
xsi:schemaLocation="http://java.sun.com/xml/ns/j2ee web-jsptaglibrary 2 0.xsd" version="2.0">
<tlib-version>1.0</tlib-version>
<uri>/stringDeal</uri>
<function>
<name>shiftEnter</name>
<function-class>com.jsp.bean.StringDeal</function-class>
<function-signature>java.lang.String shiftEnter(java.lang.String)
</function-signature>
</function>
</taglib>
```

参数说明如下。

- <uri>标记：指定 tld 文件的映射路径。在应用 EL 函数时，需要使用该标记指定的内容。
- <name>标记：指定 EL 函数所对应方法的方法名，通常与 Java 文件中的方法名相同。
- <function-class>标记：指定 EL 函数所对应的 Java 文件，这里需要包括包名和类名，例如，在以上代码中，包名为 com.jsp.bean，类名为 StringDeal。
- <function-signature>标记：指定 EL 函数所对应的静态方法，这里包括返回值的类型和入口参数的类型。在指定这些类型时，需要使用完整的类型名，例如，以上代码不能指定该标记的内容为 "String shiftEnter(String)"。

(3) 新建 show_label.jsp 文件，在文件中添加一个表单及表单元素，用于收集内容信息。关键代码如下：

```
<form name="form1" method="post" action="deal_lable.jsp">
<textarea name="content" cols="30" rows="5"></textarea>
<br>
<input type="submit" name="Button" value="提交">
</form>
```

(4) 编写表单的处理页 deal_lable.jsp 文件，在该文件中应用定义的 EL 函数，对获取到的内容信息进行处理，然后将处理结果显示到页面中。具体代码如下：

```
<%@ page language="java" contentType="text/html;charset=GB18030" pageEncoding="UTF-8" %>
<%@ taglib uri="/stringDeal" prefix="dealfn"%>
<% request.setCharacterEncoding("UTF-8");%>
<html>
<head>
<meta http-equiv="Content-Type" content="text/html;charset=UTF-8">
<title>显示结果</title>
</head>
<body>
内容为：<br>
${dealfn:shiftEnter(param.content)}
```

```
</body>
</html>
```

运行程序 show_label.jsp，页面将显示一个内容编辑框和一个"提交"按钮，输入如图 10-11 所示的内容，单击"提交"按钮，显示结果如图 10-12 所示。

图 10-11　输入文本

图 10-12　获取的输入结果

10.6.2　定义和使用 EL 函数时常见的错误

在定义和使用 EL 函数时，可能出现以下错误。

1. 未指定完整的类型名

在编写 EL 函数时，如果出现如图 10-13 所示的异常信息，是由于在标签库描述文件中没有指定完整的类型名而产生的。解决的方法是：在扩展名为.tld 的文件中指定完整的类型名即可。例如，在上面的这个异常中，就可以将完整的类型名设置为 com.jsp.bean.StringDeal。

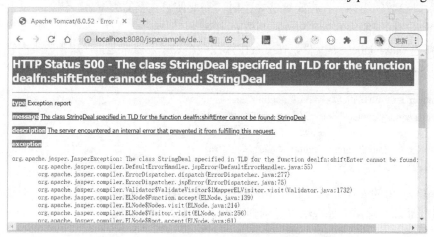

图 10-13　未指定完整的类型名产生的异常信息

2. 由于在标签库的描述文件中输入了错误的标记名产生的异常信息

在编写 EL 函数时，出现如图 10-14 所示的异常信息时，则可能是由于在标签库描述文件中输入了错误的标记名造成的。图 10-14 中的异常信息就是由于将标记<function-signature>写成了<function-signatrue>所导致的。解决的方法是：将错误的标记名修改正确，并重新启动服务器运行程序即可。

图 10-14　输入了错误的标记名产生的异常信息

3. 由于定义的方法不是静态方法所产生的异常信息

在编写 EL 函数时，出现如图 10-15 所示的异常信息时，则可能是由于在编写 EL 函数所使用的 Java 类中，定义的函数所对应的方法不是静态的所造成的。解决的方法是：将该方法修改为静态方法即可，即在声明方法时使用 static 关键字。

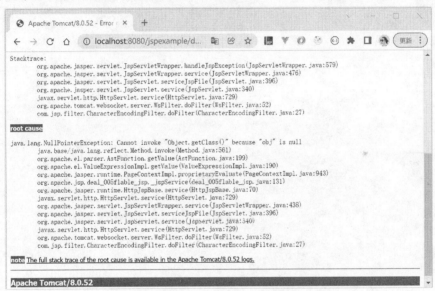

图 10-15　定义了非静态方法产生的异常信息

10.7　本章小结

本章首先对 EL 的基本语法以及 EL 的特点进行了简要介绍，其中 EL 的基本语法需要读者重点掌握；然后详细介绍了禁用 EL 的方法，从而实现与低版本的环境兼容；接下来介绍了 EL 的保留关键字、运算符及优先级和隐含对象，其中 EL 的运算符和隐含对象需要读者重点掌握；最后介绍了如何定义和使用 EL 的函数，以及定义和使用 EL 函数时可能出现的异常信息及解决方法。

10.8 实践与练习

1. 简述 EL 语言及其特点。
2. 简述 EL 的使用方法。
3. 简述通过 EL 访问数据的方法。
4. 简述 EL 的隐含对象。
5. 编写一个 JSP 程序，实现应用 EL 函数对输入文本进行编码转换，从而解决中文乱码的问题。

∞ 第 11 章 ∞

JSTL标签

JSTL(Java Server Pages Standarded Tag Library，JSP 标准标签库)是由 JCP(Java Community Process)所制定的标准规范，它主要给 Java Web 开发人员提供一个标准通用的标签库，并由 Apache 的 Jakarta 小组来维护。开发人员可以利用这些标签取代 JSP 页面上的 Java 代码，从而提高程序的可读性，降低程序的维护难度。本章将对 JSTL 的下载和配置、JSTL 核心标签进行详细介绍。

本章的学习目标：
- 了解如何配置 JSTL
- 掌握 JSTL 的核心标签库中的表达式标签、条件标签、循环标签
- 掌握 JSTL 的核心标签库中的 URL 相关标签

11.1 JSTL 的概述和配置

11.1.1 JSTL 概述

在 JSP 诞生之初，JSP 提供了在 HTML 代码中嵌入 Java 代码的特性，这使得开发者可以利用 Java 语言的优势来完成许多复杂的业务逻辑。但是，随后开发者发现在 HTML 代码中嵌入过多的 Java 代码，程序员对于动辄上千行的 JSP 代码基本丧失了维护能力，非常不利于 JSP 的维护和扩展。基于上述的这个问题，开发者尝试着使用一种新的技术来解决这一问题。因此，从 JSP1.1 规范后，JSP 增加了自定义标签库的支持，提供了 Java 脚本的复用性，提高了开发者的开发效率。

JSTL 是 SUN 公司发布的一个针对 JSP 开发的新组件。JSTL 的英文全称是 Java Server Pages Standarded Tag Library，中文全称是 JSP 标准标签库。JSTL 允许用户使用标签来进行 JSP 页面开发，而不是使用传统的 JSP 脚本代码方式开发。JSTL 几乎能够做到传统 JSP 脚本代码能做的任何事情.

JSTL 技术标准是由 JCP 组织的 JSR052 专家组发布的，Apache 组织将其列入 Jakarta 项目，Sun 公司将 JSTL 的程序包加入互联网服务开发工具包内(Web Services Developer Pack，WSDP)，作为 JSP 技术应用的一个标准。

JSTL 标签是基于 JSP 页面的，这些标签可以插入在 JSP 代码中。本质上 JSTL 也是提前定义好的一组标签，这些标签封装了不同的功能，在页面上调用标签时，就等于调用了封装起来的功能。JSTL 的目标是简化 JSP 页面的设计。对于页面设计人员来说，使用脚本语言操作动态数据是比较困难的，而采用标签和表达式语言则相对容易，JSTL 的使用为页面设计人员和程序开发人员的分工协作提供了便利。

JSTL 标识库的作用是减少 JSP 文件的 Java 代码，使 Java 代码与 HTML 代码分离，所以 JSTL 标识库符合 MVC 设计理念。MVC 设计理念的优势是将动作控制、数据处理、结果显示三者分离。

11.1.2　JSTL 配置

在使用 JSTL 之前，需要安装并配置 JSTL。JSTL 标签库可以到 Oracle 公司的官方网站上下载，在浏览器地址栏中输入"http://archive.apache.org/dist/jakarta/taglibs/standard/binaries/"，将会自动跳转至 Oracle 官方下载网址，然后下载 jakarta-taglibs-standard-1.1.2.zip 压缩包并解压。

将 jakarta-taglibs-standard-1.1.2/lib/下的两个 jar 文件(standard.jar 和 jstl.jar 文件)复制到 /WEB-INF/lib/下，将需要引入的 tld 文件复制到 WEB-INF 目录下。

在 Eclipse 中通过配置构建路径的方法，添加 JSTL 标签库的具体步骤如下：

(1) 在项目名称节点上单击鼠标右键，在弹出的快捷菜单中选择 Build Path | Configure Build Path 命令，将打开 Properties 对话框的 Java Build Path 的 Libraries 选项卡，如图 11-1 所示。

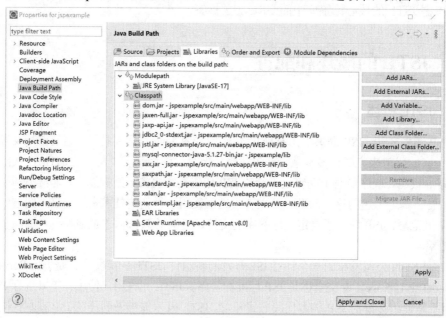

图 11-1　配置构建路径

(2) 选中 Classpath 节点，单击 Add JARs...按钮，在打开的对话框中选择刚刚复制到 WEB-INF/lib 目录下的 jar 包，如图 11-2 所示。

图 11-2　选择要添加的 jar 包

(3) 单击 OK 按钮，返回到 Java Build Path 的 Libraries 界面，完成 JSTL 库的添加。

(4) 在 web.xml 文件中添加以下配置文件：

```xml
<?xml version="1.0" encoding="UTF-8"?>
<web-app version="2.4"
    xmlns="http://java.sun.com/xml/ns/j2ee"
    xmlns:xsi="http://www.w3.org/2001/XMLSchema-instance"
    xsi:schemaLocation="http://java.sun.com/xml/ns/j2ee
        http://java.sun.com/xml/ns/j2ee/web-app_2_4.xsd">
<jsp-config>
<taglib>
<taglib-uri>http://java.sun.com/jsp/jstl/fmt</taglib-uri>
<taglib-location>/WEB-INF/fmt.tld</taglib-location>
</taglib>
<taglib>
<taglib-uri>http://java.sun.com/jsp/jstl/fmt-rt</taglib-uri>
<taglib-location>/WEB-INF/fmt-rt.tld</taglib-location>
</taglib>
<taglib>
<taglib-uri>http://java.sun.com/jsp/jstl/core</taglib-uri>
<taglib-location>/WEB-INF/c.tld</taglib-location>
</taglib>
<taglib>
<taglib-uri>http://java.sun.com/jsp/jstl/core-rt</taglib-uri>
<taglib-location>/WEB-INF/c-rt.tld</taglib-location>
</taglib>
<taglib>
<taglib-uri>http://java.sun.com/jsp/jstl/sql</taglib-uri>
<taglib-location>/WEB-INF/sql.tld</taglib-location>
</taglib>
<taglib>
<taglib-uri>http://java.sun.com/jsp/jstl/sql-rt</taglib-uri>
<taglib-location>/WEB-INF/sql-rt.tld</taglib-location>
```

```
    </taglib>
    <taglib>
    <taglib-uri>http://java.sun.com/jsp/jstl/x</taglib-uri>
    <taglib-location>/WEB-INF/x.tld</taglib-location>
    </taglib>
    <taglib>
    <taglib-uri>http://java.sun.com/jsp/jstl/x-rt</taglib-uri>
    <taglib-location>/WEB-INF/x-rt.tld</taglib-location>
    </taglib>
    </jsp-config>
</web-app>
```

至此，下载并配置 JSTL 的基本步骤就完成了。这时即可在项目中使用 JSTL 标签库。

11.2　JSTL 标签库简介

11.2.1　JSP 标准标签库(JSTL)

　　JSP 标准标签库(JSTL)是一个 JSP 标签集合，它封装了 JSP 应用的通用核心功能。JSTL 支持通用的、结构化的任务，比如迭代、条件判断、XML 文档操作、国际化标签、SQL 标签。此外，它还提供了一个框架来使用集成 JSTL 的自定义标签。

　　根据 JSTL 标签所提供的功能，可以将其分为 5 个类别：核心标签库、格式标签库、SQL 标签库、XML 标签库和函数标签库。

　　在使用这些标签库之前，必须在 JSP 页面的顶部使用<%@taglib%>指令，引入待引用的标签库和访问前缀。

　　使用核心标签库的 taglib 指令格式如下：

```
<%@ taglib prefix="c" uri="http://java.sun.com/jsp/jstl/core" %>
```

　　使用格式标签库的 taglib 指令格式如下：

```
<%@taglib prefix="fmt" uri="http://java.sun.com/jsp/jstl/fmt"%>
```

　　使用 SQL 标签库的 taglib 指令格式如下：

```
<%@taglib prefix="sql" uri="http://java.sun.com/jsp/jsti/sql"%>
```

　　使用 XML 标签库的 taglib 指令格式如下：

```
<%@taglib prefix="xml" uri="http://java.sun.com/jsp/jstl/xml"%>
```

　　使用函数标签库的 taglib 指令格式如下：

```
<%@taglib prefix="fn" uri="http://java.sun.com/jsp/jstl/functions"%>
```

11.2.2　核心标签库

　　核心标签是最常用的 JSTL 标签。核心标签库主要用于完成 JSP 页面的常用功能，包括 JSTL

的表达式标签、URL 标签、流程控制标签和循环标签共 4 种标签。其中，表达式标签包括<c:out>、<c:set>、<c:remove>和<c:catch>；URL 标签包括<c:import>、<c:redirect>、<c:url>和<c:param>；流程控制标签包括<c:if>、<c:choose>、<c:when>和<c:otherwise>；循环标签包括<c:forEach>和<c:forTokens>。核心标签库提供的标签及其说明如表 11-1 所示。

表 11-1　核心标签库提供的标签及其说明

标签	说明
<c:out>	用于在 JSP 中显示数据，类似于<%= ... %>
<c:set>	用于保存数据
<c:remove>	用于删除数据
<c:catch>	用来处理产生错误的异常状况，并且将错误信息存储起来
<c:import>	导入站内或其他网站的静态和动态文件到 Web 页面中
<c:redirect>	将客户端发出的 request 请求重定向到其他 URL 服务端
<c:url>	使用可选的查询参数来创建一个 URL
<c:param>	检索一个绝对或相对 URL，然后将其内容暴露给页面
<c:if>	与我们在一般程序中用的 if 一样
<c:choose>	本身只当作<c:when>和<c:otherwise>的父标签
<c:when>	<c:choose>的子标签，用来判断条件是否成立
<c:otherwise>	<c:choose>的子标签，接在<c:when>标签后，当<c:when>标签判断为 false 时被执行
<c:forEach>	根据循环条件，遍历数组和集合类中的所有或部分数据
<c:forTokens>	迭代字符串中由分隔符分隔的各成员

11.2.3　格式标签库

JSTL 格式化标签用来格式化并输出文本、日期、时间、数字。格式标签库提供了简单的国际化标记，也被称为 I18N 标签库，用于处理和解决国际化相关的问题。另外，格式标签库中还包含用于格式化数字和日期显示格式的标签。格式标签库提供的标签及其说明如表 11-2 所示。

表 11-2　格式标签库提供的标签及其说明

标签	说明
<fmt:formatNumber>	使用指定的格式或精度格式化数字
<fmt:parseNumber>	解析一个代表数字、货币或百分比的字符串
<fmt:formatDate>	使用指定的风格或模式格式化日期和时间
<fmt:parseDate>	解析一个代表日期或时间的字符串
<fmt:bundle>	绑定资源
<fmt:setLocale>	指定地区
<fmt:setBundle>	设置绑定资源
<fmt:timeZone>	指定时区

（续表）

标签	说明
<fmt:setTimeZone>	设置指定时区
<fmt:message>	显示资源配置文件信息
<fmt:requestEncoding>	设置 request 的字符编码

11.2.4 SQL 标签库

JSTL SQL 标签库提供了与关系数据库(如 Oracle、MySQL、SQL Server 等)进行交互的标签。使用 SQL 标签，可以简化对数据库的访问。如果结合核心标签库，可以方便地获取结果集，并迭代输出结果集中的数据。SQL 标签库提供的标签及其说明如表 11-3 所示。

表 11-3 SQL 标签库提供的标签及其说明

标签	说明
<sql:setDataSource>	指定数据源
<sql:query>	运行 SQL 查询语句
<sql:update>	运行 SQL 更新语句
<sql:param>	将 SQL 语句中的参数设为指定值
<sql:dateParam>	将 SQL 语句中的日期参数设为指定的 java.util.Date 对象值
<sql:transaction>	在共享数据库连接中提供嵌套的数据库行为元素，将所有语句以一个事务的形式来运行

11.2.5 XML 标签库

JSTL XML 标签库提供了创建和操作 XML 文档的标签。在使用 xml 标签前，必须将 XML 和 XPath 的相关包复制至<Tomcat 安装目录>\lib 下。

XML 标签库可以处理和生成 XML 的标记，使用这些标记可以很方便地开发基于 XML 的 Web 应用。XML 标签库提供的标签及其说明如表 11-4 所示。

表 11-4 XML 标签库提供的标签及其说明

标签	说明
<x:parse>	解析 XML 数据
<x:set>	设置 XPath 表达式
<x:if>	判断 XPath 表达式，若为真，则执行本体中的内容，否则跳过本体
<x:forEach>	迭代 XML 文档中的节点
<x:choose>	<x:when>和<x:otherwise>的父标签
<x:when>	<x:choose>的子标签，用来进行条件判断

标签	说明
<x:otherwise>	<x:choose>的子标签，当<x:when>判断为 false 时被执行
<x:transform>	将 XSL 转换应用在 XML 文档中
<x:param>	与<x:transform>共同使用，用于设置 XSL 样式表

11.2.6　函数标签库

函数标签库提供了一系列字符串操作函数，用于完成分解字符串、连接字符串、返回子串、确定字符串是否包含特定的子串等功能。函数标签库提供的标签及其说明如表 11-5 所示。

表 11-5　函数标签库提供的标签及其说明

标签	说明
fn:contains()	测试输入的字符串是否包含指定的子串
fn:containsIgnoreCase()	测试输入的字符串是否包含指定的子串，大小写不敏感
fn:endsWith()	测试输入的字符串是否以指定的后缀结尾
fn:escapeXml()	跳过可以作为 XML 标记的字符
fn:indexOf()	返回指定字符串在输入的字符串中出现的位置
fn:join()	将数组中的元素合成一个字符串，然后输出
fn:length()	返回字符串长度
fn:replace()	将输入的字符串中指定的位置替换为指定的字符串，然后返回
fn:split()	将字符串用指定的分隔符分隔，然后组成一个子字符串数组并返回
fn:startsWith()	测试输入的字符串是否以指定的前缀开始
fn:substring()	返回字符串的子集
fn:substringAfter()	返回字符串在指定子串之后的子集
fn:substringBefore()	返回字符串在指定子串之前的子集
fn:toLowerCase()	将字符串中的字符转为小写
fn:toUpperCase()	将字符串中的字符转为大写
fn:trim()	移除首尾的空白符

11.3　表达式标签

由于 JSTL 的核心标签库是最常用的标签库，接下来章节将详细介绍常用标签的使用。JSTL 的核心标签库提供了 4 个表达式标签：<c:out>、<c:set>、<c:remove>和<c:catch>标签。

11.3.1　输出标签

<c:out>标签用于将表达式的值输出到 JSP 页面中，该标签类似于 JSP 的表达式<%=表达式

%>，或者 EL 表达式${expression}。<c:out>标签有两种语法格式：一种没有标签体，另一种有标签体，这两种语言的输出结果完全相同。

没有标签体的语法格式如下：

```
<c:out value="expression" [escapeXml="true | false"][default="defaultValue"]/>
```

有标签体的语法格式如下：

```
<c:out value="expression" [escapeXml="true | false"]>
    defalultValue
</c:out>
```

参数说明如下。

- value：用于指定将要输出的变量或表达式。该属性的值类似于 Object，可以使用 EL。
- escapeXml：可选属性，用于指定是否转换特殊字符，可以被转换的字符如表 11-6 所示。其属性值为 true 或 false，默认值为 true，表示转换。

表 11-6　可被转换的字符

字符	字符实体代码	字符	字符实体代码
<	&lt;	>	&gt;
'	&#039;	"	&#034;
&	&amp;		

- default：可选属性，用于指定当 value 属性值等于 null 时，将要显示的默认值。如果没有指定该属性，并且 value 属性的值为 null，该标签将输出空的字符串。

【例 11-1】应用<c:out>标签输出字符串"水平线标记<hr>"。

编写 cout.jsp 文件，在该文件中，首先应用 taglib 指令引用 JSTL 的核心标签库，然后添加两个<c:out>标签，用于输出字符串"水平线标记<hr>"，这两个<c:out>标签的 escapeXml 属性的值分别为 true 和 false。cout.jsp 文件的具体代码如下：

```
<%@page language="java" contentType="text/html;charset=UTF-8" pageEncoding="UTF-8" %>
<%@taglib prefix="c" uri="http://java.sun.com/jsp/jstl/core"%>
<head>
<meta http-equiv="Content-Type" content="text/html;charset=UTF-8">
<title>应用&lt;c:out&gt;标签输出字符串"水平线标记&lt;hr&gt;"</title>
</head>
<body>
    escapeXml 属性为 true 时：
    <c:out value="水平线标记<hr>" escapeXml="true"></c:out>
    <br>
    escapeXml 属性为 false 时：
    <c:out value="水平线标记<hr>" escapeXml="false"></c:out>
</body>
```

运行程序，结果如图 11-3 所示。

图 11-3　在页面中输出水平线

从图 11-3 中可以看出，当 scapeXml 属性值为 true 时，输出字符串中的<hr>被以字符串的形式输出了，而当 scapeXml 属性值为 false 时，字符串中的<hr>则被当作 HTML 标记进行输出。这是因为，当 scapeXml 属性值为 true 时，已经将字符串中的<和>符号转换为对应的实体代码，所以在输出时，就不会被当作 HTML 标记进行输出了，这一点可以通过查看源代码看出。本实例在运行后，将得到下面的源代码：

```
<!DOCTYPE html>
<html>
<head>
<meta http-equiv="Content-Type" content="text/html;charset=UTF-8">
<title>应用&lt;c:out&gt;标签输出字符串"水平线标记&lt;hr&gt;"</title>
</head>
<body>
    escapeXml 属性为 true 时：
    水平线标记&lt;hr&gt;
    <br>
    escapeXml 属性为 false 时：
    水平线标记<hr>
</body>
</html>
```

11.3.2　变量设置标签

<c:set>标签用于在指定范围(page、request、session 或 application)中定义变量，或为指定的对象设置属性值。使用该标签可以在页面中定义变量，而不用在 JSP 页面中嵌入 Java 代码。<c:set>标签有 4 种语法格式。

语法 1：在 scope 指定的范围内将变量值存储到变量中。

```
<c:set var="name" value="value"[scope="范围"]/>
```

语法 2：在 scope 指定的范围内将标签体存储到变量中。

```
<c:set var="name" [scope="page]request]session]application"]>
    标签体
</c:set>
```

语法 3：将变量值存储到 target 属性指定的目标对象的 propName 属性中。

```
<c:set value="value" target="object" property="propName"/>
```

语法 4：将标签体存储到 target 属性指定的目标对象的 propName 属性中。

```
<c:set target="object" property="propName">
标签体
</c:set>
```

参数说明如下。

- var：变量名。通过该标签定义的变量名，可以通过 EL 指定为<c:out>的 value 属性内容的值。
- value：变量值，可以使用 EL 表达式。
- scope：指定变量的作用域，默认值为 page。可选值包括 page、request、session 和 application。
- target：指存储变量值或者标签体的目标对象，可以是 JavaBean 或 Map 集合对象。
- property：用于指定目标对象存储数据的属性名。

【例 11-2】应用<c:set>标签定义变量并赋值。

(1) 编写一个名称为 UserInfo 的 JavaBean，并将其保存到 com.jsp.bean 包中。在该 JavaBean 中添加一个 name 属性，并为该属性应用 setXxx()和 getXxx()方法。具体代码如下：

```
package com.jsp.bean;
public class UserInfo {
    private String name ="";   //用户名
    public void setName(String name){    //name 属性对应的 set()方法
        this.name = name;
    }
    public String getName(){    //name 属性对应的 get()方法
    return name;
    }
}
```

(2) 编写 cset.jsp 文件，在该文件中，首先应用 taglib 指令引用 JSTL 的核心标签库；然后通过<c:set>标签定义 request 范围内的变量 username，应用<c:out>标签输出该变量；接下来应用<jsp:useBean>动作标识创建 JavaBean 的实例；最后应用<c:set>标签为 JavaBean 中的 name 属性设置属性值，应用<c:out>标签输入该属性。cset.jsp 文件的具体代码如下：

```
<%@ page language="java" contentType="text/html; charset=utf-8" pageEncoding="utf-8" isELIgnored="true" %>
<%@taglib prefix="c" uri="http://java.sun.com/jsp/jstl/core"%>
<!DOCTYPE html>
<html>
<head>
<meta http-equiv="Content-Type" content="text/html;charset=UTF-8">
<title>应用&lt;c:set&gt;标签的应用</title>
</head>
<body>
<ul>
    <li>定义 request 范围内的变量 username</li><br>
    <c:set var="username" value="百度科技" scope="request"/>
    <c:out value="username 的值为：${username}"/>
    <li>设置 UserInfo 对象的 name 属性</li>
```

```
            <jsp:useBean class="com.jsp.bean.UserInfo" id="userInfo"/>
            <c:set target="${userInfo}" property="name">landy</c:set><br>
            <c:out value="UserInfo 的 name 属性值为：${userInfo.name}"></c:out>
        </ul>
    </body>
</html>
```

运行程序，结果如图 11-4 所示。在使用语法 3 和语法 4 时，如果 target 属性值为 null，属性值不是 java.util.Map 对象或者不是 JavaBean 对象的有效属性，会抛出如图 11-5 所示的异常。如果在程序开发过程中遇到类似的异常信息，则需要检查 target 属性的值是否合法。

图 11-4　在页面中输出 JavaBean 的值

图 11-5　target 属性值不合法时产生的异常

如果在使用<c:set>标签的语法 3 和语法 4 时，出现如图 11-6 所示的异常信息，这是因为该标签的 property 属性值指定了一个 target 属性指定 Map 对象或是 JavaBean 对象中不存在的属性而产生的。

图 11-6　property 属性值不合法时产生的异常

11.3.3　变量移除标签

<c:remove>标签用于移除指定的 JSP 范围内的变量，其语法格式如下：

```
<c:remove var="name" [scope="范围"]/>
```

参数说明如下。

- var：要移除的变量名。
- scope：变量的有效范围，可选值有 page、request、session 和 application，默认值为 page。如果在该标签中没有指定变量的有效范围，那么将分别在 page、request、session 和 application 的范围内查找要移除的变量并移除。例如，在一个页面中，存在不同范围的两个同名变量，当不指定范围移除该变量时，这两个范围内的变量都将被移除。为此，在移除变量时，最好指定变量的有效范围。

【例 11-3】通过<c:remove>标签移除变量。

```
<%@ page language="java" contentType="text/html; charset=utf-8" pageEncoding="utf-8" isELIgnored="true" %>
<%@taglib prefix="c" uri="http://java.sun.com/jsp/jstl/core"%>
<!DOCTYPE html>
<html>
<head>
<meta http-equiv="Content-Type" content="text/html;charset=UTF-8">
<title>应用&lt;c:remove&gt;标签移除变量</title>
</head>
<body>
<ul>
    <li>定义 request 范围内的变量 username</i><br>
    <c:set var="username" value="百度科技" scope="request"/>
    username 的值为：<c:out value="${username}" />
    <li>移除 request 范围内的变量 username</li><br>
    <c:remove var="username" scope="request"/>
    username 的值为：<c:out value="${username}" default="空"/>
</ul>
</body>
</html>
```

运行程序，结果如图 11-7 所示。

图 11-7　通过<c:remove>标签移除变量

11.3.4　捕获异常标签

<c:catch>标签用于捕获程序中出现的异常，还可以将异常信息保存在指定的变量中。该标

签与 Java 语言中的 try...catch 语句类似，其语法格式如下：

```
<c:catch [var="exception"]>
    //可能存在异常的代码
</c:catch>
```

参数 var 为可选属性，用于指定保存异常信息的变量。如果不需要保存异常信息，可以省略该属性。

【例 11-4】通过<c:catch>标签捕获异常信息。

(1) 编写一个名称为 UserInfo 的 JavaBean，并将其保存到 com.jsp.bean 包中。在该 JavaBean 中添加一个 name 属性，并为该属性应用 setXxx()和 getXxx()方法。具体代码如下：

```
package com.jsp.bean;
public class UserInfo {
    private String name ="";              //用户名
    public void setName(String name){      //name 属性对应的 set()方法
        this.name = name;
    }
    public String getName(){               //name 属性对应的 get()方法
    return name;
    }
}
```

(2) 编写 ccatch.jsp 文件，在该文件中，首先应用 taglib 指令引用 JSTL 的核心标签库，然后在页面的<body>标记中添加<c:catch>标签，捕获页面中的异常信息，并将异常信息保存到变量 error 中。

接下来在<c:catch>标签中应用<jsp:useBean>动作标识创建 JavaBean 的实例，调用<c:set>标签为该 JavaBean 的 password 属性设置值，最后输出保存异常信息的变量 error。ccatch.jsp 文件的代码如下：

```
<%@ page language="java" contentType="text/html; charset=utf-8" pageEncoding="utf-8" isELIgnored="true" %>
<%@taglib prefix="c" uri="http://java.sun.com/jsp/jstl/core"%>
<!DOCTYPE html>
<html>
<head>
<meta http-equiv="Content-Type" content="text/html;charset=GB18030">
<title>应用&lt;c:catch&gt;标签捕获异常信息</title>
</head>
<body>
<c:catch var="error">
    <jsp:useBean class="com.jsp.bean.UserInfo" id="userInfo"/>
    <c:set target="${userInfo}" property="password">123456</c:set>
</c:catch>
<c:out value="${error}"/>
</body>
</html>
```

运行程序，由于 JavaBean 的 UserInfo 没有 password 属性，因此显示异常信息如图 11-8 所示。

图 11-8　抛出的异常信息

> **说明：**
> 对于本实例，如果想让其不产生异常，可以将 property 属性的属性值改为 name，或者在 JavaBean 对象 UserInfo 中添加 password 属性，以及对应的 setXxx()方法和 getXxx()方法。

　　<c:catch>标签不仅可以用来获取由其他 JSTL 标签引起的异常信息，而且可以获取页面中由其他 JSP 脚本标识和动作标识所产生的运行时异常信息，但不能是语法错误。

11.4　URL 相关标签

　　文件导入、重定向和 URL 地址生成是 Web 应用中常用的功能。JSTL 中提供的 URL 相关标签有<c:import>、<c:url>、<c:redirect>和<c:param>。其中，<c:param>标签通常与其他标签配合使用。

11.4.1　导入标签

　　<c:import>标签可以导入站内或其他网站的静态和动态文件到 Web 页面中，例如，使用<c:import>标签导入其他网站的天气信息到自己的网页中。<c:import>标签与<jsp:include>动作指令类似，所不同的是<jsp:include>只能导入站内资源，而<c:import>标签不仅可以导入站内资源，也可以导入其他网站的资源。<c:import>标签的语法格式有以下两种。

语法 1：

```
<c:import url="url" [context="context" [var="name[scope="范围"[charEncoding="encoding"]>
    [标签体]
</c:import>
```

语法 2：

```
<c:import url="url" varReader="name" [context="context"][charEncoding="encoding"]>
    [标签体]
</c:import>
```

参数说明如下。

- url：被导入文件的 URL 地址。如果指定的 url 属性为 null、空或者无效，则抛出 javax.servlet.ServletException 异常。
- context：上下文路径，用于访问同一个服务器的其他 Web 应用，其值必须以"/"开头，如果指定了该属性，那么 url 属性值也必须以"/"开头。

- var：变量名称。该变量用于以 String 类型存储获取的资源。
- scope：变量的作用范围，默认值为 page。可选值有 page、request、session 和 application。
- varReader：用于指定一个变量名，该变量用于以 Reader 类型存储被包含文件内容。
- charEncoding：被导入文件的编码格式。
- 标签体：可选，如果需要为导入的文件传递参数，则可以在标签体的位置通过<c:param>标签设置参数。

【例 11-5】应用<c:import>标签导入百度网站源代码。

```jsp
<%@ page language="java" contentType="text/html; charset=UTF-8" pageEncoding="UTF-8"
isELIgnored="true"%>
<%@ taglib prefix="c" uri="http://java.sun.com/jsp/jstl/core" %>
<html>
<head>
<title>c:import 标签实例</title>
</head>
<body>
<c:import var="data" url="https://www.baidu.com"/>
<c:out value="${data}"/>
</body>
</html>
```

运行程序，结果如图 11-9 所示。

图 11-9　程序运行效果

11.4.2　动态生成 URL 标签

　　<c:url>标签用于生成一个 URL 路径的字符串，这个生成的字符串可以赋予 HTML 的<a>标记实现 URL 的连接，或者用这个生成的 URL 字符串实现网页转发与重定向等。在使用该标签生成 URL 时，还可以与<c:param>标签相结合，动态添加 URL 的参数信息。<c:url>标签的语法格式有以下两种。

　　语法 1：

```jsp
<c:url value="url" [var="name[scope="范围"[context="context"]/>
```

该语法将输出产生的 URL 字符串信息，如果指定了 var 和 scope 属性，相应的 URL 信息就不再输出，而是存储在变量中以备后用。

语法 2:

```
<c:url value="url" var="name"][scope="范围"[context="context">
    <c:param/>
    <!--可以有多个<c:param>标签 -->
</c:url>
```

该语法不仅实现了语法 1 的功能，而且可以搭配<c:param>标签生成带参数的复杂 URL 信息。各项参数含义如下。

- value：将要处理的 URL 地址，可以使用 EL。
- context：上下文路径，用于访问同一个服务器的其他 Web 工程，其值必须以 "/" 开头。如果指定了该属性，那么 url 属性值也必须以 "/" 开头。
- var：变量名称，用于保存新生成的 URL 字符串。
- scope：变量的作用范围。

【例 11-6】应用<c:url>标签生成带参数的 URL 地址。

编写 curl.jsp 文件，在该文件中，首先通过 taglib 指令引用 JSTL 的核心标签库；然后通过<c:url>和<c:param>标签生成带参数的 URL 地址，并保存到变量 path 中；最后添加一个超链接，该超链接的目标地址是 path 变量所指定的 URL 地址。具体代码如下：

```
<%@page language="java" contentType="text/html;charset=UTF-8" pageEncoding="UTF-8"%>
<%@taglib prefix="c" uri="http://java.sun.com/jsp/jstl/core"%>
<html>
<head>
<meta http-equiv="Content-Type" content="text/html;charset=UTF-8">
<title>应用&lt;c:url&gt;标签生成带参数的 URL 地址</title>
</head>
<body>
    <c:url var="path" value="register.jsp" scope="page">
        <c:param name="user" value="landy"/>
        <c:param name="email" value="buaalandy@163.com"/>
    </c:url>
    <a href="{pageScope.path}">提交注册</a>
</body>
</html>
```

运行程序，将鼠标移动到"提交注册"超链接上，在状态栏中将显示生成的 URL 地址，如图 11-10 所示。

图 11-10 程序运行效果

11.4.3　重定向标签

<c:redirect>标签可以将客户端发出的 request 请求重定向到其他 URL 服务端，由其他程序处理客户的请求。在此期间，可以对 request 请求中的属性进行修改或添加，然后把所有属性传递到目标路径。该标签的语法格式有以下两种。

语法 1：该语法格式没有标签体，并且不添加传递到目标路径的参数信息。

```
<c:redirect url="url" [context="/context"]/>
```

语法 2：该语法格式将客户请求重定向到目标路径，并且在标签体中使用<c:param>标签传递其他参数信息。

```
<c:redirect url="url" [context="/context"]>
    <c:param/>
    <!--可以有多个<c:param>标签-->
</c:redirect>
```

参数说明如下。

- url：重定向资源的 URL，可以使用表达式 EL。
- context：在使用相对路径访问外部 context 资源时，指定资源名称。

【例 11-7】应用语法 1 将页面重定向到用户登录页面，代码如下：

```
<c:redirect url="login.jsp"/>
```

【例 11-8】<c:redirect>标签的使用。

```
<%@ page language="java" contentType="text/html; charset=UTF-8" pageEncoding="UTF-8"%>
<%@taglib prefix="c" uri="http://java.sun.com/jsp/jstl/core"%>
<html>
<head>
<title>c:redirect 标签实例</title>
</head>
<body>
<c:redirect url="https://www.baidu.com"/>
</body>
</html>
```

浏览器打开上述页面 http://java.sun.com/jsp/jstl/core，将跳转至 http://www.baidu.com。

11.4.4　传递参数标签

<c:param>标签只用于为其他标签提供参数信息，它与<c:import>、<c:redirect>和<c:url>标签组合可以实现动态定制参数，从而使标签可以完成更复杂的程序应用。语法格式如下：

```
<c:param name="paramName" value="paramValue"/>
```

参数说明如下。

- name：参数名。如果参数名为 null 或是空，该标签将不起任何作用。
- value：参数值。如果参数值为 null，该标签作为空值处理。

【例 11-9】应用<c:redirect>和<c:param>标签实现重定向页面并传递参数。

(1) 编写 credirect.jsp 页面，在该页面中通过<c:redirect>标签定义重定向页面，并通过<c:param>标签定义重定向参数。代码如下：

```jsp
<%@ page language="java" contentType="text/html; charset=UTF-8" pageEncoding="UTF-8"%>
<%@taglib prefix="c" uri="http://java.sun.com/jsp/jstl/core"%>
<html>
<head>
<meta http-equiv="Content-Type" content="text/html;charset=UTF-8">
<ctitle>重定向页面并传递参数</title>
</head>
<body>
    <c:redirect url="main.jsp">
        <c:param name="user" value="landy"/>
    </c:redirect>
</body>
</html>
```

(2) 编写 main.jsp 文件，通过 EL 显示传递的参数 user。具体代码如下：

```jsp
<%@ page language="java" contentType="text/html; charset=UTF-8" pageEncoding="UTF-8"%>
<%@taglib prefix="c" uri="http://java.sun.com/jsp/jstl/core"%>
<!DOCTYPE html>
<html>
<head>
<meta http-equiv="Content-Type" content="text/html;charset=UTF-8">
<title>显示结果</title>
</head>
<body>
    ${param.user}您好，欢迎访问我的网站！
</body>
</html>
</body>
</html>
```

运行程序，将页面重定向到 main.jsp 页面，并显示传递的参数，如图 11-11 所示。

图 11-11　获取传递的参数

11.5　流程控制标签

流程控制在程序中会根据不同的条件去执行不同的代码来产生不同的运行结果，使用流程控制可以处理程序中任何可能发生的事情。在 JSTL 中包含<c:if>、<c:choose>、<c:when>和

<c:otherwise>4 种流程控制标签。

11.5.1　条件判断标签

<c:if>条件判断标签可以根据不同的条件处理不同的业务。它与 Java 语言中的 if 语句类似，只不过该语句没有 else 标签。<c:if>标签有两种语法格式。

> **说明：**
>
> 虽然<c:if>标签没有对应的 else 标签，但是 JSTL 提供了<c:choose>、<c:when>和<c:otherwise>标签可以实现 if...else 的功能。

语法 1：该语法格式会判断条件表达式，并将条件的判断结果保存在 var 属性指定的变量中，而这个变量存在于 scope 属性所指定的范围中。

```
<c:if test="condition" var="name"[scope=page]request]session]application]/>
```

语法 2：该语法格式不但可以将 test 属性的判断结果保存在指定范围的变量中，还可以根据条件的判断结果去执行标签体。标签体可以是 JSP 页面能够使用的任何元素，例如，HTML 标记、Java 代码或者其他 JSP 标签。

```
<c:if test="condition" var="name"[scope="范围"]>
    标签体
</c:if>
```

参数说明如下。

- test：指定条件表达式，可以使用 EL。
- var：变量名，用于保存 test 属性的判断结果。
- scope：变量的有效范围，默认值为 page。可选值有 page、request、session 和 application。

【例 11-10】应用<c:if>标签判断薪资是否大于 2000，若大于则输出薪资。

```
<%@ page language="java" contentType="text/html; charset=GB18030" pageEncoding="GB18030"
isELIgnored="true"%>
<%@taglib prefix="c" uri="http://java.sun.com/jsp/jstl/core"%>
<!DOCTYPE html>
<html>
<head>
<title>c:if 标签实例</title>
</head>
<body>
<c:set var="salary" scope="session" value="${2000*2}"/>
<c:if test="${salary > 2000}">
    <p>我的工资为：<c:out value="${salary}"/><p>
</c:if>
</body>
</html>
```

运行程序，结果如图 11-12 所示。

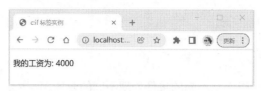

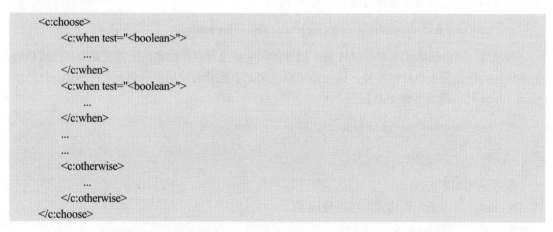

图 11-12　输出薪资信息

11.5.2　条件选择标签

<c:choose>标签可以根据不同的条件完成指定的业务逻辑，如果没有符合的条件就执行默认条件的业务逻辑。<c:choose>标签只能作为<c:when>和<c:otherwise>标签的父标签。若要实现条件选择逻辑，可以在<c:choose>标签中嵌套<c:when>和<c:otherwise>标签来完成。<c:choose>标签的语法格式如下：

```
<c:choose>
    <c:when test="<boolean>">
        ...
    </c:when>
    <c:when test="<boolean>">
        ...
    </c:when>
    ...
    ...
    <c:otherwise>
        ...
    </c:otherwise>
</c:choose>
```

<c:choose>标签没有相关属性，它只是作为<c:when>和<c:otherwise>标签的父标签来使用。并且在<c:choose>标签中，除了空白字符外，只能包括<c:when>和<c:otherwise>标签。

在一个<c:choose>标签中可以包含多个<c:when>标签来处理不同条件的业务逻辑，但是只能有一个<c:otherwise>标签来处理默认条件的业务逻辑。

> **说明：**
>
> 在运行时，首先判断<c:when>标签的条件是否为 true，如果为 true，则将<c:when>标签体中的内容显示到页面中；否则判断下一个<c:when>标签的条件，如果该标签的条件也不满足，则继续判断下一个<c:when>标签，直到<c:otherwise>标签体被执行。

【例 11-11】应用<c:choose>标签，根据不同的薪资水平，输出不同的提示语。

编写 cchoose.jsp 文件，在该文件中，首先通过 taglib 指令引用 JSTL 的核心标签库，通过<c:set>指令设置 salary 变量，用于存储薪资，在此初始化为 4000。然后添加<c:choose>标签，在该标签中，应用<c:when>标签判断保存薪资的参数 salary 是否小于或等于 0，如果是，输出"太惨了"；如果薪资大于 1000，则输出"不错的薪水，还能生活"。cchoose.jsp 文件的具体代码如下：

```
<%@ page language="java" contentType="text/html; charset=UTF-8" pageEncoding="UTF-8"
isELIgnored="true"%>
```

```
<%@ taglib uri="http://java.sun.com/jsp/jstl/core" prefix="c" %>
<html>
<head>
<title>c:choose 标签实例</title>
</head>
<body>
<c:set var="salary" scope="session" value="${2000*2}"/>
<p>你的工资为：<c:out value="${salary}"/></p>
<c:choose>
    <c:when test="${salary <= 0}">
        太惨了。
    </c:when>
    <c:when test="${salary > 1000}">
        不错的薪水，还能生活。
    </c:when>
    <c:otherwise>
        什么都没有。
    </c:otherwise>
</c:choose>
</body>
</html>
```

运行程序，结果如下：

```
你的工资为：4000
不错的薪水，还能生活。
```

11.5.3　条件测试标签

<c:when>条件测试标签是<c:choose>标签的子标签，它根据不同的条件执行相应的业务逻辑，可存在多个<c:when>标签来处理不同条件的业务逻辑。<c:when>标签的语法格式如下：

```
<c:when test="condition">
    标签体
</c:when>
```

test 为条件表达式，这是<c:when>标签必须定义的属性，它可以引用 EL 表达式。

说明：

在<c:choose>标签中，必须有一个<c:when>标签，但是<c:otherwise>标签是可选的。如果省略了<c:otherwise>标签，当所有的<c:when>标签都不满足条件时，将不会处理<c:choose>标签的标签体。

注意：

<c:when>标签必须出现在<c:otherwise>标签之前。

【例 11-12】实现分时问候。

编写 pages.jsp 文件，在该文件中，首先应用 taglib 指令引用 JSTL 的核心标签库；然后通过<c:set>标签定义两个变量，分别用于保存当前的小时数和分钟数；接着添加<c:choose>标签，通过<c:when>标签进行分时判断，显示不同的问候信息；最后应用 EL 输出当前的小时和分钟数。pages.jsp 文件的具体代码如下：

```
<%@ page language="java" contentType="text/html; charset=UTF-8" pageEncoding="UTF-8"
isELIgnored="true"%>
<%@taglib prefix="c" uri="/WEB-INF/c.tld"%>
<!DOCTYPE html>
<html>
<head>
<meta http-equiv="Content-Type" content="text/html;charset=UTF-8">
<title>实现分时问候</title>
</head>
<body>
<!-- 获取小时并保存到变量中 -->
<c:set var="hours" scope="session">
    <%=new java.util.Date().getHours()%>
</c:set>
<!-- 获取分钟并保存到变量中 -->
<c:set var="minute" scope="session">
    <%=new java.util.Date().getMinutes()%>
</c:set>
<p>当前时间为：<c:out value="${hours}"/>:<c:out value="${minute}"/></p>
<c:choose>
    <c:when test="${hours >=0 && hours <12}">
        早上好！
    </c:when>
    <c:when test="${hours >=12 && hours<19}">
        下午好！
    </c:when>
    <c:otherwise>
        晚上好！
    </c:otherwise>
</c:choose>
</body>
</html>
```

运行程序，分时显示的效果如图 11-13 所示。

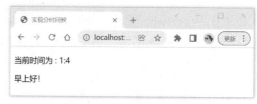

图 11-13　分时显示问候信息

<c:otherwise>标签也是<c:choose>标签的子标签，用于定义<c:choose>标签中的默认条件处理逻辑，如果没有任何一个结果满足<c:when>标签指定的条件，将会执行这个标签体中定义的逻辑代码。在<c:choose>标签范围内只能存在一个该标签的定义。<c:otherwise>标签的语法格式

如下：

```
<c:otherwise>
    //标签体
</c:otherwise>
```

注意：

<c:otherwise>标签必须定义在所有<c:when>标签的后面，也就是说，它是<c:choose>标签的最后一个子标签。

【例 11-13】抽奖程序。

编写 cwhen.jsp 文件，在该文件中，首先通过 taglib 指令引用 JSTL 的核心标签库；然后抽取幸运数字并保存到变量中；最后应用<c:choose>、<c:when>和<c:otherwise>标签，根据幸运数字显示不同的中奖信息。cwhen.jsp 文件的具体代码如下：

```
<%@ page language="java" contentType="text/html; charset=UTF-8" pageEncoding="UTF-8"
isELIgnored="true"%>
<%@taglib prefix="c" uri="/WEB-INF/c.tld"%>
<%@page import="java.util.*"%>
<!DOCTYPE html>
<html>
<head>
<meta http-equiv="Content-Type" content="text/html;charset=GB18030">
<title>幸运大抽奖</title>
</head>
<body>
<% Random rnd=new Random(); %>
<!--将抽取的幸运数字保存到变量中  -->
<c:set var="luck">
    <%=rnd.nextInt(10)%>
</c:set>
<c:choose>
    <c:when test="${luck==6}">您的运气太好了，中了一等奖！</c:when>
    <c:when test="${luck==7}">您的运气太好了，中了二等奖！</c:when>
    <c:when test="${luck==8}">您的运气太好了，中了三等奖！</c:when>
    <c:otherwise>谢谢参与！</c:otherwise>
</c:choose>
</body>
</html>
```

运行程序，中奖信息的效果如图 11-14 所示。

图 11-14　程序运行效果

11.6　循环标签

循环是程序算法中的重要功能，有很多著名的算法都需要在循环中完成，例如递归算法、查询算法和排序算法。JSTL 标签库中包含<c:forEach>和<c:forTokens>两个循环标签。

11.6.1　循环标签<c:forEach>

<c:forEach>循环标签可以根据循环条件，遍历数组和集合类中的所有或部分数据。例如，在使用 Hibernate 技术访问数据库时，返回的都是数组、java.util.List 和 java.util.Map 对象，它们封装了从数据库中查询出的数据，这些数据都是 JSP 页面需要的。

<c:forEach>标签的语法格式有以下两种。

语法 1：集合成员迭代。

```
<c:forEach items="data"[var="name"][begin="start"][end="finish"][step="step"][varStatus="statusName"]>
    //标签体
</c:forEach>
```

在该语法中，items 属性是必选属性，通常使用 EL 指定，其他属性均为可选属性。

语法 2：数字索引迭代。

```
<c:forEach begin="start" end="finish" [var="name"][varStatus="statusName"][step="step"]>
    //标签体
</c:forEach>
```

在该语法中，begin 和 end 属性是必选属性，其他属性均为可选属性。

- items：用于指定被循环遍历的对象，多用于数组与集合类。该属性的属性值可以是数组、集合类、字符串和枚举类型，并且可以通过 EL 进行指定。
- var：用于指定循环体的变量名，该变量用于存储 items 指定的对象的成员。
- begin：用于指定循环的起始位置，如果没有指定，则从集合的第一个值开始迭代。可以使用 EL。
- end：用于指定循环的终止位置，如果没有指定，则一直迭代到集合的最后一位。可以使用 EL。
- step：用于指定循环的步长，可以使用 EL。
- varStatus：用于指定循环的状态变量，该属性有 4 个状态属性，如表 11-7 所示。

表 11-7　状态属性

变量	类型	描述
index	Int	当前循环的索引值，从 0 开始
count	Int	当前循环的循环计数，从 1 开始
first	Boolean	是否为第一次循环
last	Boolean	是否为最后一次循环

- 标签体：可以是 JSP 页面显示的任何元素。

【例 11-14】 遍历 List 集合。

编写 clist.jsp 文件，在该文件中，首先通过 taglib 指令引用 JSTL 的核心标签库和 XML 库，然后创建一个包含两个元素的 books XML 对象，接着通过<c:forEach>标签遍历 List 集合中的全部元素并输出。clist.jsp 文件的具体代码如下：

```jsp
<%@ page language="java" contentType="text/html; charset=UTF-8" pageEncoding="UTF-8"
isELIgnored="true"%>
<%@ taglib prefix="c" uri="http://java.sun.com/jsp/jstl/core"%>
<%@ taglib prefix="x" uri="http://java.sun.com/jsp/jstl/x"%>
<%@page import="java.util.*"%>
<html>
<head>
<meta http-equiv="Content-Type" content="text/html; charset=UTF-8">
<title>jstl xml:foreach 标签示例</title>
</head>
<body>
    <div style="margin: auto; width: 90%">
        <h3>图书信息:</h3>
        <c:set var="xmltext">
        <books>
            <book>
                <name>Three mistakes of my life</name>
                <author>Chen Bhagat</author>
                <price>20</price>
            </book>
            <book>
                <name>Tomorrow land</name>
                <author>Little Bird</author>
                <price>190</price>
            </book>
            </books>
        </c:set>
        <x:parse xml = "${xmltext}" var = "output"/>
    <ul class = "list">
        <x:forEach select = "$output/books/book/name" var = "item">
            <li>Book Name: <x:out select = "$item" /></li>
        </x:forEach>
    </ul>
    </div>
</body>
</html>
```

说明:

在应用<c:forEach>标签时，var 属性指定的变量只在循环体内有效，这一点与 Java 语言的 for 循环语句中的循环变量类似。

运行程序，将显示如图 11-15 所示的结果。

【例 11-15】通过<c:forEach>列举 10 以内的全部奇数。

编写 cforeach.jsp 文件，首先通过 taglib 指令引用 JSTL 的核心标签库，然后通过<c:forEach>标签输出 10 以内的全部奇数。具体代码如下：

```
<%@ page language="java" contentType="text/html; charset=UTF-8" pageEncoding="UTF-8"%>
<%@ taglib prefix="c" uri="http://java.sun.com/jsp/jstl/core" %>
<!DOCTYPE html>
<html>
<head>
<meta charset="UTF-8">
<title>应用&lt;c:forEach&gt;列举 10 以内的全部奇数</title>
</head>
<body>
10 以内的全部奇数为：
<c:forEach var="i" begin="1" end="10" step="2">
    ${i}  
</c:forEach>
</body>
</html>
```

运行程序，显示结果如图 11-16 所示。

图 11-15　遍历 XML 对象　　　　　　　　　　　图 11-16　列举 10 以内的奇数

11.6.2　迭代标签<c:forTokens>

<c:forTokens>迭代标签可以用指定的分隔符将一个字符串分割开，根据分割的数量确定循环的次数。<c:forTokens>标签的语法格式如下：

```
<c:forTokens items="String" delims="char" [var="name"] [begin="start"] [end="end"] [step="len"]
[varStatus="statusName"]>
    标签体
</c:forTokens>
```

参数说明如表 11-8 所示。

表 11-8　<c:forTokens>标签参数说明

属性	说明
items	用于指定要迭代的 String 对象，该字符串通常由指定的分隔符分隔
delims	用于指定分隔字符串的分隔符，可以同时有多个分隔符
var	用于指定变量名，该变量中保存了分隔后的字符串
begin	用于指定迭代开始的位置，索引值从 0 开始

（续表）

属性	说明
end	用于指定迭代的结束位置
step	用于指定迭代的步长，默认步长为 1
varStatus	用于指定循环的状态变量，同<c:forEach>标签一样，该属性也有 4 个状态属性
标签体	可以是 JSP 页面显示的任何元素

【例 11-16】通过<c:forTokens>标签分隔字符串。

编写 cfortokens.jsp 文件，首先通过 taglib 指令引用 JSTL 的核心标签库；然后通过<c:set>标签定义一个字符串变量，并输出该字符串；最后通过<c:forTokens>标签迭代输出按指定分隔符分隔的字符串。cfortokens.jsp 文件的具体代码如下：

```
<%@ page language="java" contentType="text/html; charset=UTF-8" pageEncoding="UTF-8"%>
<%@ taglib prefix="c" uri="http://java.sun.com/jsp/jstl/core" %>
<!DOCTYPE html>
<html>
<head>
<meta charset="UTF-8">
<title>应用&lt;c:forTokens&gt;标签分隔字符串</title>
</head>
<body>
    <c:set var="sourceStr" value="pan_junbiao 的博客、Java Web：程序开发范例宝典、典型模块大全；Java：
    实例完全自学手册、典型模块大全"/>
    <b>原字符串：</b><c:out value="${sourceStr}"/>
    <br><b>分割后的字符串：</b><br>
    <c:forTokens items="${sourceStr}" delims="：、；" var="item">
        <c:out value="${item}"/><br>
    </c:forTokens>
</body>
</html>
```

运行程序，结果如图 11-17 所示。

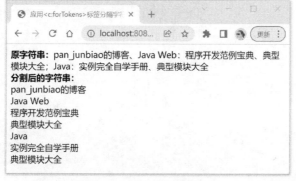

图 11-17　对字符串进行分割

11.7 本章小结

本章首先对 JSTL 标签库进行了简要介绍；然后详细介绍了 JSTL 标签库的下载和配置，其中，配置 JSTL 标签需要读者重点掌握；最后对 JSTL 核心标签库中的表达式标签、URL 相关标签、流程控制标签和循环标签进行了详细介绍，其中，JSTL 的核心标签库在实际项目开发中比较常用，需要读者重点掌握。

11.8 实践与练习

1. 简述 JSTL 的作用。
2. 简述 JSTL 的配置。
3. JSTL 有哪些常用库，分别有何作用？
4. 编写 JSP 程序，应用<c:choose>、<c:when>和<c:otherwise>标签，根据当前的星期显示不同的提示信息。
5. 编写 JSP 程序，应用 JSTL 标签显示数组中的数据。

❧ 第 12 章 ❧

自定义标签

在 JSP 页面中，最为理想的代码结构是页面中不含有 Java 代码，只含有 HTML 代码和部分标签代码，Java 代码只存在于业务逻辑处理的后台中。上一章节已经介绍了 JSTL 标签，使得 JSP 中的 Java 代码得到简化，页面逻辑更加清晰。本章将介绍 JSP 的自定义标签，通过本章的学习，读者可以做到 JSP 页面由标签组成，不留下 Java 代码。

本章的学习目标：
- 了解自定义标签及其定义方法
- 了解标签库文件的描述
- 掌握如何创建带参数的自定义标签
- 掌握如何创建嵌套的自定义标签

12.1 编写自定义标签

所谓自定义标签就是由开发者自己定义的标签，该标签具有某些特殊功能。在 JSP 页面中使用自定义标签，可以不需要写任何 Java 代码也能够实现业务功能，它可以使 JSP 页面成为一个完完全全由各种标签组成的 HTML 文件。

下面开始介绍如何自定义标签，以便读者对自定义标签有所认识。

12.1.1 版权标签

版权标签就是在 JSP 页面中显示出版权信息的标签。新建一个自定义标签的步骤如下。

1. 编写自定义标签实现类

CopyRightTag 类实现了生成版权信息并输出的功能。

```
package com.eshore;
import java.io.IOException;
import java.text.SimpleDateFormat;
import java.util.Date;
import javax.servlet.jsp.tagext.TagSupport;
public class CopyRightTag extends TagSupport{
    @Override
```

```
    public int doStartTag(){

        String copyRight = "沃德卓智版权所有  &copy2022";
        try {
            pageContext.getOut().print(copyRight);
        } catch (IOException e) {
            e.printStackTrace();
        }
        return EVAL_PAGE;
    }
    public int doEndTag(){
        return EVAL_PAGE;
    }
}
```

注意:

CopyRightTag 类若不是在编译器中编写,则需要进行编译,然后将编译好的 class 文件放在项目的/WEB-INF/classes 下面。

2. 配置标签

在自定义标签实现类编译完成后,还需要配置标签,这与 JSTL 配置是一致的,只不过自定义标签需要自己编写 tld 文件。自定义标签的 tld 文件,需要保存在项目的 WEB-INF 目录或其子目录下。

新建 copyright.tld 文件如下:

```xml
<?xml version="1.0" encoding="UTF-8" ?>
<!DOCTYPE taglib
    PUBLIC "-//Sun Microsystems, Inc.//DTD JSP Tag Library 1.2//EN"
    "http://java.sun.com/dtd/web-jsptaglibrary_1_2.dtd">
<taglib>
    <tlib-version>1.0</tlib-version>
    <jsp-version>1.2</jsp-version>
    <short-name>linl</short-name>
    <uri>/WEB-INF/copyright.tld</uri>
    <tag>
        <name>copyright</name>
        <!-- 自定义标签的实现类路径 -->
        <tag-class>com.eshore.CopyRightTag</tag-class>
        <!-- 正文内容类型   没有正文内容用 empty 表示 -->
        <body-content>empty</body-content>
        <!-- 自定义标签的功能描述 -->
        <description>自定义版权</description>
    </tag>
</taglib>
```

在上述文件中有且只有一对 taglib 标签,而 taglib 标签下可以有多个 tag 标签,每个 tag 标签代表一个自定义标签。

上述自定义标签的含义是：定义一个 copyright 的自定义标签，其对应的实现类是 com.eshore.CopyRightTag，该标签不需要标签内容，并且没有指定属性。标签文件的后缀为.tld，新建完成后要保存在 WEB-INF 文件夹下。

3. 使用自定义标签

最后一步就是如何使用标签，实际上使用自定义标签与使用 JTL 标签是一样的。

【例 12-1】一个简单的 copyright 标签示例。

copyright.jsp 是引用标签示例，源代码如下：

```
<%@ page language="java" import="java.util.*" pageEncoding="UTF-8"%>
<%@ taglib prefix="linl" uri="/WEB-INF/copyright.tld" %>
<!DOCTYPE HTML PUBLIC "-//W3C//DTD HTML 4.01 Transitional//EN">
<html>
  <head>
    <title>自定义版本标签示例</title>
  </head>
  <body>
        <p>这里是正文的内容</p>
        <linl:copyright/>
  </body>
</html>
```

在上述代码中，第 2 行代码就是引用自定义标签 copyright，引用 copyright.ld 标签库时通过 prefix 属性指定了标签前缀 linl，那么在页面中使用自定义标签时就可以直接使用标签 <linl:copyright/>来引用标签库 copyright.tld 中的 copyright 标签。页面运行结果如图 12-1 所示。

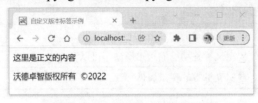

图 12-1　copyright.jsp 页面运行结果

经过以上 3 个步骤，一个完整的自定义标签就设置完成并成功应用于页面中。在后续的例子中也是按照这 3 个步骤进行的，但是不再详细描述标签的属性等内容。

12.1.2　tld 标签库描述文件

tld 标签库描述文件的实质是采用 XML 文件格式进行描述的。tld 文件中常用的元素有 taglib、tag、attribute 和 variable。下面以 copyright.tld 为例，逐个描述其含义。

1. 标签库元素<taglib>

<taglib>元素是用来设置整个标签库信息的，其属性说明如表 12-1 所示。

表 12-1　<taglib>元素属性说明

属性	说明
tlib-version	标签库版本号
jsp-version	JSP 版本号
short-name	当前标签库的前缀
uri	页面引用的自定义标签的 uri 地址
name	自定义标签名称
tag-class	自定义标签实现类路径
body-content	自定义标签正文内容(也称标签体)类型，若无则为 empty
description	自定义标签的功能描述
attribute	自定义标签功能的指定属性，可以有多个标签元素<tag>

2. 标签元素<tag>

<tag>元素用来定义标签具体的内容，其属性说明如表 12-2 所示。

表 12-2　tag 元素属性说明

属性	说明
name	自定义标签名称
tag-class	自定义标签实现类
body-content	自定义标签的正文内容(也称标签体)类型，有 3 个值：empty(表示无标签体)、JSP(表示标签体可以加入 SP 程序代码)、tagdependent(表示标签体中的内容由标签自己处理)
description	自定义标签的功能描述
attribute	自定义标签功能的指定属性，可以有多个
variable	自定义标签的变量属性

3. 标签属性元素<attribute>

<attribute>元素用来定义标签<tag>中的属性，其属性说明如表 12-3 所示。

表 12-3　attribute 元素属性说明

属性	说明
name	属性名称
description	属性描述
required	属性是否是必需的，默认值为 false
rtexprvalue	属性值是否支持 JSP 表达式
type	定义该属性的 Java 类型，默认值为 String
fragment	如果声明了该属性，属性值将被视为一个 JspFragment

需要注意的是，在编写 attribute 属性时还要注意元素顺序。

4. 标签变量元素<variable>

<variable>元素用来定义标签<tag>中的变量属性，其属性说明如表 12-4 所示。

表 12-4　variable 元素属性说明

属性	说明
declare	变量声明
description	变量描述
name-from-attribute	指定的属性名称，其值为变量，在调用 JSP 页面时可以使用的名字
name-given	变量名(标签使用时的变量名)
scope	变量的作用范围，有 3 个值：NESTED(开始和结束标签之间)、AT BEGIN(从开始标签到页面结束)、AT END(从结束标签之后到页面结束)
variable-class	变量的 Java 类型，默认值为 String

12.1.3　TagSupport 类简介

在 JSP1.0 中，自定义标签库的实现类大多继承自 TagSupport 类来实现自身的方法，其实现了 Tag 接口，有 4 个重要的方法，如表 12-5 所示。

表 12-5　TagSupport 类的 4 个重要方法

方法	说明
int doStartTag()	遇到自定义标签开始时调用该方法，有 2 个可选值： ● SKIP_BODY(表示不用处理标签体，直接调用 doEndTag()方法) ● EVAL_BODY_INCLUDE(正常执行标签体，但不对标签体做任何处理)
int doAfterBody()	重复执行标签体内容的方法，有 2 个可选值： ● SKIP_BODY(表示不用处理标签体，直接调用 doEndTag()方法) ● EVAL_BODY_AGAIN(重复执行标签体内容)
int doEndTag()	遇到自定义标签结束时调用该方法，有 2 个可选值： ● SKIP_PAGE(忽略标签后面的 JSP 内容，中止 JSP 页面执行) ● EVAL_PAGE(处理标签后，继续处理 JSP 后面的内容)
void release()	释放获得的资源

TagSupport 类中各方法的执行过程如下：

(1) 当页面中遇到自定义标签的开始标记时，先建立一个标签处理对象，JSP 容器回调 setPageContext()方法，然后初始化自定义标签的属性值。

(2) JSP 容器运行 doStartTag()方法，如果该方法返回 SKIP_BODY，则表示 JSP 忽略此标签主体的内容；如果返回 EVAL_BODY_INCLUDE，则表示 JSP 容器会执行标签主体的内容，接着运行 doAfterBody()方法。

(3) 运行 doAfterBody()方法，若返回 EVAL_BODY_AGAIN，则表示 JSP 容器再次执行标签主体的内容；若返回 SKIP_BODY，JSP 容器将会运行 doEndTag()方法。

(4) 运行 doEndTag()方法，若返回 SKIP_PAGE，则表示 JSP 容器会忽略自定义标签之后的 JSP 内容；若返回 EVAL_PAGE，则运行自定义标签以后的 JSP 内容。

TagSupport 类的生命周期如图 12-2 所示。

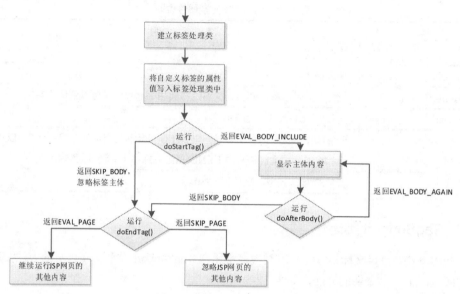

图 12-2　TagSupport 类的生命周期图

12.1.4　带参数的自定义标签

在自定义标签中，如果可以提供参数支持，那么自定义标签的应用范围就会大幅度提高。例如，对于上面显示版权标签的示例，如果能通过参数配置来指定版权所有人的名字，那么这个标签库就可以被任意使用，它将具有通用性和可配置性。

类似地，如果版权信息中的年份也可以进行指定，那么这个版权标签就不需要每年进行更新。假设满足上述需求的自定义标签名称为 copyrightV，其属性 user 用来指定版权所有人，startY 用来指定版权开始年份，那么在 JSP 页面中使用标签 copyrightV 的代码如下：

```
<%@ page language="java" import="java.util.*" pageEncoding="UTF-8"%>
<%@ taglib prefix="linl" uri="/WEB-INF/copyright.tld" %>
<!DOCTYPE HTML PUBLIC "-//W3C//DTD HTML 4.01 Transitional//EN">
<html>
  <head>
    <title>自定义版本标签示例</title>
  </head>
  <body>
        <p>这里是正文的内容</p>
        <linl:copyright user="landy" startY="2021" />
  </body>
</html>
```

1. 定义自定义标签的参数

如果需要自定义标签支持参数，那么必须在标签定义时添加参数，并在 tld 文件中添加参数属性。

当前要实现的 copyrightV 标签有 user 和 startY 两个属性，因此在 tag 标签中必须添加两个 attribute 属性标签，而每个 attribute 属性标签都通过 name 标签指定属性的名字。

copyrightV.tld 文件的完整代码如下：

```xml
<?xml version="1.0" encoding="UTF-8" ?>
<!DOCTYPE taglib
    PUBLIC "-//Sun Microsystems, Inc.//DTD JSP Tag Library 1.2//EN"
    "http://java.sun.com/dtd/web-jsptaglibrary_1_2.dtd">
<taglib>
    <tlib-version>1.0</tlib-version>
    <jsp-version>1.2</jsp-version>
    <short-name>linl</short-name>
    <uri>/WEB-INF/copyrightV.tld</uri>
    <tag>
        <name>copyrightV</name>
        <!-- 自定义标签的实现类路径 -->
        <tag-class>com.eshore.CopyRightTag2</tag-class>
        <!-- 正文内容类型  没有正文内容用 empty 表示 -->
        <body-content>empty</body-content>
        <!-- 自定义标签的功能描述 -->
        <description>自定义版权</description>
        <!-- 添加 attribute 属性 -->
        <attribute>
            <name>user</name>
            <required>true</required>
            <rtexprvalue>true</rtexprvalue>
            <type>java.lang.String</type>
            <description>版权拥有者</description>
        </attribute>
         <attribute>
            <name>startY</name>
            <required>true</required>
            <rtexprvalue>true</rtexprvalue>
            <type>java.lang.String</type>
            <description>版权拥有者</description>
        </attribute>
    </tag>
</taglib>
```

在上述代码中，添加属性的代码，并配置其属性的各个元素，它们都是必需的元素，将 type 设置成 String 类型，至此，带参数的自定义标签的 tld 文件配置完成。

2. 定义带参数的自定义标签实现类

若想实现带参数的自定义标签，还要在实现类中添加相应的属性代码。在处理类代码时，通过增加属性的 set 方法，系统可以自动将标签中的属性值传递给标签类的实例。CopyRightTag 类相对于 CopyRightTag 类增加了两个属性，因此需要增加两个私有成员变量，并分别为它们实现 set 方法。处理类 CopyRightTag2 的完整代码如下：

```java
package com.eshore;

import java.io.IOException;
import java.text.SimpleDateFormat;
import java.util.Date;
import javax.servlet.jsp.JspWriter;
import javax.servlet.jsp.tagext.BodyContent;
import javax.servlet.jsp.tagext.BodyTagSupport;

public class CopyRightTag2 extends BodyTagSupport{
    private String user;   //用户名
    private String startY;   //开始月份
    @Override
    public int doStartTag(){
        SimpleDateFormat sdf = new SimpleDateFormat("yyyy");
        String endY = sdf.format(new Date());
        String copyRight = user+" 版权所有  "+startY+"-"+endY;
        try {
            pageContext.getOut().print(copyRight);
        } catch (IOException e) {
            e.printStackTrace();
        }
        return EVAL_PAGE;
    }
    public int doAfterBody(){
        //取得标签体
        BodyContent bc = getBodyContent();
        JspWriter out = getPreviousOut();
        try{
            //将标签体中的内容写入 JSP 页面中
            out.write(bc.getString());
        }catch(IOException e){
            e.printStackTrace();
        }
        return EVAL_BODY_AGAIN;
    }
    public int doEndTag(){
        return EVAL_PAGE;
    }
    public void setUser(String user) {
        this.user = user;
    }
    public void setStartY(String startY) {
        this.startY = startY;
    }
}
```

完成标签处理类的编写后，经过编译、项目部署，程序的运行结果如图 12-3 所示。

需要注意的是，处理类未实现变量的 get 方法，是因为自定义标签在实际项目中大多是将标签的属性值传递给标签实现类处理，get 方法很少被调用，所以一般不实现 get 方法。

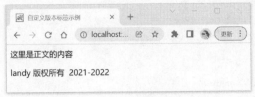

图 12-3　页面运行结果

12.1.5　带标签体的自定义标签

从 tld 标签库的描述文件中，可以看出标签体除了名称和属性外，还可以有自定义标签。因为有了标签体，自定义标签的灵活性就更高了。

> **注意：**
> 标签体的含义是指标签起始标记和标签结束标记之间的内容。若无标签体内容，就将起始标记和结束标记合二为一。

定义带标签体的自定义标签的步骤如下。

1. 定义包含标签体的 tld 文件

若要实现自定义标签包含标签体，则必须修改标签库中的 tld 定义。正如 tld 描述文件中所述，标签定义中的 bodycontent 属性用来说明当前自定义标签的标签体情况，在版权标签中它的值为 empty，表明版权标签无标签体。如果希望标签体中可以包含页面代码，则可以将其值设置为 JSP。

在标签库中添加版权标签 copyrightBodycontent，将 bodycontent 的值设定为 JSP，其源代码如下：

```xml
<?xml version="1.0" encoding="UTF-8" ?>
<!DOCTYPE taglib
    PUBLIC "-//Sun Microsystems, Inc.//DTD JSP Tag Library 1.2//EN"
    "http://java.sun.com/dtd/web-jsptaglibrary_1_2.dtd">
<taglib>
    <tlib-version>1.0</tlib-version>
    <jsp-version>1.2</jsp-version>
    <short-name>linl</short-name>
    <uri>/WEB-INF/copyrightBodycontent.tld</uri>
    <tag>
        <name>copyright</name>
        <!-- 自定义标签的实现类路径 -->
        <tag-class>com.eshore.CopyRightTag3</tag-class>
        <!-- 正文内容类型　允许有 JSP 代码-->
        <body-content>JSP</body-content>
        <!-- 自定义标签的功能描述 -->
        <description>自定义版权</description>
        <!-- 添加 attribute 属性 -->
        <attribute>
            <name>user</name>
```

```
            <required>true</required>
            <rtexprvalue>true</rtexprvalue>
            <type>java.lang.String</type>
            <description>版权拥有者</description>
        </attribute>
        <attribute>
            <name>startY</name>
            <required>true</required>
            <rtexprvalue>true</rtexprvalue>
            <type>java.lang.String</type>
            <description>开始时间</description>
        </attribute>
    </tag>
</taglib>
```

将 tld 配置文件放在 WEB-INF/tlds 目录下，标签体的版权标签就定义完成了。

2. 通过定义自定义标签处理类来处理标签体

若想使得自定义标签能够处理标签体，还需要修改标签处理类。从 TagSupport 类的生命周期可以看出，如果要处理标签体，则需要重写 doAfterBody()方法，并将类继承自 BodyTagSupport 类。

添加了 doAfterBody()方法的版权标签处理类的源代码如下：

```java
package com.eshore;
import java.io.IOException;
import java.text.SimpleDateFormat;
import java.util.Date;
import javax.servlet.jsp.JspWriter;
import javax.servlet.jsp.tagext.BodyContent;
import javax.servlet.jsp.tagext.BodyTagSupport;

public class CopyRightTag3 extends BodyTagSupport {
    private String user;            //用户名
    private String startY;          //开始月份
    @Override
    public int doStartTag() {
        SimpleDateFormat sdf = new SimpleDateFormat("yyyy");
        String endY = sdf.format(new Date());
        String copyRight = user+" 版权所有  "+startY+"-"+endY;
        try {
            pageContext.getOut().print(copyRight);
        }catch(IOException e) {
            e.printStackTrace();
        }
        return EVAL_PAGE;
    }
    public int doAfterBody() {          //取得标签体
        BodyContent bc = getBodyContent();
        JspWriter out = getPreviousOut();
        try {                           //将标签体中的内容写入 JSP 页面中
            out.write(bc.getString());
```

```
            }catch(IOException e) {
                e.printStackTrace();
            }
            return SKIP_BODY;
        }
        public int doEndTag() {            //结束标签
            return EVAL_PAGE;
        }
        public void setUser(String user) {
            this.user = user;
        }
        public void setStartY(String startY) {
            this.startY = startY;
        }
    }
}
```

上述代码中，doAfterBody()方法获取标签体内容，将标签体内容写到 JSP 页面中。至此，处理类的程序逻辑编写完成。

3. 使用带标签体的自定义标签

【例 12-2】使用带标签体的自定义标签。

copyrightBodycontent.jsp 是使用带标签体的版本标签，源代码如下：

```
<%@ page language="java" import="java.util.*" pageEncoding="UTF-8"%>
<%@ taglib prefix="linl" uri="/WEB-INF/copyrightBodycontent.tld" %>
<!DOCTYPE HTML PUBLIC "-//W3C//DTD HTML 4.01 Transitional//EN">
<html>
  <head>
    <title>自定义版本标签示例</title>
  </head>
  <body>
        <p>这里是正文的内容</p>
        <linl:copyright startY="2020" user="landy">
            <a href="http://www.baidu.com">百度一下</a>
        </linl:copyright>
  </body>
</html>
```

上述代码中加入了一个超链接，还可以加入其他 JSP 代码，它们都能被浏览器解析，并在页面上展示出来。运行效果如图 12-4 所示。

图 12-4　copyrightBodycontent.jsp 页面效果

12.1.6　多次执行的循环标签

自定义标签中的循环标签是指当标签执行 doAfterBody()方法的时候，其返回值是 EVAL_BODY_AGAIN(重复执行标签体内容)。

【例 12-3】自定义标签的循环标签。

循环标签的实现类源代码如下：

```java
package com.eshore;
import java.io.IOException;
import java.text.SimpleDateFormat;
import java.util.Date;
import javax.servlet.jsp.JspWriter;
import javax.servlet.jsp.tagext.BodyContent;
import javax.servlet.jsp.tagext.BodyTagSupport;

public class CopyRightTag3 extends BodyTagSupport{
    private static final long serialVersionUID = 1L;
    private int time;
    @Override
    public int doStartTag(){
        return EVAL_BODY_INCLUDE;
    }
    public int doAfterBody(){
        if(time>1){
            time--;
            return EVAL_BODY_AGAIN;
        }else{
            return SKIP_BODY;
        }
    }
    public int doEndTag(){
        JspWriter out = pageContext.getOut();
        try {
            out.print("");
        } catch (IOException e) {
            // TODO Auto-generated catch block
            e.printStackTrace();
        }
        return EVAL_PAGE;
    }
    public void setTime(int time) {
        this.time = time;
    }
}
```

上述代码中，当次数大于 1 时循环执行页面中的内容，否则忽略标签体的内容。

把下面代码加入 copyrightloop.tld 标签文件中：

```xml
<?xml version="1.0" encoding="UTF-8" ?>
<!DOCTYPE taglib
    PUBLIC "-//Sun Microsystems, Inc.//DTD JSP Tag Library 1.2//EN"
    "http://java.sun.com/dtd/web-jsptaglibrary_1_2.dtd">
<taglib>
    <tlib-version>1.0</tlib-version>
    <jsp-version>1.2</jsp-version>
    <short-name>linl</short-name>
    <uri>/WEB-INF/copyrightloop.tld</uri>
    <tag>
        <name>loop</name>
        <!-- 自定义标签的实现类路径 -->
        <tag-class>com.eshore.CopyRightTag4</tag-class>
        <!-- 正文内容类型　允许有 JSP 代码-->
        <body-content>JSP</body-content>
        <!-- 自定义标签的功能描述 -->
        <description>自定义版权</description>
        <!-- 添加 attribute 属性 -->
        <attribute>
            <name>time</name>
            <required>true</required>
            <rtexprvalue>true</rtexprvalue>
            <type>java.lang.Integer</type>
            <description>循环次数</description>
        </attribute>
    </tag>
</taglib>
```

上述代码的<attribute></attribute>标签对中，增加了 time 属性值参数，因为实现类中的 time 是 int 型，所以 type 为 Integer 类。

copyright4.jsp 是输出循环标签页面，源代码如下：

```jsp
<%@ page language="java" import="java.util.*" pageEncoding="UTF-8"%>
<%@ taglib prefix="linl" uri="/WEB-INF/copyrightloop.tld" %>
<!DOCTYPE HTML PUBLIC "-//W3C//DTD HTML 4.01 Transitional//EN">
<html>
  <head>
    <title>自定义版本标签示例</title>
  </head>
  <body>
      <p>这里是正文的内容</p>
      <linl:loop time="5">
          <a href="http://www.baidu.com">百度一下</a><br/>
      </linl:loop>
  </body>
</html>
```

上述代码表示循环 5 次输出标签体的内容，运行效果如图 12-5 所示。

图 12-5　copyright4.jsp 运行效果

12.1.7　带动态属性的自定义标签

前面内容都是在标签中直接输入属性值，如果这个属性值可以动态输入，就更符合实际需求。以前面的 copyright4.jsp 为基础，将标签<linl:loop>中的 time 值编程为动态输入，源代码如下：

```jsp
<%@ page language="java" import="java.util.*" pageEncoding="UTF-8"%>
<%@ taglib prefix="linl" uri="/WEB-INF/copyrightloop.tld" %>
<!DOCTYPE HTML PUBLIC "-//W3C//DTD HTML 4.01 Transitional//EN">
<html>
  <head>
    <title>自定义版本标签示例</title>
  </head>
  <body>
        <%
            int num=(int)(Math.random()*6)+1;
        %>
        <p>这里是正文的内容</p>
        <linl:loop time="<%=num %>">
            <a href="http://www.baidu.com">百度一下</a><br/>
        </linl:loop>
  </body>
</html>
```

上述代码中 num 是随机产生的数字，因此循环次数根据随机数而定。

12.2　嵌套的自定义标签

嵌套的自定义标签是指自定义的标签相互嵌套，例如以下形式：

```jsp
<linl:table var="item" items="${users}">
    <linl:showUserInfo user="${item}"/>
</linl:table>
```

从上述的形式可以看出有个迭代标签<linl:table>和输出标签<linl:showUserInfo>，需要分别创建这两个标签，下面来介绍如何创建上述嵌套标签。

12.2.1　表格标签的实例

先建立实体类和对应的标签处理类，假设有如下用户实体类：

```java
public class UserInfo {
    private String userName;        //用户名
    private int age;                //年龄
    private String email;           //用户邮箱

    public UserInfo(String userName,int age,String email) {
        super();
        this.setUserName(userName);
        this.setAge(age);
        this.setEmail(email);
    }
    public UserInfo() {
        super();
    }
    //省略属性的 get 和 set 方法
}
```

上述代码中省略了属性的 get 和 set 方法，由于篇幅大小的原因，本书在不是非常必要的情况下将省略 get 和 set 方法，读者可在编写代码时自行加上。

表格标签的处理类 UserInfoTag.java 的源代码如下：

```java
package com.eshore;
import javax.servlet.jsp.JspException;
import javax.servlet.jsp.JspWriter;
import javax.servlet.jsp.tagext.TagSupport;

public class UserInfoTag extends TagSupport{
    private static final long serialVersionUID = 1L;
    private UserInfo user;
    @Override
    public int doStartTag() throws JspException {
        try {
            JspWriter out = this.pageContext.getOut();
            if(user == null) {
                out.println("No UserInfo Found...");
                return SKIP_BODY;
            }
            String content = "<td>"+user.getUserName()+"</td>";
            content+="<td>"+user.getAge()+"</td>";
            content+="<td>"+user.getEmail()+"</td>";
            out.println("<tr>"+content+"</tr>");
        } catch(Exception e) {
            throw new JspException(e.getMessage());
        }
        return SKIP_BODY;
    }
```

```
        @Override
        public int doEndTag() throws JspException {
            return EVAL_PAGE;
        }
        @Override
        public void release() {
            super.release();
            this.user = null;
        }

        public UserInfo getUser() {
            return user;
        }
        public void setUser(UserInfo user) {
            this.user = user;
        }
    }
```

上述代码中，获得用户对象的值，并将值输出到页面中。

循环迭代标签 TableTag.java 的处理类如下：

```
package com.eshore;
import java.util.Collection;
import java.util.Iterator;
import javax.servlet.jsp.JspException;
import javax.servlet.jsp.tagext.TagSupport;

public class TableTag extends TagSupport {
    private static final long serialVersionUID = 1L;
    private Collection items;
    private Iterator it;
    private String var;
    @Override
    public int doStartTag() throws JspException {
        if(items == null || items.size() == 0) return SKIP_BODY;
        it = items.iterator();
        if(it.hasNext()) {
            pageContext.setAttribute(var, it.next());
        }
        return EVAL_BODY_INCLUDE;
    }
    @Override
    public int doAfterBody() throws JspException {
        if(it.hasNext()) {
            pageContext.setAttribute(var, it.next());
            return EVAL_BODY_AGAIN;
        }
        return SKIP_BODY;
    }
    @Override
    public int doEndTag() throws JspException {
```

```
            return EVAL_PAGE;
        }
    public void setItems(Collection items) {
            this.items = items;
        }
    public void setVar(String var) {
            this.var = var;
        }
    }
```

上述代码中，doStartTag()方法为开始标签，用于将集合容器中的内容输出到页面中；在 doAfterBody()方法中，如果集合还有数据，则继续遍历标签体的内容，否则返回页面。items 属性值是遍历的集合对象，var 是存放对象的别名。

12.2.2　嵌套标签的配置

嵌套标签的配置与一般的自定义标签配置基本一致，依次配置标签的名称、实现类、标签体、实现值等。

表格标签的配置如下：

```
<?xml version="1.0" encoding="UTF-8" ?>
<!DOCTYPE taglib PUBLIC "-//Sun Microsystems, Inc.//DTD JSP Tag Library 1.2//EN"
    "http://java.sun.com/dtd/web-jsptaglibrary_1_2.dtd">
<taglib>
    <tlib-version>1.0</tlib-version>
    <jsp-version>1.2</jsp-version>
    <short-name>linl</short-name>
<uri>/WEB-INF/TableTag.tld</uri>
    <!-- 显示表格标签内容 -->
    <tag>
        <name>showUserInfo</name>
        <tag-class>com.eshore.UserInfoTag</tag-class>
        <body-content>empty</body-content>
        <attribute>
            <name>user</name>
            <required>false</required>
            <rtexprvalue>true</rtexprvalue>
        </attribute>
    </tag>
    <!-- 表格标签遍历 -->
    <tag>
        <name>table</name>
        <tag-class>com.eshore.TableTag</tag-class>
        <body-content>JSP</body-content>
        <!-- 属性 -->
        <attribute>
            <name>items</name>
            <required>false</required>
            <rtexprvalue>true</rtexprvalue>
```

```
            </attribute>
            <attribute>
                <name>var</name>
                <required>true</required>
                <rtexprvalue>true</rtexprvalue>
            </attribute>
        </tag>
</taglib>
```

上述代码配置表格标签的 items 和 var 属性，可以分别设置它们的值。

12.2.3　嵌套标签的运行效果

到此为止，嵌套标签的主体步骤已经完成，下面来介绍如何使用它。实际上，使用嵌套标签与 JSTL 标签是相同的。

【例 12-4】通过表格方式输出用户信息。

页面 selfTableTag.jsp 通过表格输出用户信息，程序代码如下：

```
<%@ page language="java" import="java.util.*,com.eshore.*" pageEncoding="UTF-8"%>
<%@ taglib prefix="linl" uri="/WEB-INF/TableTag.tld" %>
<!DOCTYPE HTML PUBLIC "-//W3C//DTD HTML 4.01 Transitional//EN">
<html>
  <head>
    <title>自定义表格标签示例</title>
  </head>
  <%
    //模拟从数据库中取出数据
    List<UserInfo> users = new ArrayList<UserInfo>();
    users.add(new UserInfo("张三", 20, "Zhangsan@163.com"));
    users.add(new UserInfo("李四", 26, "Lisi@sina.com"));
    users.add(new UserInfo("王五", 33, "Wangwu@qq.com"));
    pageContext.setAttribute("users", users);
  %>
  <body>
    <center>
        用户信息<br/>
    </center>
    <table width='400px' border='1' align='center'>
        <tr>
            <td width='20%'>用户名</td>
            <td width='20%'>年龄</td>
            <td>邮箱</td>
        </tr>
        <!-- 使用标签输出用户信息 -->
        <linl:table var="item" items="${users}">
            <linl:showUserInfo user="${item}" />
        </linl:table>
    </table>
  </body>
</html>
```

上述代码引入自定义标签，模拟从数据库中获取用户信息数据，然后使用表格标签进行展示，效果如图 12-6 所示。

图 12-6　selfTableTag.jsp 页面效果

12.3　JSP 2.X 标签

JSP 2.X 标签库新增了一个新的自定义标签接口类：SimpleTag 接口。该接口极其简单，提供了 doTag() 方法去处理自定义标签中的逻辑过程、循环体以及标签体的过程，而不像在 JSP 1.X 中那么复杂，需要重写 doStartTag()、doAfterBody()、doEndTag() 方法。SimpleTag 接口的逻辑处理简单，实现的接口也相对较少。

在 SimpleTag 接口中还提供 setJspBody() 和 getJspBody() 方法，用于设置 JSP 的相关内容。JSP 容器会依据 setJspBody() 方法产生一个 JspFragment 对象，它的基本特点是可以使处理 JSP 的容器推迟评估 JSP 标记属性。一般情况下 JSP 容器先设定 JSP 标记的属性，然后在处理 JSP 标签时使用这些属性；而 JspFragment 提供了动态属性，这些属性在 JSP 处理标记体时是可以被改变的。JSP 将动态属性定义为 javax.servlet.jsp.tagext.JspFragment 类型。当 JSP 标记设置成这种形式时，这种标记属性的处理方法类似于处理标记体。

【例 12-5】利用 SimpleTag 接口改写版本标签。

(1) 编写自定义标签处理类 SimpleTagCopyRight，其源代码如下：

```java
package com.eshore;
import java.io.IOException;
import java.text.SimpleDateFormat;
import java.util.Date;
import javax.servlet.jsp.JspException;
import javax.servlet.jsp.tagext.SimpleTagSupport;
public class SimpleTagCopyRight extends SimpleTagSupport{
    private String user;
    private String startY;
    @Override
    public void doTag() throws JspException, IOException {
        SimpleDateFormat sdf = new SimpleDateFormat("yyyy");
        String endY = sdf.format(new Date());
        String copyRight = user+" 版权所有  "+startY+"-"+endY;
        getJspContext().getOut().write(copyRight);
    }
```

```
    public void setUser(String user) {
        this.user = user;
    }
    public void setStartY(String startY) {
        this.startY = startY;
    }
}
```

上述代码中，自定义标签只需重写一个 doTag()方法，其余与继承 TagSupport 类相同。

(2) 编写 tld 文件，编写的方法与前面的例子一样，下面给出标签文件内容。

```xml
<?xml version="1.0" encoding="UTF-8" ?>
<!DOCTYPE taglib PUBLIC "-//Sun Microsystems, Inc.//DTD JSP Tag Library 1.2//EN"
  "http://java.sun.com/dtd/web-jsptaglibrary_1_2.dtd">
<taglib>
    <tlib-version>1.0</tlib-version>
    <jsp-version>1.2</jsp-version>
    <short-name>linl</short-name>
    <uri>/WEB-INF/simpleTagcopyright.tld</uri>
    <!-- 显示表格标签内容 -->
    <tag>
        <name>simpleTagcopyright</name>
        <!-- 自定义标签的实现类路径 -->
        <tag-class>com.eshore.SimpleTagCopyRight</tag-class>
        <!-- 正文内容类型  没有正文内容用 empty 表示 -->
        <body-content>empty</body-content>
        <!-- 自定义标签的功能描述 -->
        <description>SimpleTag 版权</description>
        <!-- 添加 attribute 属性 -->
        <attribute>
            <name>user</name>
            <required>true</required>
            <rtexprvalue>true</rtexprvalue>
            <type>java.lang.String</type>
            <description>版权拥有者</description>
        </attribute>
        <attribute>
            <name>startY</name>
            <required>true</required>
            <rtexprvalue>true</rtexprvalue>
            <type>java.lang.String</type>
            <description>版权拥有者</description>
        </attribute>
    </tag>
</taglib>
```

将上述内容添加到相应的标签文件中。

(3) 编写 SimpleTagcopyright.jsp 页面，其源代码如下：

```jsp
<%@ page language="java" import="java.util.*" pageEncoding="UTF-8"%>
<%@ taglib prefix="linl" uri="/WEB-INF/SimpleTagCopyRight.tld" %>
```

```
<!DOCTYPE HTML PUBLIC "-//W3C//DTD HTML 4.01 Transitional//EN">
<html>
  <head>
    <title>自定义版本标签示例</title>
  </head>
  <body>
      <p>这里是正文的内容</p>
      <linl:simpleTagcopyright startY="2020" user="landy"/>
  </body>
</html>
```

　　上述代码使用版本标签，与原来方法一样，运行效果与图 12-3 相同。综上所述，在 JSP 2.X
中使用标签的方法更为简单，只需实现 doTag()方法即可，逻辑处理也更为简单。

12.4　本章小结

　　本章介绍了自定义标签的实现方法，通过本章的学习，读者能够根据需求编写出需要的标
签。在实际开发中，自定义标签应用最多的是自定义分页标签，读者可以根据分页原理自定义
一个分页标签，这样在实现应用时可以减少大量开发工作。如果读者需要进行更为高端的开发
时，自定义标签就显得尤为重要。

12.5　实践与练习

1. 简述自定义标签处理类 BodyTagSupport 中的主要方法及生命周期。
2. 在同一个 Web 应用程序中，是否允许定义两个相同名称的标签？
3. 编写一个自定义标签来显示自己的签名。
4. 编写处理带标签体的自定义标签。
5. 为自定义标签编写自定义方法。

第13章

XML概述

在目前的开发系统中，总是会有很多 XML 文件，例如 web.xml、server.xml 以及自定义的 XML 文件。XML 甚至是大数据存储的主要格式之一，可以说 XML 文件无处不在。XML 是什么？如何编写？如何应用？本章将介绍这些知识。

本章的学习目标：
- 了解 XML 的概念及用途
- 了解 XML 的基本用法
- 掌握 XML 的解析方法
- 掌握 XML 与 Java 类映射

13.1 初识 XML

XML 是一种可扩展的标记语言，它被设计用来传输和存储数据，是由万维网协会推出的一套数据交换标准。XML 可以用于定义 Web 网页上的文档元素，以及复杂数据的表述和传输。在 W3C 的官网上有其更多的描述，读者可以去 W3C 网站学习 XML 的更多内容。

13.1.1 什么是 XML

XML 是指可扩展标记语言(EXtensible Markup Language)。与 HTML 类似，XML 的设计宗旨是传输数据，它没有规定的标签体，需要自定义标签，也是一种自我描述的语言，可以存储数据和共享数据。XML 与 HTML 的主要差异在于：HTML 用来显示数据，XML 用来传输和存储数据；HTML 用来显示信息，XML 用来传输信息。

XML 最大的特点是它的自我描述和任意扩展，当用其描述数据时，用户可以根据需要，组织符合 XML 规范形式的任意内容，并且标签的名称可以由用户指定。下面以例子来说明 XML 的定义格式：

```
<?xml version="1.0" encoding="UTF-8"?>
<user>
    <name>张三</name>
    <english_name>zhangsan</english_name>
    <age>20</age>
    <sex>男</sex>
```

```
        <address>广东省广州市</address>
        <description>他是一个工程师</description>
    </user>
```

以上代码定义的是一个用户的基本信息，包括用户的姓名、英文名称、性别、年龄、住址、描述等。同样是上述的内容，也可以利用另外的自定义形式进行描述，比如：

```
<?xml version="1.0" encoding="UTF-8"?>
<user>
    <property name="name" value="张三" />
    <property name="english name" value="zhangsan"/>
    <property name="age" value="20"/>
    <property name="sex" value="男"/>
    <property name="address" value="广东省广州市"/>
    <property name="description" value="他是一个工程师"/>
</user>
```

不论利用哪种结构格式描述，都能清楚地描述用户的基本信息，这就体现了 XML 可扩展和自定义标签的特点。

13.1.2　XML 的用途

XML 的设计宗旨是用来传输和存储数据，它不仅具有一般纯文本文件的用途，还具有其自身的特点。下面介绍 XML 在开发系统的过程中常见的用途。

1. 传输数据

通过 XML 可以在不同的系统之间传输数据。在开发过程中难免会遇到多个系统之间需要相互通信，且各系统的存储数据又是多种多样的情况，对于开发者而言，这些工作量是巨大的。通过转换为 XML 格式来传输数据，可以减少传输数据时的复杂性，还可以具备通用性。

例如，目前流行的 SOA 协议、Web Service 服务、json、Ajax 等，其实都是利用 XML 数据格式在不同的系统之间交互数据。

2. 存储数据

利用 XML 来存储数据是其最基本的用途，因为它可以作为数据文件，所以当需要持久化保存数据时，可以利用 XML 数据格式进行存储，例如，web.xml、struts.xml、spring.xml 等。下面是经常见到的 web.xml 文件内容：

```
<?xml version="1.0" encoding="UTF-8" ?>
<web-app version="2.5"
xmlns="http://java.sun.com/xml/ns/javaee"
xmlns:xsi="http://www.w3.org/2001/XMLSchema-instance"
xsi:schemaLocation="http://java.sun.com/xml/ns/javaee
http://java.sun.com/xml/ns/javaee/web-app 2 5.xsd">
<welcome-file-list>
    <welcome-file>index.jsp</welcome-file>
</welcome-file-list>
</web-app>
```

13.1.3　XML 的技术架构

XML 的技术架构如图 13-1 所示，它也展示了 XML 中用到的技术和术语。

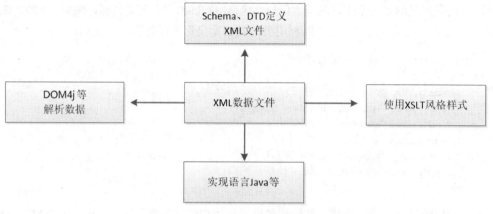

图 13-1　XML 的技术架构

- 数据定义 Schema、DTD：XML 数据文件是要按照一定的协议进行定义的，它有两种可遵循的定义规则，即 DTD 和 Schema。DTD 是早期的语言，Schema 是后期发展的语言，也是现在用得最多的定义 XML 语言。
- 数据风格样式 XSLT：XSLT 是可扩展样式转换(EXtensible Stylesheet Language Transformation)。使用 XSLT 可以将 XML 中存放的内容，按照指定的样式转换为 HTML 页面。
- 解析 XML 文件工具：目前比较盛行的工具是 DOM、DOM4j、SAX。
- 操作 XML 数据：目前将 XML 作为具体操作数据，其功能都是由额外的程序实现的，一般采用 Java 比较多，也可以使用 JavaScript。

13.2　XML 基本语法

上一节介绍了 XML 的用途和技术架构，从而让读者对 XML 有了基本了解。本章将着重介绍 XML 的基本语法，开发者必须熟悉这些语法规范，才可以正确使用 XML。

13.2.1　XML 文档的基本结构

XML 文档的基本结构示例如下：

```
<?xml version="1.0" encoding="UTF-8"?>
<users>
    <user>
        <name>张三</name>
        <english_name>zhangsan</english_name>
        <age>20</age>
        <sex>男</sex>
        <address>广东省广州市</address>
```

```
        <description>他是一个工程师</description>
    </user>
</users>
```

在 XML 文档中，首先必须要有 XML 文档的声明，如上述代码第 1 行的声明：

```
<?xml version="1.0" encoding="UTF-8"?>
```

其中 version 是指该文档遵循的 XML 标准版本，encoding 用于指明文档使用的字符编码格式。

1. 标记必须闭合

在 XML 文档中，除 XML 声明外，所有元素都必须有其结束标识。如果 XML 元素没有文本节点时，采用自闭合的方式关闭节点，例如：使用<note/>这样的形式进行自闭合。

正常的标记闭合形式如下：

```
<age>20</age>
<sex>男</sex>
<address>广东省广州市</address>
```

age、sex、address 都有相应的结束标记。

2. 必须合理嵌套

在 XML 文档中，元素的嵌套必须合理，例如如下的嵌套就不合理：

```
<age>30<sex></age>女</sex>
```

这样会导致 XML 错误，且描述不清。

正确的描述如下：

```
<age>30</age>
```

3. XML 元素

XML 元素是指成对标签出现的内容，且每个元素之间有层级关系。例如：<age>元素指的是<age>20</age>。

在本节开始时的 XML 文档示例中，<user>元素如下所示：

```
<user>
    <name>张三</name>
    <english_name>zhangsan</english_name>
    <age>20</age>
    <sex>男</sex>
    <address>广东省广州市</address>
    <description>他是一个工程师</description>
</user>
```

其中，<age>元素是<user>元素的子元素，<user>元素是<age>元素的父元素，两个<user>元素是并列关系。

元素的命名规则如下:

- 可以包含字母、数字和其他字符。
- 不能以 xml 开头,包括其大小写,例如 XML、xMl 等都是不合法的。
- 不能以数字或者标点符号开头,不能包含空格。
- XML 文档除了 XML 以外,没有其他保留字,任何的名字都可以使用,但是应该尽量使元素名字具有可读性。
- 尽量避免使用 "-" 和 ",",以免引起混乱,可以使用下画线。
- 在 XML 元素命名中不要使用 ":",因为 XML 命名空间需要用到这个特殊字符。

例如,下面这些命名是不合法的:

```
<2title>
<xmlTtle>
<titel name>
<.age>
```

正确的命名如下:

```
<title2>
<title_name>
```

4. XML 属性

XML 元素可以在开始标签中包含属性,类似于 HTML。属性(Attribute)提供关于元素的额外(附加)信息,它被定义在 XML 元素的标签中,且自身有对应的值。例如,<user>元素的属性名和属性值(字体加粗部分)如下:

```
<user language="java">
```

注意:

属性的命名规则与元素的命名规则一样。属性值必须使用引号,单引号和双引号均可使用,如果属性值本身包含双引号,那么有必要使用单引号包围它或者可以使用实体(&quot)引用它。

5. 只有一个根元素

所有的 XML 文档有且只有一个根元素来定义整个文档,例如,在 web.xml 代码中,可以看到<web-app>就是它的根元素。例如,下面的定义方式是错误的:

```
<?xml version="1.0" encoding="UTF-8"?>
<web-app version="2.5"
    xmlns="http://java.sun.com/xml/ns/javaee"
    xmlns:xsi="http://www.w3.org/2001/XMLSchema-instance"
    xsi:schemaLocation="http://java.sun.com/xml/ns/javaee
    http://java.sun.com/xml/ns/javaee/web-app 25.xsd">
    ......
</web-app>
<web-app>
......
</web-app>
```

6　大小写敏感

XML 文档对大小写是敏感的，包括其标签名称、属性名和属性值等。例如，<age>与<Age>是不同的。

一般情况下，初学者常犯的错误就是因开始标记与结束标记的大小写不一致而导致的 XML 错误。例如：

```
<name>Jonh</Name>
```

<name>与</Name>不能相互匹配，从而导致<name>没有正确地被关闭。

7. 空白被保留

空白被保留是指在 XM 文档中，空白部分并不会被解析器删除，而是被当作数据一样完整保留下来。例如：

```
<description>好好学习 天天向上</description>
```

"好好学习 天天向上"中的空白会被当作数据保留下来。

8. 注释的写法

XML 的注释形式如下：

```
<!--注释单行-->
<!--
注释多行
-->
```

9. 转义字符的使用

在 XML 中有些特殊字符需要转义，例如">""<""&"、单引号、双引号等，其转义字符与 HTML 中的转义字符是一样的。

10. CDATA 的使用

CDATA 用于需要原文保留的内容，尤其是在解析 XML 过程中产生歧义的部分。当某个节点的数据有大量需要转义的字符时，那么 CDATA 就可以发挥其作用，其用法如下：

```
<![CDATA[
    内容
]]>
```

例如：

```
<![CDATA[
    If(m>n){
        alert("m 大于 n");
    }else if(m<n&&m!=0){
        alert("m 小于 n");
    }
]]>
```

> **注意:**
> CDATA 是不能嵌套的。

13.2.2　XML 开发工具

XML 的开发工具有很多,例如:普通的文本编辑器,EditPlus、UEStudio、Eclipse 的 XML 编辑器,以及 XMLSpy 等。在 Eclipse 中编辑 XML 的情况如图 13-2 所示。

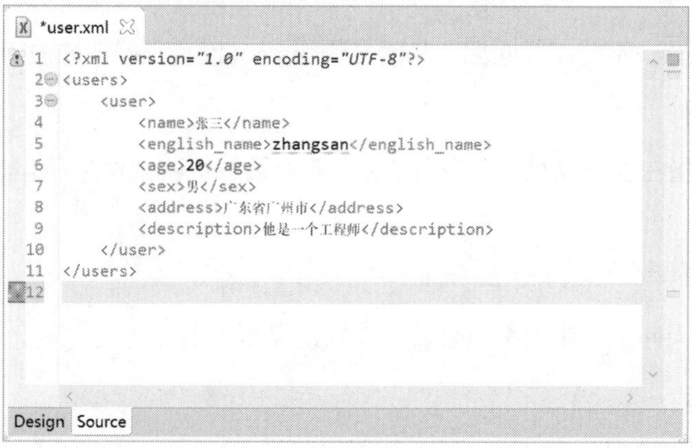

```
X *user.xml ⊠
⚠ 1  <?xml version="1.0" encoding="UTF-8"?>
  2⊖ <users>
  3⊖    <user>
  4          <name>张三</name>
  5          <english_name>zhangsan</english_name>
  6          <age>20</age>
  7          <sex>男</sex>
  8          <address>广东省广州市</address>
  9          <description>他是一个工程师</description>
 10      </user>
 11  </users>
 12

Design  Source
```

图 13-2　在 Eclipse 中编辑 XML 示意图

13.3　JDK 中的 XML API

JDK 中涉及 XML 的 API 有两个,分别如下。

- The Java API For XML Processing:负责解析 XML。
- Java Architecture for XML Binding:负责将 XML 映射为 Java 对象。

XML API 所涉及的类包有 javax.xml.*、org.w3c.dom.*、org.xml.sax.* 和 javax.xml.bind.*。常用的 JDK XML API 类如表 13-1 所示。

表 13-1　常用的 JDK XML API 类

类	说明
javax.xml.parsers.DocumentBuilder	从 XML 文档获取 DOM 文档实例
javax.xml.parsers.DocumentBuilderFactory	从 XML 文档获取生成 DOM 对象树的解析器
javax.xml.parsers.SAXParser	获取基于 SAX 的解析器 XML 文档实例
javax.xml.parsers.SAXParserFactory	获取基于 SAX 的解析器以解析 XML 文档
org.w3c.dom.Document	整个 XML 文档
org.w3c.dom.Element	XML 文档中的一个元素
org.w3c.dom.Node	Node 接口是整个文档对象模型的主要数据类型
org.xml.sax.XMLReader	XML 解析器的 SAX2 驱动程序必须实现的接口

13.4　常见的 XML 解析模型

上一节介绍了 XML 的基本语法，使读者对 XML 的文档格式有了基本了解。本节将在此基础上，叙述如何对 XML 进行解析。由于 XML 结构基本上是一种树结构，因此处理 XML 的步骤相差无几，Java 已经将它们封装成了现成的类库。目前流行的解析方法有 DOM、SAX 和 DOM4j 这 3 种，下面将逐一进行介绍。

13.4.1　DOM 解析

DOM(Document Object Model，文档对象模型)是 W3C 组织推荐的处理 XML 的一种方式。它是一种基于对象的 API，把 XML 内容加载到内存中，生成一个 XML 文档相对应的对象模型，然后根据对象模型，以树节点的方式对文档进行操作，下面以实例说明解析步骤。

【例 13-1】使用 DOM 解析 XML 文件。

假设 XML 文件如下：

```xml
<?xml version="1.0" encoding="UTF-8"?>
<class>
    <student>
        <firstname>cxx1</firstname>
        <lastname>Bob1</lastname>
        <nickname>stars1</nickname>
        <marks>85</marks>
    </student>
    <student rollno="493">
        <firstname>cxx2</firstname>
        <lastname>Bob2</lastname>
        <nickname>stars2</nickname>
        <marks>85</marks>
    </student>
    <student rollno="593">
        <firstname>cxx3</firstname>
        <lastname>Bob3</lastname>
        <nickname>stars3</nickname>
        <marks>85</marks>
    </student>
</class>
```

编写解析类 JAXBDomDemo 的代码如下：

```java
import org.w3c.dom.*;
import javax.xml.parsers.DocumentBuilder;
import javax.xml.parsers.DocumentBuilderFactory;

public class JAXBDomDemo {
    //用 Element 方式
    public static void element(NodeList list){
```

```
            for (int i = 0; i <list.getLength() ; i++) {
                Element element = (Element) list.item(i);
                NodeList childNodes = element.getChildNodes();
                for (int j = 0; j <childNodes.getLength() ; j++) {
                    if (childNodes.item(j).getNodeType()==Node.ELEMENT_NODE) {
                        //获取节点
                        System.out.print(childNodes.item(j).getNodeName() + ":");
                        //获取节点值
                        System.out.println(childNodes.item(j).getFirstChild().getNodeValue());
                    }
                }
            }
        }

        public static void node(NodeList list){
            for (int i = 0; i <list.getLength() ; i++) {
                Node node = list.item(i);
                NodeList childNodes = node.getChildNodes();
                for (int j = 0; j <childNodes.getLength() ; j++) {
                    if (childNodes.item(j).getNodeType()==Node.ELEMENT_NODE) {
                        System.out.print(childNodes.item(j).getNodeName() + ":");
                        System.out.println(childNodes.item(j).getFirstChild().getNodeValue());
                    }
                }
            }
        }

        public static void main(String[] args) {
            //1.创建 DocumentBuilderFactory 对象
            DocumentBuilderFactory factory = DocumentBuilderFactory.newInstance();
            //2.创建 DocumentBuilder 对象
            try {
                DocumentBuilder builder = factory.newDocumentBuilder();
                Document d = builder.parse("src/xml/users.xml");
                NodeList sList = d.getElementsByTagName("student");
                //element(sList);
                node(sList);
            } catch (Exception e) {
                e.printStackTrace();
            }
        }
    }
```

在上述 main 代码中可以了解解析步骤: 首先创建了解析工程类 DomcumentBuilderFactory、DocumentBuilder 对象, 然后传入需要解析的 XML 文件逐个遍历整个 Document 树, 得到 XML 数据。代码运行结果如图 13-3 所示。

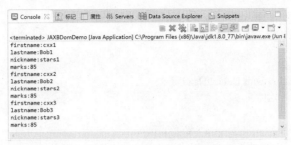

图 13-3　使用 DOM 解析 XML 文件运行结果

通过上述代码，不难发现利用 DOM 解析 XML 时，主要是以下几步。

(1) 创建 DocumentBuilderFactory 对象：

```
//用单例模式创建 DocumentBuilderFactory 对象
DocumentBuilderFactory factory = DocumentBuilderFactory.newInstance();
```

(2) 通过 DocumentBuilderFactory 构建 DocumentBuilder 对象：

```
DocumentBuilder builder = factory.newDocumentBuilder();
```

(3) DocumentBuilder 解析 XML 文件变为 Document 对象：

```
Document d = builder.parse("src/xml/users.xml");
```

(4) 取得 Document 对象之后，就可以利用 Document 中的方法 getElementsByTagName()获取 XML 数据。

13.4.2　SAX 解析

SAX(Simple API for XML)是另外一种解析 XML 文件的方法，它虽然不是官方标准，但它是 XML 社区中的事实标准，大部分 XML 解析器都支持它。SAX 与 DOM 不同的是，它不是一次性地将 XML 加载到内存中，而是从 XML 文件的开始位置进行解析，根据已经定义好的事件处理器来决定当前解析的部分是否有必要存储。下面以具体例子说明 SAX 解析 XML 的过程。

【例 13-2】使用 SAX 解析 XML 文件。

仍以例 13-1 中的 XML 文件作为源文件，编写解析类 JAXBSAXDemo 的代码如下：

```
import org.xml.sax.Attributes;
import org.xml.sax.SAXException;
import org.xml.sax.helpers.DefaultHandler;
import javax.xml.parsers.SAXParser;
import javax.xml.parsers.SAXParserFactory;

public class JAXBSAXDemo {
    public static void main(String[] args) throws Exception {
        //1.获取 SAXParserFactory 实例
        SAXParserFactory factory = SAXParserFactory.newInstance();
        //2.获取 SAXparser 实例
        SAXParser saxParser = factory.newSAXParser();
        //3.创建 SAXDemo Handel 对象
        SAXDemoHandel handel = new SAXDemoHandel();
```

```java
        saxParser.parse("src/xml/users.xml",handel);
    }
}

class SAXDemoHandel extends DefaultHandler {
    //遍历 xml 文件开始标签
    @Override
    public void startDocument() throws SAXException {
        super.startDocument();
        System.out.println("sax 解析开始");
    }

    //遍历 xml 文件结束标签
    @Override
    public void endDocument() throws SAXException {
        super.endDocument();
        System.out.println("sax 解析结束");
    }

    @Override
    public void startElement(String uri, String localName, String qName, Attributes attributes) throws
    SAXException {
        super.startElement(uri, localName, qName, attributes);
        if (qName.equals("student")){
            System.out.println("════════════开始遍历 student════════════");
            //System.out.println(attributes.getValue("rollno"));
        }
        else if (!qName.equals("student")&&!qName.equals("class")){
            System.out.print("节点名称:"+qName+"----");
        }
    }

    @Override
    public void endElement(String uri, String localName, String qName) throws SAXException {
        super.endElement(uri, localName, qName);
        if (qName.equals("student")){
            System.out.println(qName+"遍历结束");
            System.out.println("════════════结束遍历 student════════════");
        }
    }

    @Override
    public void characters(char[] ch, int start, int length) throws SAXException {
        super.characters(ch, start, length);
        String value = new String(ch,start,length).trim();
        if (!value.equals("")) {
            System.out.println(value);
        }
    }
}
```

上述代码介绍了利用 SAX 解析 XML 文件的步骤，从 main()方法中可以看到，首先由 XMLReaderFactory 工厂类创建解析器 XMLReader，然后创建事件处理类，对 XML 文件进行解析。上述代码的运行结果如图 13-4 所示。

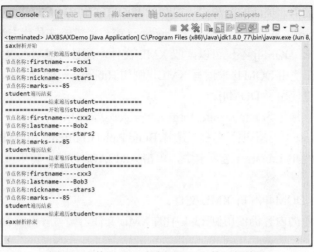

图 13-4　使用 SAX 解析 XML 文件运行结果

通过上述代码可以看出，使用 SAX 解析 XML 时，主要是以下几步。

(1) 获取 SAXParserFactory 实例：

SAXParserFactory factory = SAXParserFactory.newInstance();

(2) 获取 SAXparser 实例：

SAXDemohandler = new JAXBSAXDemo();

(3) 创建处理类 SAXDemoHandel 对象：

SAXDemoHandel handel = new SAXDemoHandel();

(4) 解析 XML 文件：

saxParser.parse("src/xml/users.xml",handel);

若想了解更多的 SAX 内容，请查询 org.xml.sax 的 API。

注意：
例 13-2 中应用的是 XMLReader 而不是 SAXParser，这是因为在 SAX 中实现解析的接口名称重命名为 XMLReader。在使用 SAX 解析 XML 资源文件时，默认使用 SAXParser 实现类，它继承自 AbstractSAXParser。同样地，工厂类也是使用 XMLReaderFactory，而不是 SASParserFactory 来创建解析类。

13.4.3　DOM4j 解析

DOM 在解析的时候把整个 XML 文件映射到 Document 的树结构中，XML 中的元素、属性、文本都能在 Document 中查看，但是它消耗内存、查询速度慢。SAX 是基于事件的解析，解析器在读取 XML 时根据读取的数据产生相应的事件，由应用程序实现相应的事件处理，所以它的解析速度快，内存占用少。但是它需要应用程序自身处理解析器的状态，实现起来比较麻烦，而且它只支持对 XML 文件的读取，不支持写入。

DOM4j 是一个简单、灵活的开源库，前身是 JDOM，与 JDOM 不同的是，DOM4j 使用接口和抽象类的基本方法，并使用了大量的 Collections 类，提供一些替代方法以允许更好的性能或更直接的编码方法。DOM4j 不仅可以读取 XML 文件，而且可以写入 XML 文件。目前越来越多的 Java 软件都在使用 DOM4j 来读写 XML，例如 Hibernate，包括 Sun(被 Oracle 公司收购)公司自己的 JAXM 也使用了 DOM4j。

DOM4j 包的下载地址为 http://sourceforge.net/projects/dom4j。本实例下载的是 1.6.1 版本。下载完成后，在 Eclipse 中右击项目名称，选择 Build Path | Configure Build Path 命令，在打开的 Java Build Path 对话框的 Libraries 选项卡中，单击 Add JARs 按钮，将下载的 dom4j-1.6.1.jar 包导入。

【例 13-3】使用 DOM4j 解析 XML 文件。

同样，XML 文件的内容仍使用例 13-1 中的 XML 文件，编写解析类 Dom4jDemo，其代码如下：

```java
import org.dom4j.Attribute;
import org.dom4j.Document;
import org.dom4j.DocumentException;
import org.dom4j.Element;
import org.dom4j.io.SAXReader;
import java.io.File;
import java.util.Iterator;
import java.util.List;

public class Dom4jDemo {
    public static void main(String[] args) throws Exception {
        //1.创建 SAXReader 对象
        SAXReader reader = new SAXReader();
        //2.加载 xml
        Document document = reader.read(new File("src/xml/users.xml"));
        //3.获取根节点
        Element rootElement = document.getRootElement();
        Iterator iterator = rootElement.elementIterator();
        while (iterator.hasNext()){
            Element stu = (Element) iterator.next();
            List<Attribute> attributes = stu.attributes();
            System.out.println("======获取属性值======");
            for (Attribute attribute : attributes) {
                System.out.println(attribute.getValue());
            }
            System.out.println("======遍历子节点======");
            Iterator iterator1 = stu.elementIterator();
            while (iterator1.hasNext()){
                Element stuChild = (Element) iterator1.next();
                System.out.println("节点名："+stuChild.getName()+"---节点值："+stuChild.getStringValue());
```

```
            }
        }
    }
}
```

上述代码中讲解了如何利用 DOM4j 来解析 XML 资源文件。解析过程为：首先新建 SAXReader 解析器，然后为 SAXReader 解析器指定待解析的 xml 文件，最后利用获得的 Document 不断地循环遍历出节点的属性和内容。上述代码的运行结果如图 13-5 所示。

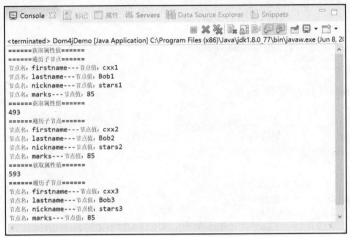

图 13-5　使用 DOM4j 解析 XML 文件运行效果

通过上述代码可以发现，使用 DOM4j 解析 XML 时，主要是以下两步。

(1) 创建 SAXReader 实例：

SAXReader reader = new SAXReader();

(2) 利用 SAXReader 获取 XML 的 Document：

Document document = reader.read(new File("src/xml/users.xml"));

从上述步骤可以看出，利用 DOM4j 解析 XML 文件十分便捷。要想了解更多的 DOM4j 内容，请查询 DOM4j 的 API 和相关例子。

注意：
例 13-3 采用的解析器是 SAXReader，并通过它来获取 XML 文件的 Document。在 DOM4j 中还可以利用 "DocumentHelper.parseText(text);" 来获取 XML 的 Document。

13.5　XML 与 Java 类映射 JAXB

上一节讲述了 XML 的解析方法，分别使用 DOM、SAX 和 DOM4j 共 3 种方法解析 XML，从而可以从 XML 数据文件中获得想要的数据，但发现获取数据需要编写大量的代码，工作量巨大。那有没有更加简单的方法获得 XML 数据和生成 XML 呢？答案是肯定的，利用 JAXB 的 API 就可以解决这个问题。

13.5.1 什么是 XML 与 Java 类映射

所谓的映射，即一一对应关系。例如，有一个 XML 数据文件如下：

```
<?xml version="1.0" encoding="UTF-8"?>
<user>
    <name>张三</name>
    <english_name>zhangsan</english_name>
    <age>20</age>
    <sex>男</sex>
    <address>广东省广州市</address>
    <description>他是一个工程师</description>
</user>
```

另有一个 User 的 Java 类如下：

```
public class User{
    String name;            //姓名
    String english_name;    //英文名
    String age;             //年龄
    String sex;             //性别
    String address;         //地址
    String description;     //描述
public User(){
    super();
    //TODO Auto-generated constructor stub
}
public User(String name,String englishName,String age,String sex,String address,String description){
    super();
    this.name = name;
    english_name = englishName;
    this.age=age;
    this.sex = sex;
    this.address =address;
    this.description =description;
    }
//省略 get、set 方法
```

在开发过程中，要将 XML 中的 name 元素与 User 类中的 name 属性对应、english_name 元素与 User 类中的 english_name 属性对应、age 元素与 User 类中的 age 属性对应等，那么 XML 数据与 Java 类的对应关系就是一种映射。

13.5.2 JAXB 的工作原理

JAXB 映射主要由 4 部分构成：Schema、JAXB 映射类、XML 文档、Java 对象，其工作原理的示意图如图 13-6 所示。

Schema 可以理解为表结构，XML 文档是数据来源，JAXB 提供类的映射方法、Java 对象是 Java 中对应的类。

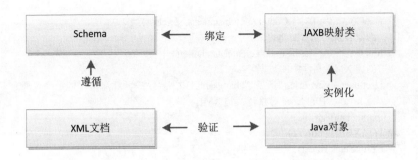

图 13-6　JAXB 的工作原理

13.5.3　将 Java 对象转换成 XML

将 Java 对象转换为 XML，可以使用 Marshaller 接口。在 JDK6 中可以通过 annotation 注入的方式将 Java 类映射成 XML 文件。

【例 13-4】将 Java 对象转换为 XML。

(1) 将 User 类更改如下：

```
package xml;
import javax.xml.bind.annotation.XmlRootElement;
@XmlRootElement
public class User{
    String name;              //姓名
    String english_name;      //英文名
    String age;               //年龄
    String sex;               //性别
    String address;           //地址
    String description;       //描述
//属性的 get 和 set 方法省略
}
```

在如上代码中，用@XmlRootElement 方式注入 XML 的根元素，表示这个是 XML 文件的根元素，那么类中的属性就是 XML 文档中的元素。

(2) 编写转换类 JAXBMarshalDemo，具体代码如下：

```
import java.io.File;
import javax.xml.bind.JAXBContext;
import javax.xml.bind.JAXBException;
import javax.xml.bind.Marshaller;
import xml.User;

public class JAXBMarshalDemo {
    public static void main(String[] args) {
        //创建 XML 对象，将它保存在 E 盘下
        File file = new File("E:/14project/xml/user1.xml");
        //声明一个 JAXBContext 对象
        JAXBContext jaxbContext;
        try {
            //指定映射的类，创建 JAXBContext 对象的上下文
```

```
            jaxbContext = JAXBContext.newInstance(User.class);
            //创建转换对象 Marshaller
            Marshaller m = jaxbContext.createMarshaller();
            //创建 XML 文件中的数据
            User user = new User("张三","zhangsan","30","男","广西北海市","他是个老师");
            //将 Java 类中的 User 对象转换到 XML
            m.marshal(user,file);
        }catch(JAXBException e) {
            e.printStackTrace();
        }
    }
}
```

从上述代码中可以发现，将其转换的步骤分解如下。

(1) 创建 JAXBContext 上下文对象，参数为映射的类。

(2) 通过 JAXBContext 对象的 createMarshaller()方法，创建 Marshaller 转换对象。

(3) 利用方法 Marsha 将指定的 XML 文件转换为 Java 对象，转换时需要强制转换映射类对象。

运行上述代码，将在 E 盘下生成 user1.xml 文件，其内容如下：

```xml
<?xml version="1.0" encoding="UTF-8" standalone="yes"?>
<user>
<address>广西北海市</address>
<age>30</age>
<description>他是个老师</description>
<english_name>zhangsan</english_name>
<name>张三</name>
<sex>男</sex>
</user>
```

13.5.4　将 XML 转换为 Java 对象

上述内容介绍将 Java 对象转换为 XML 数据，本小节将介绍如何将 XML 对象转换为 Java 对象。转换的过程与上述过程正好相反。

【例 13-5】将 XML 数据转换为 Java 对象。

User 类的代码不变,变化的是 JAXBMarshalDemo 中的内容。编写类 JAXBUnmarshalDemo，具体代码如下：

```java
import java.io.File;
import javax.xml.bind.JAXBContext;
import javax.xml.bind.JAXBException;
import javax.xml.bind.Unmarshaller;
import xml.User;
public class JAXBUnmarshalDemo {
    public static void main(String[]args){
        //创建 XML 对象，将它保存在 F 盘下
        File file = new File("F:/14project/xml/user1.xml");
        //声明一个 JAXBContext 对象
```

```
JAXBContext jaxbContext;
try {
    //指定映射的类，创建 JAXBContext 对象的上下文
    jaxbContext = JAXBContext.newInstance(User.class);
    //创建转换对象 Unmarshaller
    Unmarshaller u=jaxbContext.createUnmarshaller();
    //转换指定 XML 文档为 Java 对象
    User user =(User)u.unmarshal(file);
    //输出对象中的内容
    System.out.println("姓名--"+user.getName());
    System.out.println("英文名字--"+user.getEnglish_name());
    System.out.println("年龄--"+user.getAge());
    System.out.println("性别--"+user.getSex());
    System.out.println("地址--"+user.getAddress());
    System.out.println("描述--"+user.getDescription());
}catch (JAXBException e){
        e.printStackTrace();
    }
}
}
```

从上述代码中可以发现，将其转换的步骤分解如下。

(1) 创建 JAXBContext 上下文对象，参数为映射的类。

(2) 通过 JAXBContext 对象的 createUnmarshaller()方法，创建 Unmarshaller 转换对象。

(3) 利用方法 unmarshal()将指定的 XML 文件转换为 Java 对象，转换时需要强制转换为映射类对象。

运行上述代码，在 Java 控制台输出结果如下：

```
姓名--张三
英文名字--zhangsan
年龄--30
性别--男
地址--广西北海市
描述--他是个老师
```

13.6　本章小结

本章首先详细介绍了 XML 的相关内容，如什么是 XML、XML 的用途及其技术框架；然后详细介绍了 XML 的基本语法，包括元素命名规则、元素的定义规范等；在介绍上述内容之后，又介绍了 3 种 XML 解析方法，即 DOM、SAX 和 DOM4j；最后叙述了 Java 与 XML 映射的使用方法。

13.7 实践与练习

1. 什么是 XML？它的作用有哪些？

2. 简述 XML 中的元素以及属性的命名规则。

3. 简述 XML 中的语法规则。

4. 判断在下面的 XML 元素定义中哪些是错误的？

    a. \<user_name\>   b. \<user name\>   c. \<laddress\>

    d. \<&and\>   e. \<and-or\>   f. \<xmlTel\>

    g. \<XMLTel\>   h. \<.phone\>   i. \<phone\>

5. 有如下 XML 文件，请分别利用 DOM、SAX 和 DOM4j 进行解析。

```xml
<?xml    version="1.0" encoding="UTF-8" ?>
<user>
    <property name="name" value="张三" />
    <property name="english_name" value="zhangsan" />
    <property name="age" value="20" />
    <property name="sex" value="男" />
    <property name="address" value="广东省广州市" />
    <proerty name="description" value="他是一个工程师" />
</user>
```

6. 将上述 XML 文件映射为 Java 的 User 类。

第 14 章

资源国际化

通常情况下，一个 Web 程序是应用在互联网中的，从理论上讲它可以被全球所有的网络在线用户所访问。但是不同国家地区的访问者都有自己的语言，Web 应用需要根据访问者的语言和习惯来自动调整页面的显示内容，这时就需要用到资源国际化编程。本章将介绍资源国际化编程，从而使读者学习完本章后可以进行简单的国际化编程和本地化编程，开发出适应性更强的网站。

本章的学习目标：
- 了解资源国际化
- 掌握资源国际化编程
- 了解 I18N 与 L10N 的区别
- 了解 Servlet 的资源国际化

14.1 资源国际化简介

资源国际化就是要解决不同国家与地区之间的文化差异问题，包括其语言的差异、生活习惯的差异等。在 Java 语言中，提供了相关的方法来支持资源国际化，例如资源绑定类 ResourceBundle、地区 Locale 类等。

资源国际化一般有两种编程：国际化(I18N)编程和本地化(L10N)编程。

1. 国际化(I18N)编程

I18N 是 Internationlization 的缩写，其含义是指让软件产品随着不同的国家和地区中的语言自动显示其相适应的内容，而不是用代码将这些不同的信息写在程序中。通常需要进行国际化编程的信息包括数字、货币信息、日期与时间等。

2. 本地化(L10N)编程

L10N 为资源本地化，全称为 Localization。资源本地化编程就是要向使用不同语言和处于不同地区的访问者提供适合的页面。

一个 Web 应用程序只有当需要实现多种不同语言版本时才有必要进行本地化编程，当然某些应用程序当前只需要一种语言，但考虑到以后可能具有多语言的需求，那么也有必要利用本地化编程的方式来实现，以方便将来进行程序上的拓展。

14.2 资源国际化编程

从 Java 语言诞生开始，已为资源国际化做了准备，Java 中提供了一些类，用于对程序进行国际化，使得实现国际化变得容易。又因为 Java 是基于 Unicode 编码设计的编程语言，因此 Java 程序可以支持目前世界上所有的语言。

14.2.1 资源国际化示例

先看一个原始的例子，即没有利用国际化资源的方式：

```
<%@ page language="java" contentType="text/html; charset=UTF-8"%>
<!DOCTYPE HTML PUBLIC "-//W3C//DTD HTML 4.01 Transitional//EN">
<html>
  <head>
    <title>资源国际化编程示例</title>
  </head>
    <body>
        <p>您好，资源国际化编程示例</p>
    </body>
</html>
```

在上述代码中，第 8 行代码中的字符串"您好，资源国际化编程示例"是写在程序中的，当某用户访问该页面时，它只会显示中文，若是在没有中文字库的系统中则会显示乱码。现在把字符串用 key-value 方式写入 properties 资源文件中：

```
messages_zh_CN.properties:
helloInfo=\u60A8\u597D\uFFOC\u8D44\u6E90\u56FD\u9645\u5316\u7F16\u7A0B\u793A\u4F8B
messages.properties:
helloInfo = Hello,Internationalization Example
```

一般情况下我们用*zh_CN.properties 表示中文资源文件，*properties 表示默认的资源文件，"*"表示的内容即为资源文件名称。这两个文件经过编译都位于 Web 项目的 classpath 中，在 IDE 中一般是位于 src 包下面。同时把程序变更为：

```
<%@ page language="java" contentType="text/html; charset=UTF-8"%>
<%@taglib prefix="fmt" uri="http://java.sun.com/jsp/jstl/fmt" %>
<!DOCTYPE HTML PUBLIC "-//W3C//DTD HTML 4.01 Transitional//EN">
<html>
  <head>
    <title>资源国际化编程示例</title>
  </head>
    <body>
        <fmt:bundle basename="message">
            <fmt:message key="helloInfo"/>
        </fmt:bundle>
    </body>
</html>
```

在上述代码中引用了 JSTL 中的 fmt 标签库<fmt:bundle>标签，其中指定绑定的资源名为 messages。在中文系统中用户访问时会显示"您好，资源国际化编程示例"，效果如图 14-1 所示，非中文系统则显示"Hello,Internationalization Example"，效果如图 14-2 所示，这样就实现了资源国际化。

图 14-1　显示中文

图 14-2　显示英文

14.2.2　资源文件编码

上一小节介绍了资源国际化的简单示例，让读者了解了如何实现资源国际化，本小节将介绍有关资源文件的编码内容。

一般而言，我们采用 properties 文件来保存资源文件，properties 文件以键-值(key-value)形式来保存文件。messages_zh_CN.properties 中保存的是经过 UTF-8 编码之后的 ASCII 字符，Unicode 字符中不允许出现中文、日文等字符的文字，经过编码之后的文件就可以直接在程序中被引用。

> **注意：**
> Unicode 是为了解决传统的字符编码不统一而产生的，它为每种语言中的每个字符设定了统一并且唯一的二进制编码。在字节数上，Unicode 字符占用 2 字节，而 ASCII 字符只占 1 字节。

JDK 自带的 native2asii.exe 工具可以将 Unicode 码转换为 ASCII 码，它位于 JDK 安装目录的 bin 文件夹下。双击该工具后即可运行，输入要转换的中文，按回车键后的效果如图 14-3 所示。

图 14-3　native2asii.exe 运行结果

该工具可以将除英文外的任意字符转换为 ASCII 字符。图 14-3 显示的是将中文转换为 ASCII 的效果。Unicode 字符都被转换为以"\u"开头的一串字符。

若开发者觉得一个个语句转换比较麻烦而且容易遗漏，native2ascii 还支持将整个 properties 文件进行转换。语法格式如下：

```
native2ascii -[options] [inputfile [outputfile]]
```

各参数说明如下。

(1) -[options]：表示命令开关，有以下两个选项可供选择。

● -reverse：将 Unicode 编码转为本地编码或者指定编码，在不指定编码的情况下，则将其转为本地编码。

- -encoding encoding_name：转换为指定编码，encoding_name 为编码名称。

(2) inputfile：要转换的源文件路径，应输入文件全名。

(3) outputfile：转换后的文件输出路径。如果缺少此参数，将输出到控制台。

例如，将源文件 message.properties 按 UTF-8 编码转换到 message_zh_CN.properties(源文件是 UTF-8 编码的)：

```
C:\>native2ascii -encoding UTF-8 c:\message.properties    c:\message_zh_CN.properties
```

注意：
使用 native2ascii 命令时，需要将 JDK 的 bin 目录添加到系统环境变量 path 中。

14.2.3　显示所有 Locale 代码

在 Java 中，与国际化编程关系比较密切的类为 Locale。Locale 的一个实例代表了一个特定的语言编码，它提供了语言参数构造方法，例如 public Locale(String language)。

通过以下构造方法可以产生一个美国英语的 Locale 对象：

```
Locale loc = new Locale("en","US");
```

在运行 Java 程序时，Locale 类由 Java 虚拟机提供；运行 Web 程序时，Locale 由浏览器提供。Locale 里面记录着客户的地区与语言信息。Locale 的代码格式形如 zh_CN，其中小写的 zh 为语种，表示简体中文，大写的 CN 为国家(或地区)，表示中国。

下面的程序显示了 Java 支持的所有 Locale。

【例 14-1】输出所有的 Locale 代码。

showAllLocale.jsp 用于显示所有的 Locale，源代码如下：

```jsp
<%@ page language="java" contentType="text/html; charset=UTF-8"%>
<%@page import="java.util.Locale" %>
<%@taglib prefix="c" uri="http://java.sun.com/jsp/jstl/core" %>
<!DOCTYPE HTML PUBLIC "-//W3C//DTD HTML 4.01 Transitional//EN">
<html>
  <head>
    <title>资源国际化显示所有的 Locale 代码</title>
  </head>
    //获得所有本地的 Locale 类，并将其传入页面中
<%
    Locale[] availableLocales = Locale.getAvailableLocales();
    request.setAttribute("availableLocales",availableLocales);
%>
  <body>
      <table border="1" width="100%" cellpadding="2" cellspacing="1">
        <tr>
          <td>名称</td>
          <td>国家</td>
          <td>国家名称</td>
          <td>语言</td>
          <td>语言名称</td>
```

```
                <td>别名</td>
            </tr>
            <c:forEach items="${availableLocales}" var="locale">
                <tr>
                    <td>${locale.displayName}</td>
                    <td>${locale.country}</td>
                    <td>${locale.displayCountry}</td>
                    <td>${locale.language}</td>
                    <td>${locale.displayLanguage}</td>
                    <td>${locale.variant}</td>
                </tr>
            </c:forEach>
        </table>
    </body>
</html>
```

在上述代码中，第 9~12 行代码用于获得所有本地的 Locale 类，并将其传入页面中；而后利用 forEach 标签遍历输出 Locale 类中所包含的名称、国家、国家名称、语言、语言名称以及别名等信息，其运行效果如图 14-4 所示。

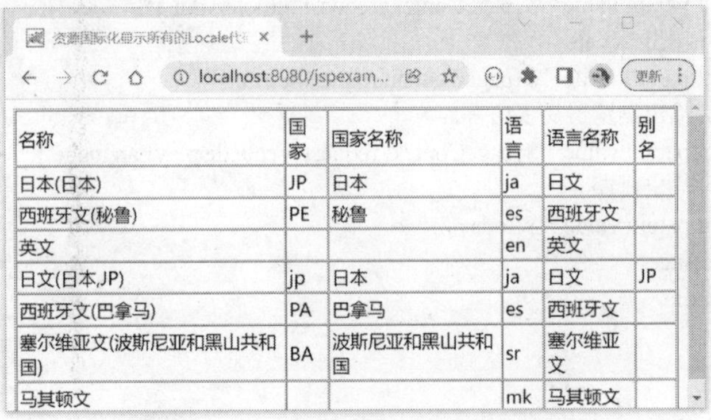

名称	国家	国家名称	语言	语言名称	别名
日本(日本)	JP	日本	ja	日文	
西班牙文(秘鲁)	PE	秘鲁	es	西班牙文	
英文			en	英文	
日文(日本,JP)	jp	日本	ja	日文	JP
西班牙文(巴拿马)	PA	巴拿马	es	西班牙文	
塞尔维亚文(波斯尼亚和黑山共和国)	BA	波斯尼亚和黑山共和国	sr	塞尔维亚文	
马其顿文			mk	马其顿文	

图 14-4　showAllLocale.jsp 页面运行效果

将语言代码与国家代码用下画线连接，即为该 Locale 的代码。例如中国是 zh_CN、美国是 en_US、日本是 ja_JP。一般情况下，默认的资源文件名为*.properties，例如 message.properties，而国家或者地区的资源文件名为*Locale.properties，例如中国的资源文件名为 message_zh_CN.properties，美国的资源文件名为 message_en_US.properties。

注意：

若一个系统支持多个 Locale 功能，则它一般具有多个资源文件。例如，若某 Locale 对应的 properties 文件存在，则会优先显示该 properties 文件里的对应内容。若 properties 文件不存在或者该文件存在，但是对应的 key-value 属性对不存在，则会获取默认资源文件里的内容。若默认资源文件不存在指定的内容，则抛出异常。

14.2.4　带参数的资源

带参数的资源，即资源内容是动态的，部分内容是可以变化的，变化的部分利用参数指定，资源的参数通过{0}、{1}等指定。

【例 14-2】输出带参数的资源。

showParam.jsp 是输出带参数资源的页面，其源代码如下：

```
<%@ page language="java" contentType="text/html; charset=UTF-8"%>
<%@page import="java.util.Date" %>
<%@taglib prefix="fmt" uri="http://java.sun.com/jsp/jstl/fmt" %>
<%@taglib prefix="c" uri="http://java.sun.com/jsp/jstl/core" %>
<!DOCTYPE HTML PUBLIC "-//W3C//DTD HTML 4.01 Transitional//EN">
<html>
  <head>
     <title>显示带参数的资源</title>
  </head>

    <body>
        带参数的资源示例<br/>
        <fmt:bundle basename="param">
        <c:set var="todayT" value="<%=new Date()%>"/>
        <fmt:message key="message">
            <!-- 输出地址 -->
            <fmt:param value="${pageContext.request.remoteAddr }" />
            <!-- 输出 Locale -->
            <fmt:param value="${pageContext.request.locale }" />
            <!-- 输出浏览器显示语言 -->
            <fmt:param value="${pageContext.request.locale.displayLanguage }" />
            <!-- 输出日期 -->
            <fmt:param value="${todayT}" />
        </fmt:message>
        </fmt:bundle>

    </body>
</html>
```

运行上述代码，将输出参数中的信息，如请求的 IP 地址、浏览器语言、日期等。其运行效果如图 14-5 所示。

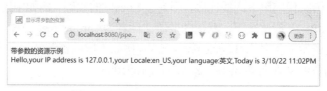

图 14-5　showParam.jsp 页面运行效果

14.2.5　ResourceBundle 类

本地化编程需要用到 ResourceBundle 类，它位于 java.util 之下。ResourceBundle 类实际上只是一个抽象的父类，真正操作的是其子类 ListResourceBundle 和 PropertyResourceBundle。ResourceBundle 类中最重要的方法是 getBundle，开发人员可通过指定参数调用 getBundle 方法获取当前 Locale 对应的本地化资源。ResourceBundle 提供了 6 个 getBundle 方法，其中最为常用的是包含 baseName 和 locale 参数的方法。例如：

```
publc static final ResourceBundle getBundle(String baseName,Locale locale)
```

参数 baseName 用于指定资源的路径；参数 locale 用于指定当前的 Locale。

【例 14-3】利用 Java 获取资源内容。

```java
//JavaGetResouceBundle.java
package com.eshore;
import java.text.MessageFormat;
import java.util.Date;
import java.util.MissingResourceException;
import java.util.ResourceBundle;
public class JavaGetResouceBundle {
    // 资源名称
    private static final String BUNDLE_NAME = "welcome";
    // 资源绑定
    private static final ResourceBundle RESOURCE_BUNDLE =
    ResourceBundle.getBundle(BUNDLE_NAME);
    // 返回不带参数的资源
    public static String getMessage(String key) {
        try {
            return RESOURCE_BUNDLE.getString(key);
        } catch (MissingResourceException e) {
            return key;
        }
    }
    // 返回带任意个参数的资源
    public static String getMessage(String key, Object... params) {
        try {
            String value = RESOURCE_BUNDLE.getString(key);
            return MessageFormat.format(value, params);
        } catch (MissingResourceException e) {
            return key;
        }
    }
    public static void main(String args[]) {
        System.out.println(getMessage("welcomeinfo"));
        System.out.println(getMessage("message","127.0.0.1","en_US","英文",new Date()));
    }
}
```

上述代码中，ResourceBundle 类会绑定 message 的资源，然后根据用户不同的 Locale 选择显示不同的 properties 文件内容。

14.2.6　Servlet 的资源国际化

Servlet 的资源国际化就是在 Servlet 类中运用 ResourceBundle 类绑定资源文件，并输出到页面中，例如将例 14-3 进行改造，将 JavaGetResourceBundle 类改造成 Servlet 类并输出到页面。

【例 14-4】使用 Servlet 实现资源国际化。

```java
//GetResourceBundleServlet.java
package com.eshore;
import java.io.IOException;
```

```
import java.io.PrintWriter;
import java.util.Locale;
import java.util.ResourceBundle;
import javax.servlet.ServletException;
import javax.servlet.http.HttpServlet;
import javax.servlet.http.HttpServletRequest;
import javax.servlet.http.HttpServletResponse;

public class GetResourceBundelServlet extends HttpServlet {
    private static final long serialVersionUID = 1L;
    public GetResourceBundelServlet() {
        super();
    }
    public void destroy() {
        super.destroy(); // 父类销毁
    }
    public void doGet(HttpServletRequest request, HttpServletResponse response)
            throws ServletException, IOException {
        doPost(request,response);
    }
    public void doPost(HttpServletRequest request, HttpServletResponse response)
            throws ServletException, IOException {
        //设定页面请求的 Locale
        Locale loc = request.getLocale();
        //绑定 welcome 资源文件
        ResourceBundle rb = ResourceBundle.getBundle("welcome", loc);
        //获取文件上的 welcomeinfo 内容
        String welcomeinfo = rb.getString("welcomeinfo");
        //获取文件上的 message 内容
        String message = rb.getString("message");
        response.setContentType("text/html;charset=utf-8");
        PrintWriter out = response.getWriter();
        out.println("<!DOCTYPE HTML PUBLIC \"-//W3C//DTD HTML 4.01 Transitional//EN\">");
        out.println("<HTML>");
        out.println("<HEAD><TITLE>welcomeinfo</TITLE></HEAD>");
        out.println("<BODY>");
        out.println("<h2>"+welcomeinfo+"</h2>");
        out.println("http://blog.sina.com.cn/u/1268307652</br>");
        out.println("<h4>"+message+"</h4>");
        out.println("</BODY>");
        out.println("</HTML>");
        out.flush();
        out.close();
    }
    public void init() throws ServletException {
    }
}
```

在上述代码中，取得页面请求的 Locale，利用指定的 Locale 获取绑定的资源文件，最后将文件内容输出到页面中。完成上述代码并编译与部署后，在浏览器中访问该 Servlet，可以发现

当浏览器发送不同的 Locale 时，它的页面将分别显示中文和英文文字。其运行效果如图 14-6
和图 14-7 所示。

图 14-6 Servlet 资源国际化中文显示效果

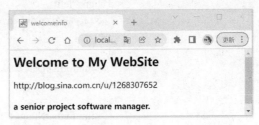

图 14-7 Servlet 资源国际化英文显示效果

14.2.7 显示所有 Locale 的数字格式

一般情况下，Web 程序中需要格式化的数据包括数字、日期、时间、百分比、货币等。不
同地区或国家的显示方法会稍有不同，也有可能截然不同。如果显示不对，差别就会很大，因
此 JSP 中尽量使用 JSTL 标签，它支持资源国际化，能根据用户的 Locale 自动选择合适的数据
格式。

【例 14-5】显示所有 Locale 的数字格式。

showNumber.jsp 页面用于显示所有地区的 Locale 数字格式，其源代码如下：

```jsp
<%@ page language="java" contentType="text/html; charset=UTF-8"%>
<%@ taglib uri="http://java.sun.com/jsp/jstl/core" prefix="c"%>
<%@ taglib uri="http://java.sun.com/jsp/jstl/fmt" prefix="fmt"%>
<%@page import="java.util.*"%>
<%
    request.setAttribute("availableLocales", Locale.getAvailableLocales());
%>
<!DOCTYPE HTML PUBLIC "-//W3C//DTD IITML 4.01 Transitional//EN">
<html>
  <head>
    <title>显示所有 Locale 的数字格式</title>
  </head>
  <body>
      <table border="1" width="100%" cellpadding="2" cellspacing="1">
        <tr>
            <td>Locale 码</td>
            <td>语言</td>
            <td>日期时间</td>
            <td>数字</td>
            <td>货币</td>
            <td>百分比</td>
        </tr>
        <c:set var="date" value="<%=new Date()%>"/>
        <c:forEach var="locale" items="${availableLocales}">
            <fmt:setLocale value="${ locale }" />
            <tr>
                <td align="left">
```

```
                    ${ locale.displayName }
                </td>
                <td align="left">
                    ${ locale.displayLanguage }
                </td>
                <td>
                    <fmt:formatDate value="${date}" type="both" />
                </td>
                <td>
                    <fmt:formatNumber value="100000.5" />
                </td>
                <td>
                    <fmt:formatNumber value="100000.5" type="currency" />
                </td>
                <td>
                    <fmt:formatNumber value="100000.5" type="percent" />
                </td>
            </tr>
        </c:forEach>
    </table>
</body>
</html>
```

上述代码中，首先向页面存放本地的 Locale 集合，JSP 运用<c:forEach>标签循环遍历输出各地的日期、货币、百分比格式。运行效果如图 14-8 所示。

图 14-8   showNumber.jsp 页面运行效果

14.2.8   显示全球时间

本节介绍如何使用<fmt:timeZone>标签显示全球时间。TimeZone 类代表时区，用来表示不同地区间的时间差异。地球上共有 24 个时区，每两个相邻的时区区间相差 1 个小时。

【例 14-6】显示全球时间。

```
//showtimeZone.jsp
<%@ page language="java" contentType="text/html; charset=UTF-8"%>
<%@page import="java.util.*"%>
<%@taglib prefix="c" uri="http://java.sun.com/jsp/jstl/core"%>
<%@taglib prefix="fmt" uri="http://java.sun.com/jsp/jstl/fmt"%>
<!DOCTYPE HTML PUBLIC "-//W3C//DTD HTML 4.01 Transitional//EN">
```

```
<html>
    <head>
        <title>显示全球时间</title>
    </head>
    <%
        Map<String, TimeZone> hashMap = new HashMap<String, TimeZone>();
        for (String id : TimeZone.getAvailableIDs()) {  //所有可用的 TimeZone
            hashMap.put(id, TimeZone.getTimeZone(id));
        }
        request.setAttribute("timeZoneIds", TimeZone.getAvailableIDs());
        request.setAttribute("timeZone", hashMap);
        request.setAttribute("date",new Date());          //当前时间
    %>
    <body>
        <fmt:setLocale value="zh_CN" />
        现在时刻：<%=TimeZone.getDefault().getDisplayName()%>
        <fmt:formatDate value="${date}" type="both" />
        <br />
        <table border="1">
            <tr>
                <td>时区 ID</td>
                <td>时区</td>
                <td>现在时间</td>
                <td>时差</td>
            </tr>
            <c:forEach var="id" items="${ timeZoneIds }" varStatus="status">
                <tr>
                    <td>${id}</td>
                    <td>${timeZone[id].displayName}</td>
                    <td>
                        <!-- 用 fmt 标签格式化日期输出 -->
                        <fmt:timeZone value="${id}">
                            <fmt:formatDate value="${date}" type="both" timeZone="${id}" />
                        </fmt:timeZone>
                    </td>
                    <td>
                        ${ timeZone[id].rawOffset / 60 / 60 / 1000 }
                    </td>
                </tr>
            </c:forEach>
        </table>
    </body>
</html>
```

上述代码中，向页面传递 TimeZone 类中所包含的全球时间内容，然后遍历输出 TimeZone
类中的内容。运行效果如图 14-9 所示。

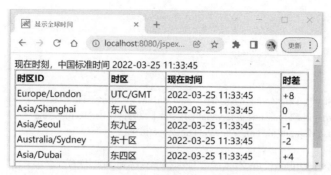

图 14-9　显示全球时间

上述情况不是直接输出日期时间，而是根据不同的 Locale 显示不同的日期时间。JSP 中可以使用<fmt:timeZone>标签输出日期，它会根据客户所在的时区自动输出当地时间。

14.3　本章小结

本章详细介绍了资源国际化编程的基础知识，由于 Web 应用服务的广泛使用，因此了解并运用资源国际化编程在日后的 Web 开发中非常重要。在学习完本章内容之后，希望读者能够尝试开发出一套适合世界各地语言的 Web 应用系统。

14.4　实践与练习

1. 在 JSP 中，实现资源国际化编程的关键类名称是什么？
2. 一般是对哪些内容进行资源国际化编程？
3. 利用编码获取带参数的资源文件内容。

∽ 第 15 章 ∾

购物网站

当下，人们已经习惯了网上购物带来的便利，因此网站的建设要求也越来越复杂。本章将实现一个简易的购物网站。该网站采用 JSP+Servlet+JavaBean 技术完成，JSP 页面负责展示数据，Servlet 负责实现业务逻辑，JavaBean 负责数据的处理。这是 JSP 小型项目常用的分层思想，也是现在三大框架(Struts、Spring、Hibernate)常用的技术，读者应熟练掌握这种分层技术，对以后学习大型项目的开发能起到事半功倍的作用。

本章的学习目标：

- 以购物网站的开发与实现为主线，从系统需求、系统总体架构、数据库设计、系统详细设计这 4 个方面逐步深入分析，详细讲述该系统的实现过程。
- 复习前面章节所介绍的知识点。

15.1 系统需求分析

某商户为加快人们对自己商品的了解，想要开发一个购物网站，用户通过该网站可在网上查询商品的相关信息，并对自己满意的商品进行下单购买。

购物网站分成五大模块，即用户登录模块、用户管理模块、购物车模块、商品模块、支付模块，如图 15-1 所示。

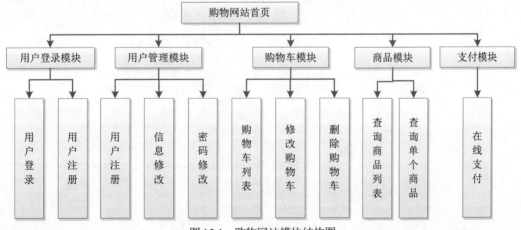

图 15-1 购物网站模块结构图

（1）用户登录模块。用户登录模块的主要作用是判断用户是否登录，以及实现用户退出系统的操作。只有当用户登录系统才可以进行购买商品和支付操作。

（2）用户管理模块。用户管理模块负责对注册的用户进行管理，其功能有用户注册、信息修改、密码修改等操作。

（3）购物车模块。购物车模块负责对已登录用户购买的商品进行管理，其功能有查看购物车列表、修改购物车列表、删除购物车列表等操作。

（4）商品模块。商品模块的主要作用是查询商品列表及单个商品。

（5）支付模块。支付模块用于对购买商品的支付操作。本系统只对购物车商品进行状态处理，没有实现银行的支付接口。

15.2 系统总体架构

本网站系统的业务逻辑比较简单，容易理解，采用目前比较流行的三层架构就能实现。系统的层次结构如图 15-2 所示。系统流程如图 15-3 所示。

图 15-2 系统分层结构图

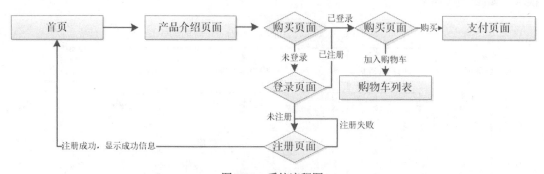

图 15-3 系统流程图

15.3 数据库设计

在进行数据库设计时，一般先构建 E-R 图，再根据 E-R 图创建数据库表、视图等。此外，还可以借助一些 OOA(Object-Oriented Analysis，面向对象分析)工具(例如 PowerDesigner、Rose 等)进行数据库的设计。

15.3.1 E-R 图

本系统仅为简易购物网站，所以涉及的表结构很简单，只有 3 张表：用户、购物车、商品。其 E-R 关系如图 15-4 所示。

图 15-4　系统 E-R 图

一个用户只能有一个购物车，从购物车支付商品之后就清空这个用户的购物车数据；购物车里可以拥有多个商品 ID，同样一个商品 ID 可以存在多个购物车中，所以购物车与商品之间为多对多的关系。

15.3.2 数据物理模型

根据图 15-4 所示的 E-R 图，可以设计出系统的数据物理模型。下面对关系图中表的设计进行简要分析。

1. 用户表

用户表 users 的字段名称及详细信息，如表 15-1 所示。

表 15-1　users 表

字段名称	含义	数据类型	是否主键	是否为空	是否外键	其他约束
uid	用户 ID	int	Yes	No	No	AUTO_INCREMENT
uname	用户姓名	varchar(20)	No	No	No	
passwd	登录密码	varchar(50)	No	No	No	
email	Email	varchar(50)	No	No	No	
lastlogin	最后登录时间	datetime	No	No	No	
gid	物品 ID	int	Yes	No	No	AUTO_INCREMENT
kinds	商品类别	varchar(50)	No	No	No	
gname	商品名称	varchar(100)	No	No	No	
gphoto	商品照片	varchar(100)	No	No	No	

2. 商品表

商品表 goods 的字段名称及详细信息，如表 15-2 所示。

表 15-2　goods 表

字段名称	含义	数据类型	是否主键	是否为空	是否外键	其他约束
gid	物品 ID	int	Yes	No	No	AUTO_INCREMENT
kinds	商品类别	varchar(50)	No	No	No	
gname	商品名称	varchar(100)	No	No	No	
gphoto	商品照片	varchar(100)	No	No	No	
types	商品型号	varchar(100)	No	No	No	
producer	生产商	varchar(50)	No	No	No	
price	商品价格	float(10,2)	No	No	No	
carriage	运费	float(10,2)	No	No	No	
pdate	生产日期	datetime	No	No	No	
paddress	生产地址	varchar(100)	No	No	No	
described	商品描述	varchar(200)	No	No	No	

3. 购物车表

购物车表 shoppingcart 的字段名称及详细信息，如表 15-3 所示。

表 15-3　shoppingcart 表

字段名称	含义	数据类型	是否主键	是否为空	是否外键	其他约束
id	购物车 ID	int	Yes	No	No	AUTO_INCREMENT
uid	用户 ID	int	No	No	No	
gid	物品 ID	int	No	No	No	
status	购物车状态	int	No	No	No	0 未支付 1 已支付
number	物品数量	int	No	No	No	

15.4 系统详细设计

下面详细列出本系统的所有源代码和所有文件。

15.4.1 系统包的介绍

购物网站系统采取三层架构的模式设计,系统开发的 JavaBean 和 Servlet 类包如图 15-5 所示。

其中，com.eshore.action 包中存放的是对系统所有操作的相关类；com.eshore.dao 包中存放的是对系统数据操作的相关类；com.eshore.db 包中存放的是对系统数据库链接的相关类；

com.eshore.factory 包中存放的是对数据实现的相关类；com.eshore.filters 包中存放的是系统的
Servlet 过滤器相关类；com.eshore.pojo 包中存放的是系统的 JavaBean 相关类；com.eshore.service
包中存放的是对数据真实操作的相关类；com.eshore.tag 包中存放的是系统的自定义标签相关
类；com.eshore.utils 包中存放的是系统的工具类。

有关页面中的相关代码存放在 WebRoot 目录下，其中 common 包中存放的是共有的页面；
css 包中存放的是页面样式；js 存放的是页面用到的 JavaScript；其他目录是按照各功能模块存
放相应的页面。

图 15-5 系统的包结构

15.4.2 系统的关键技术

1. 数据库连接

数据库连接是引用第 9 章中的数据库连接代码，代码的详细说明见第 9 章，此处不再赘述。

2. 系统分页技术

在本网站中运用自定义标签的方式进行分页。

(1) 定义标签基本类，方便以后将其扩展。源代码如下：

```
package com.eshore.tag;
import javax.servlet.ServletRequest;
import javax.servlet.jsp.tagext.TagSupport;
/**
 *基本的标签类
 */
public class BaseTagSupport extends TagSupport{
    private static final long serialVersionUID = 1L;
    protected ServletRequest getRequest(){
        return pageContext.getRequest();
    }
}
```

在上述代码中，BaseTagSupport 类继承了 TagSupport 类；BaseTagSupport 类中定义了 getRequest 方法，用于获取 ServletRequest 请求对象，以后的标签类只要继承 BaseTagSupport 就可以获取到请求对象。

（2）编写分页标签类 PageTag.java，其源代码如下：

```
package com.eshore.tag;
import javax.servlet.jsp.JspException;
import org.apache.log4j.Logger;
public class PageTag extends BaseTagSupport {
    private static final Logger log = Logger.getLogger(PageTag.class);
    private PageObject object;        //分页对象
    private String link;              //分页链接
    private String script;            //页面 JavaScript 方法名
    //get()和 set()方法
    public int doStartTag() throws JspException {
        int[] iparams={0,0,0};
        String[] sparams={"",""};
        if(object!=null && object.getData()!=null){
            iparams[0]=object.getDataCount();
            iparams[1]=object.getPageCount();
            iparams[2]=object.getCurPage();
            if(link!=null && link!=""){
                sparams[0]=link;
            }
            if(script!=null && script!=""){
                sparams[1]=script;
            }
        }
        getRequest().setAttribute("iPageObjectTag", iparams);
        getRequest().setAttribute("sPageObjectTag", sparams);
        return EVAL_BODY_INCLUDE;
    }
    public int doEndTag() throws JspException {
        getRequest().removeAttribute("iPageObjectTag");
        getRequest().removeAttribute("sPageObjectTag");
        return EVAL_PAGE;
    }
}
```

在上述代码中，首先定义了标签中用到的属性，包括 object、link、script；然后利用 int 类型数组分别存放分页中的数据、分页的页数、当前页，String 类型数组分别存放跳转链接和页面的方法。分页对象 PageObject 的源代码如下：

```
package com.eshore.tag;
import java.util.List;
import javax.servlet.http.HttpServletRequest;
public class PageObject {
    private final int DEFAULT_PAGE_SIZE = 10;        //默认显示记录数
    private final int DEFAULT_CUR_SIZE = 1;          //默认当前页
```

```java
        private List data;                                  //数据列表
        private int dataCount;                              //数据总数
        private int pageSize;                               //显示记录数
        private int pageCount;                              //总页数
        private int curPage;                                //当前页
        //······省略 get()和 set()方法
        public void reqProperty(HttpServletRequest request) {
            String curPage = null, pageSize = null, dataCount = null;
            curPage = request.getParameter("curPage");      //设定当前页数
            if (curPage != null && curPage != "") {
                try {
                    this.curPage = Integer.valueOf(curPage).intValue();
                } catch (NumberFormatException ex) {
                }
            }
            pageSize = request.getParameter("pageSize");    //设定每页的显示数量
            if (pageSize != null && pageSize != "") {
                try {
                    this.pageSize = Integer.valueOf(pageSize).intValue();
                } catch (NumberFormatException ex) {
                    ex.printStackTrace();
                }
            }
            dataCount = request.getParameter("dataCount");  //设定总数量
            if (dataCount != null && dataCount != "") {
                try {
                    this.dataCount = Integer.valueOf(dataCount).intValue();
                } catch (NumberFormatException ex) {
                    ex.printStackTrace();
                }
            }
        }
        public int getBeginPoint() {                        //获取开始的数据点
            return (getCurPage() - 1) * getPageSize();
        }
        //获得 PageObject 对象
        public static PageObject getInstance(HttpServletRequest request) {
            PageObject pageObject = new PageObject();
            pageObject.reqProperty(request);
            return pageObject;
        }
}
```

上述代码设定了分页中需要用到的属性，例如数据列表、数据总数、总页数、当前页等。

(3) 定义一个标签文件 lms.tld，存放在 WEB-INF 目录下。文件的内容如下：

```xml
<?xml version="1.0" encoding="UTF-8"?>
<!DOCTYPE taglib PUBLIC "-//Sun Microsystems, Inc.//DTD JSP Tag Library 1.2//EN"
                    "http://java.sun.com/dtd/web-jsptaglibrary_1_2.dtd">
<taglib>
    <tlib-version>1.0</tlib-version>
```

```
            <jsp-version>1.2</jsp-version>
            <short-name>lms</short-name>
            <uri>/lms-tags</uri>
            <tag>
                <name>page</name>
                <tag-class>com.eshore.tag.PageTag</tag-class>
                <body-content>JSP</body-content>
                <description>分页</description>
                <attribute>
                    <name>object</name>
                    <required>true</required>
                    <rtexprvalue>true</rtexprvalue>
                    <type>com.eshore.tag.PageObject</type>
                    <description>PageObject 对象</description>
                </attribute>
                <attribute>
                    <name>link</name>
                    <rtexprvalue>true</rtexprvalue>
                    <type>java.lang.String</type>
                    <description>转向 URL 如:fileQuery.jsp?guid=123456</description>
                </attribute>
                <attribute>
                    <name>script</name>
                    <rtexprvalue>true</rtexprvalue>
                    <type>java.lang.String</type>
                    <description>onclick 的 js function 如:doSubmit,必须带一个参数 pageNo(要转向的页码)
                    </description>
                </attribute>
            </tag>
</taglib>
```

在上述代码中，定义了标签的 3 个属性 object、link、script，并设置它们的属性类型。分页页面 page.jsp 的代码如下：

```
<%@ page language="java" pageEncoding="UTF-8"%>
<%@taglib prefix="c" uri="http://java.sun.com/jsp/jstl/core" %>
<style type="text/css">
.page_bg td{ background:#d9ecf2; height:24px; border-bottom:1px solid #abc4de;}
</style>
<table width="100%" align="center" cellpadding="0" cellspacing="0">
  <c:choose>
        <c:when test="${request.iPageObjectTag[1]==0}">
            <tr>
                <td align="right" height="40"><img src="${pageContext.request.contextPath}
                /common/images/turnpage_ico.gif" width="36" height="36" /></td>
                <td colspan="9" class="font14_blue_line30">   当前没有相关信息！</td>
            </tr>
        </c:when>
        <c:when test="${request.iPageObjectTag[1]==1}">
            <tr class="page_bg">
                <td height="35" colspan="10" class="font12_blue">   共有 <strong><span id=
```

```
            "count"><c:out value="${iPageObjectTag[0]}"/></span></strong> 条记录!</td>
    </tr>
    </c:when>
    <c:otherwise>
            <tr class="page_bg">
            <td style="width:10%; " height="35" nowrap="nowrap" >  共有 <strong><span
            id="count"><c:out value="${iPageObjectTag[0]}"/></span></strong>条记录 </td>
            <td style="width:12%;" nowrap="nowrap"> 当前第 <strong><c:out value=
            "${iPageObjectTag[2]}"/></strong> 页/共 <strong><c:out value="${iPageObjectTag[1]}"/>
            </strong> 页</td>
            <td style="width:63%; line-height:35px; vertical-align:middle; padding-top:5px;
            padding-right:5px;" valign="middle" align="right" nowrap="nowrap">
                <img title="第一页" src="${pageContext.request.contextPath}
                /common/images/dg_btn_lt_end.gif" border="0" onclick="toPage(1)" style=
                "cursor:hand"/> 
                <img title="上一页" src="${pageContext.request.contextPath}
                /common/images/dg_btn_lt.gif" border="0" onclick="toPage(${iPageObjectTag[2]-1})"
                style="cursor:hand"/> 
                <img title="下一页" src="${pageContext.request.contextPath}
                /common/images/dg_btn_rt.gif" border="0" onclick="toPage(${iPageObjectTag[2]+1})"
                style="cursor:hand"/> 
                <img title="最后一页" src="${pageContext.request.contextPath}
                /common/images/dg_btn_rt_end.gif" border="0" onclick="toPage(${iPageObjectTag[1]})
                " style="cursor:hand"/></td>
            <td style="width:9%;" nowrap="nowrap">到第 <input id="tagCurPage" size="2"
            maxlength="3" onkeypress="return myKeyPress(event);" style="cursor:hand; position:relative;
            top:2px; height:16px; padding:0px; margin:0px;"/> 页</td>
            <td style="width:5%;" colspan="6" nowrap="nowrap"> <img src=
            "${pageContext.request.contextPath}/common/images/turnpage_go.gif" width="24"
            height="20" border="0" title="GO" onclick="toPage(-1)" style="cursor:hand; position:relative;
            top:2px;"/></td>
        </tr>
<script>
    var pageCount=${iPageObjectTag[1]};
    var curPage=${iPageObjectTag[2]};
    function toPage(pageNo){
        if(pageNo<0){
            var tagCurPage=document.getElementById("tagCurPage").value
            if(tagCurPage.length>0){
                pageNo=parseInt(tagCurPage);
            }
        }
        if(pageNo==curPage || pageNo<1 || pageNo>pageCount){
                return;
        }
        if(${sPageObjectTag[1]}==''){
            window.location="${sPageObjectTag[0]}curPage="+pageNo+"&amp;dataCount="
            +${iPageObjectTag[0]};
        }else{
                ${sPageObjectTag[1]}(pageNo);
```

```
            }
        }
        function myKeyPress(evt){
            evt = (evt) ? evt : ((window.event) ? window.event : "") //兼容 IE 和 Firefox 获得 keyBoardEvent
            对象
            var key = evt.keyCode?evt.keyCode:evt.which; //兼容 IE 和 Firefox 获得 keyBoardEvent 对象的键值
            if((key < 48 || key > 57)){
                return false;
            }
        }
    </script>
        </c:otherwise>
    </c:choose>
</table>
```

上述代码就是分页页面的通用代码，在运用的时候可以直接引入要分页的页面中。

3. 自定义版权标签

自定义版权标签和标签文件 copyright.tld，源代码如下：

```
<?xml version="1.0" encoding="UTF-8" ?>
<!DOCTYPE taglib
    PUBLIC "-//Sun Microsystems, Inc.//DTD JSP Tag Library 1.2//EN"
    "http://java.sun.com/dtd/web-jsptaglibrary_1_2.dtd">
<taglib>
    <tlib-version>1.0</tlib-version>
    <jsp-version>1.2</jsp-version>
    <short-name>linl</short-name>
    <uri>/copyright-tags</uri>
    <tag>
        <name>copyright</name>
        <!-- 自定义标签的实现类路径 -->
        <tag-class>com.eshore.tag.CopyRightTag</tag-class>
        <!-- 正文内容类型  没有正文内容用 empty 表示 -->
        <body-content>empty</body-content>
        <!-- 自定义标签的功能描述 -->
        <description>自定义版权</description>
        <!-- 添加 attribute 属性 -->
        <attribute>
            <name>user</name>
            <required>true</required>
            <rtexprvalue>true</rtexprvalue>
            <type>java.lang.String</type>
            <description>版权拥有者</description>
        </attribute>
        <attribute>
            <name>startY</name>
            <required>true</required>
            <rtexprvalue>true</rtexprvalue>
            <type>java.lang.String</type>
```

```
            <description>开始月份</description>
        </attribute>
    </tag>
</taglib>
```

4. 业务操作类

在开发系统中，尽量采用解耦方式开发程序，这样可以提高系统的可读性和可维护性。同样，在本系统开发中，应尽可能分清数据的操作和数据库的操作，因此需先定义一个业务操作类 DAOFactory，其作用是获取各个业务的数据操作方法，其源代码如下：

```
package com.eshore.factory;
import com.eshore.dao.ShoppingCartDao;
import com.eshore.dao.GoodDao;
import com.eshore.dao.UserDao;
import com.eshore.service.ShoppingCartService;
import com.eshore.service.GoodService;
import com.eshore.service.UsersService;
public class DAOFactory {
    //取得 Good 业务操作类
    public static GoodDao getGoodDAOInstance()throws Exception {
        return new GoodService();
    }
    //取得 ShoppingCart 业务操作类
    public static ShoppingCartDao getShoppingCartDAOInstance()throws Exception {
        return new ShoppingCartService();
    }
    //取得 User 业务操作类
    public static UserDao getUserDAOInstance()throws Exception {
        return new UsersService();
    }
}
```

在上述代码中，首先分别获得商品操作类 GoodService、购物车操作类 ShoppingCartService、用户操作类 UsersService。

15.4.3　过滤器

1. 字节过滤器

前面章节介绍了 Servlet 过滤器的使用，在本网站中也将用到字符过滤器与登录过滤器。其中，字符过滤器代码和前面第 7 章介绍的过滤代码一样，具体内容请参照第 7 章。

2. 登录过滤器

登录过滤器的作用是为了防止用户没有登录系统，直接对商品进行支付或者查看购物车中的商品。在过滤的过程中，判断 session 中是否存在该用户，如果不存在，则说明用户没有登录，系统返回到登录页面。LoginFilter 的源代码如下：

```
package com.eshore.filters;
import java.io.IOException;
import javax.servlet.Filter;
import javax.servlet.FilterChain;
import javax.servlet.FilterConfig;
import javax.servlet.ServletException;
import javax.servlet.ServletRequest;
import javax.servlet.ServletResponse;
import javax.servlet.annotation.WebFilter;
import javax.servlet.http.HttpServletRequest;
import javax.servlet.http.HttpServletResponse;
import org.apache.log4j.Logger;
@WebFilter(
        description = "登录过滤",
        filterName = "loginFilter",
        urlPatterns = { "/user/*","/shoppingcart/*" }
    )
public class LoginFilter implements Filter {

    private static Logger log = Logger.getLogger("LoginFilter");
    private String filterName="";        //过滤器名称
    public void destroy() {
        log.debug("请求销毁");
    }
    public void doFilter(ServletRequest req, ServletResponse res,
            FilterChain chain) throws IOException, ServletException {
        HttpServletRequest request = (HttpServletRequest) req;
        HttpServletResponse response = (HttpServletResponse) res;
        log.debug("请求被"+filterName+"过滤");
        String uname =(String) request.getSession().getAttribute("uname");
        System.out.println("过滤器 name:"+uname);
        //请求过滤，如果用户为空，返回登录页面
        if (uname == null) {
            request.setAttribute("status", "请先登录");
            request.getRequestDispatcher("/login.jsp")
            .forward(request, response);
        } else {
            chain.doFilter(req, res);
        }
    }
    public void init(FilterConfig filterConfig) throws ServletException {
        ……
    }
}
```

15.5   系统首页与公共页面

系统首页 index.jsp 是展示商品的页面，源代码如下：

```
<%@ page language="java" import="java.util.*" pageEncoding="UTF-8"%>
<!DOCTYPE HTML PUBLIC "-//W3C//DTD HTML 4.01 Transitional//EN">
<html>
    <head>
        <title>淘淘网—开心淘！</title>
        <jsp:include page="common/common.jsp"/>
        <script type="text/javascript" src="js/common/index.js"></script>
    </head>
    <body>
        <div align="center">
            <div id="top">
                <jsp:include page="head.jsp"></jsp:include>
            </div>
            <p>
            <div id="logoselect">
                <jsp:include page="logo_select.jsp"></jsp:include>
            </div>
            <input id="status" type="hidden" name="status" value="${status}">
            <div id="main">
              <div>
                <br>
                <table border="1" id="list">
                  <tr class="goodlist">
                    <td>
                            <br/>
                            数
                            <br/>
                            <br/>
                            码
                            <br/>
                    <td>
                    <td>
                        <a href="goods?keyWord=cellphone&keyClass=2&action=index-select">品牌手机</a>
                        <br>
                        <a href="goods?keyWord=nokia&keyClass=4&action=index-select">诺基亚</a>|
                        <a href="goods?keyWord=iPhone&keyClass=4&action=index-select">iPhone</a>|
                    </td>
                    <td>
                        <a href="goods?keyWord=camera&keyClass=2&action=index-select">数码相机</a>
                        <br>
                        <a href="goods?keyWord=fujinon&keyClass=4&action=index-select">富士</a>|
                        <a href="goods?keyWord=nikon&keyClass=4&action=index-select">尼康</a>|
                        <br>
                    </td>
                    <td>
                        <a href="goods?keyWord=notebook&keyClass=2&action=index-select">笔记本电脑</a>
                        <br>
                        <a href="goods?keyWord=lenovo&keyClass=4&action=index-select">联想</a>|
                        <a href="goods?keyWord=dell&keyClass=4&action=index-select">dell</a>|
                            <br>
```

```
                                    <a href="goods?keyWord=acer&keyClass=4&action=index-select">宏基</a>|
                                    <a href="goods?keyWord=benq&keyClass=4&action=index-select">明基</a>|
                              </td>
                        </tr>
                  </table>
            </div>
      </div>
      <div id="foot">
            <jsp:include page="foot.jsp"></jsp:include>
      </div>
   </div>
</body>
</html>
```

以上代码包括首页的顶部内容、搜索框内容和正文内容，其中正文内容利用超链接来显示各个商品。另外，还有引入公共样式的代码，代码如下：

```
<link rel="stylesheet" type="text/css" href="css/styles.css">
<script type="text/javascript" src="js/jquery.js"></script>
<script type="text/javascript" src="js/jquery.validate.js"></script>
<script type="text/javascript" src="js/messages_cn.js"></script>
```

上述代码的第 1 行导入系统用到的样式文件，第二行导入 jquery.js。head.jsp 页面中包含用户是否已经登录的判断，以及显示超链接等信息。

首页的底部内容主要是显示版权信息。底部 foot.jsp 页面的源代码如下：

```
<%@ taglib prefix="linl" uri="/copyright-tags" %>
<!DOCTYPE HTML PUBLIC "-//W3C//DTD HTML 4.01 Transitional//EN">
<html>
   <head>
         <title>淘淘，开心淘！</title>
   </head>
   <body>
         <div align="center">
         <hr>
               <font size="2" color="black">
               <linl:copyright startY="2022"   user="buaalandy"/>
                         
                  <a href="buaalandy@163.com">联系我们</a> </font>
         </div>
   </body>
</html>
```

上述代码中，首先引入了自定义版权标签，然后利用版权标签显示内容。首页效果如图 15-6 所示。

图 15-6　首页效果图

15.6　用户登录模块

用户登录界面 login.jsp 提供用户名和密码输入框，用户输入用户名和密码后进行提交，验证成功后跳转到系统首页，否则提示相应的错误信息。前面已有类似代码，在此不再赘述。

form 表单中用于跳转的 Servlet 类 LoginServlet.java，其源代码如下：

```java
package com.eshore.action;
import java.io.IOException;
import javax.servlet.ServletException;
import javax.servlet.annotation.WebServlet;
import javax.servlet.http.HttpServlet;
import javax.servlet.http.HttpServletRequest;
import javax.servlet.http.HttpServletResponse;
import com.eshore.factory.DAOFactory;
import com.eshore.pojo.Users;
@WebServlet(
    urlPatterns = { "/login" },
    name = "loginServlet"
)
public class LoginServlet extends HttpServlet {
    private static final long serialVersionUID = 1L;
    public void doGet(HttpServletRequest request, HttpServletResponse response)
            throws ServletException, IOException {
        this.doPost(request, response);
    }
    public void doPost(HttpServletRequest request, HttpServletResponse response)
            throws ServletException, IOException {
        String uname = request.getParameter("uname");   //获取用户名
        String passwd = request.getParameter("passwd"); //获取用户密码
```

```
String action = request.getParameter("action");        //获取 action 类型
String path = null;
try{
    if (action.equals("login")) {                      //如果是登录
        Users user = DAOFactory.getUserDAOInstance().
            queryByName(uname);                        //根据用户名查询用户
        if (passwd.equals(user.getPasswd())) {         //输入的密码与数据库中的一致
            request.getSession().setAttribute("uname", uname);
            request.getSession().setAttribute("uid", user.getUid());
            path = "index.jsp";
        } else {
            request.setAttribute("status", "用户名或密码错误！");
            path = "login.jsp";
        }
    } else if (action.equals("logout")) {              //用户退出，注销 session 中的用户
        request.getSession().removeAttribute("uname");
        request.getSession().removeAttribute("uid");
        path = "login.jsp";
    }
}catch(Exception e){
    e.printStackTrace();
}
request.getRequestDispatcher(path).forward(request, response);
}
}
```

上述代码中，首先利用注入方式声明了 Servlet，然后判断页面中的 action 参数是登录还是退出：如果是登录操作，则验证密码是否输入正确，并保存到 session 中；如果是注销操作，则注销 session 中的用户，登录界面如图 15-7 所示。

图 15-7　登录页面效果图

15.7　用户管理模块

用户管理模块的内容包括用户注册、用户信息修改、用户信息查看、用户密码修改等操作，下面逐一进行介绍。

15.7.1　用户注册

用户注册页面 register.jsp，需要用户提供用户名、密码、邮箱等信息，其中用户名和邮箱必须是在本网站中未被注册过的。利用 form 表单提供用户名、密码、邮箱输入框且都是必选项，action 路径是 register，提交方法是 POST，页面底部显示版权页面。由于篇幅有限，这里仅介绍部分源代码。注册提交的 RegisterServlet 类源代码如下：

```java
package com.eshore.action;
import java.io.IOException;
import javax.servlet.ServletException;
import javax.servlet.annotation.WebServlet;
import javax.servlet.http.HttpServlet;
import javax.servlet.http.HttpServletRequest;
import javax.servlet.http.HttpServletResponse;
import com.eshore.factory.DAOFactory;
import com.eshore.pojo.Users;
@WebServlet(
    urlPatterns = { "/register" },
    name = "registerServlet"
)
public class RegisterServlet extends HttpServlet {
    private static final long serialVersionUID = 1L;
    public void doGet(HttpServletRequest request, HttpServletResponse response)
            throws ServletException, IOException {
        this.doPost(request, response);
    }
    public void doPost(HttpServletRequest request, HttpServletResponse response)
            throws ServletException, IOException {
        //获取页面参数，包括用户名、密码、邮箱
        String uname = request.getParameter("uname");
        String passwd = request.getParameter("passwd");
        String email = request.getParameter("email");
        String path = null;
        //为用户设定属性值
        Users user = new Users();
        user.setUname(uname);
        user.setPasswd(passwd);
        user.setEmail(email);
        try{
            if (DAOFactory.getUserDAOInstance().
                    queryByName(uname).getUid() == 0) {//  用户名可用
                if (DAOFactory.getUserDAOInstance().
```

```
                                queryByEmail(email).getUid() == 0) {// 邮箱可用
                                if (DAOFactory.getUserDAOInstance().addUser(user) == 1) {
                                    request.getSession().setAttribute("uname", uname);
                                    request.getSession().setAttribute("uid",
                                            DAOFactory.getUserDAOInstance().queryByName(uname).getUid());
                                    path = "index.jsp";
                                    request.setAttribute("status", "恭喜您，注册成功！");
                                } else {
                                    path = "register.jsp";
                                    request.setAttribute("status", "注册失败，请重试……");
                                }
                            } else {
                                path = "register.jsp";
                                request.setAttribute("status", "电子邮箱已被注册");
                            }
                        } else {
                            path = "register.jsp";
                            request.setAttribute("status", "用户名已被注册");
                        }
                    } catch(Exception e){
                        e.printStackTrace();
                    }
                    request.getRequestDispatcher(path).forward(request, response);
                }
            }
```

上述代码中，首先声明了 Servlet，并配置 url 为 register；然后接收页面传递的用户名、密码、邮箱等参数；判断用户名和邮箱是否被注册过，如果已被注册过，则提示错误消息，如果未被注册过，则提示"注册成功"并跳转到首页。

DAOFactory 获得用户操作类 UsersService，其源代码如下：

```
package com.eshore.service;
import com.eshore.dao.UserDao;
import com.eshore.dao.UserDaoImpl;
import com.eshore.db.DBConnection;
import com.eshore.pojo.Users;
public class UsersService implements UserDao {
    private DBConnection dbconn = null;                          //定义数据库连接类
    private UserDao dao = null;                                  //声明 dao 对象
    // 在构造方法中实例化数据库连接，同时实例化 dao 对象
    public UsersService() throws Exception {
        this.dbconn = new DBConnection();
        this.dao = new UserDaoImpl(this.dbconn.getConnection());  //实例化 GoodDao 的实现类
    }
    public int addUser(Users user) throws Exception {
    ......
    }
......
}
```

上述代码中，首先声明一个数据库连接和数据操作 UserDao 对象；然后在构造方法中初始化数据库连接和 UserDao 对象实例化。UsersService 类的主要作用是启动数据库连接和关闭数据库连接，有关数据的具体操作可以在 UserDaoImpl 中进行。

UserDao 接口的源代码如下：

```
package com.eshore.dao;
import com.eshore.pojo.Users;
public interface UserDao {
    //添加用户
    public int addUser(Users user) throws Exception;
    //修改用户信息
    public int editInf(int uid,String uname,String email) throws Exception;
    //修改用户密码
    public int editPasswd(int uid,String passwd) throws Exception;
    //根据用户 id，删除用户
    public int deleteUser(int uid) throws Exception;
    //根据用户名查询用户
    public Users queryByName(String uname) throws Exception;
    //根据用户 Email 查询用户
    public Users queryByEmail(String email) throws Exception;
}
```

上述接口代码中，定义了用户注册中需要用到的方法。具体对数据的操作位于实现类 UserDaoImpl 中，部分源代码如下：

```
public class UserDaoImpl implements UserDao {

    private Connection conn = null;             //数据库连接对象
    private PreparedStatement pstmt = null;     //数据库操作对象
    ResultSet rs = null;

    // 通过构造方法取得数据库连接
    public UserDaoImpl(Connection conn) {
        this.conn = conn;
    }
    public int addUser(Users user) throws Exception{
        String sql = "insert into users(uname,passwd,email,lastlogin) values(?,?,?,sysdate())";
        int result = 0;
        pstmt = this.conn.prepareStatement(sql);    //获取 PreparedStatement 对象
        pstmt.setString(1, user.getUname());        //设定用户用户名
        pstmt.setString(2, user.getPasswd());       //设定用户密码
        pstmt.setString(3, user.getEmail());        //设定用户 Email
        result = pstmt.executeUpdate();             //执行数据库操作
        pstmt.close();
        return result;
    }
```

上述代码中，首先声明数据库的连接对象、PreparedStatement 对象；然后实现新增用户的方法；接着通过 SQL 语句获得 PreparedStatement 对象，向 sql 语句中填入参数值，执行数据库

操作方法并返回结果值。用户实体类 Users.java 的源代码如下：

```
package com.eshore.pojo;
import java.util.Date;
public class Users {
    private int uid;//用户 id
    private String uname;//用户名
    private String passwd;//用户密码
    private String email;//用户的 Email
    private Date lastLogin;//最后的登录时间
    //省略 get 和 set 方法
}
```

上述代码列出了 User 对象用到的 JavaBean 属性。注册页面效果如图 15-8 所示。

图 15-8　注册页面效果图

15.7.2　用户信息修改

修改用户信息页面 editinfo.jsp 的内容相对简单，form 表单提供用户名、邮箱等输入框，action 则跳转到 UserServlet 类中。其页面的内容可以参考用户注册页面 register.jsp，这里省略其源代码。

因为用户管理模块中将会有很多操作内容，例如修改用户名和密码、查看用户信息等操作，为了降低耦合度并提高代码的复用性和可读性，本系统建立一个 UserServlet，以页面传递 action 为标识来判断具体执行的是哪个操作。UserServlet.java 的源代码如下：

```
package com.eshore.action;
import java.io.IOException;
import javax.servlet.ServletException;
import javax.servlet.annotation.WebServlet;
import javax.servlet.http.HttpServlet;
import javax.servlet.http.HttpServletRequest;
import javax.servlet.http.HttpServletResponse;
```

```
import com.eshore.action.user.EditPasswdAction;
import com.eshore.action.user.EditUserAction;
import com.eshore.action.user.EditinfUserAction;
import com.eshore.action.user.ShowUserAction;
import com.eshore.pojo.Users;
@WebServlet(
        urlPatterns = { "/user" },
        name = "userServlet"
    )
public class UserServlet extends HttpServlet {
    private static final long serialVersionUID = 1L;
    public void doGet(HttpServletRequest request, HttpServletResponse response)
            throws ServletException, IOException {
        this.doPost(request, response);
    }
    public void doPost(HttpServletRequest request, HttpServletResponse response)
            throws ServletException, IOException {
        String action = request.getParameter("action");
        Action targetAction =null;
        String path = null;
        if (action.equals("show")) {              //查看用户列表
            targetAction = new ShowUserAction();
            path=targetAction.execute(request, response);
        } else if (action.equals("edit")) {        //跳转编辑用户页面
            targetAction = new EditUserAction();
            path=targetAction.execute(request, response);
        } else if (action.equals("editinf")) {     //修改用户信息
            targetAction = new EditinfUserAction();
            path=targetAction.execute(request, response);
        } else if (action.equals("editpasswd")) {  //更改密码
            targetAction = new EditPasswdAction();
            path=targetAction.execute(request, response);
        }
        request.getRequestDispatcher(path).forward(request, response);
    }
}
```

　　上述代码中，首先声明了一个 Servlet。在 doPost 方法中，首先获得页面传送的 action 参数值，然后根据 action 值判断执行的是哪步操作，显然代码执行的是修改用户信息操作，所以程序跳转到 EditinfUserAction 方法中并返回页面的跳转信息。

　　EditinfUserAction 类是具体执行修改用户信息的方法，其源代码如下：

```
package com.eshore.action.user;
import java.io.IOException;
import javax.servlet.ServletException;
import javax.servlet.http.HttpServletRequest;
import javax.servlet.http.HttpServletResponse;
import com.eshore.action.Action;
import com.eshore.factory.DAOFactory;
import com.eshore.pojo.Users;
```

```
public class EditinfUserAction implements Action{
    public String execute(HttpServletRequest request,
            HttpServletResponse response) throws ServletException, IOException {
        //获取用户的 ID
        int uid = Integer.parseInt(String.valueOf(
                request.getSession().getAttribute("uid")));
        //获取用户的用户名
        String uname = request.getParameter("uname");
        //获取用户 email
        String email = request.getParameter("email");
        try{
            //根据用户名查询用户
            Users user=DAOFactory.getUserDAOInstance().queryByName(
                    String.valueOf(request.getSession().getAttribute("uname")));
            if(user.getUname().equals(uname)||
                    DAOFactory.getUserDAOInstance().
                    queryByName(uname).getUid()==0){        //用户名未被注册
                if(user.getEmail().equals(email)||
                        DAOFactory.getUserDAOInstance().
                        queryByEmail(email).getUid()==0){  //邮箱未被注册
                    if(DAOFactory.getUserDAOInstance().
                            editInf(uid, uname, email)==1){  //用户信息修改成功
                        request.getSession().setAttribute("uname", uname);
                        request.setAttribute("status", "信息修改成功！");
                    }else{                                  //用户信息修改失败
                        request.setAttribute("status", "修改操作失败，请重试！");
                    }
                }else{                                      //邮箱已经被注册
                    request.setAttribute("status", "电子邮箱账号已被注册,请换一个！");
                }
            }else{                                          //判断用户名已经存在
                request.setAttribute("status", "用户名已存在，请换一个！");
            }
        }catch(Exception e){
            e.printStackTrace();
        }
        return "shoppingcart?action=lookbus";
    }
}
```

上述代码首先从 session 中获取登录用户的 ID，并获取页面输入的用户名和邮箱；然后利用 UserService 中的方法对用户进行判断，如果用户名已经存在，则提示用户名已存在；如果邮箱已经被注册，则提示邮箱账号已经被注册；当用户修改信息成功，则提示信息修改成功。

接口 Action 中的方法很简单，即提供一个 String 的返回值，传入 HttpRequest、HttpResponse，源代码如下：

```
/**
 * 业务操作的接口类
 */
public interface Action {
```

```
    public String execute(HttpServletRequest request,
            HttpServletResponse response)
            throws ServletException, IOException;
}
```

跳转至修改页面的 action 方法 EditAction.java 的源代码如下：

```
/**
 *修改用户
 */
public class EditUserAction implements Action {
    public String execute(HttpServletRequest request,
            HttpServletResponse response) throws ServletException, IOException {
        try{
            //根据用户名查询用户
            Users user = DAOFactory.getUserDAOInstance().queryByName(
                    String.valueOf(request.getSession().getAttribute("uname")));
            System.out.println(user.getEmail());
            request.setAttribute("email", user.getEmail());
        }catch(Exception e){
            e.printStackTrace();
        }
        return "user/editinf.jsp";
    }
}
```

上述代码中，从 session 中查询已经登录的用户，通过 UserService 查询该用户，获得该用户的邮箱并输出到页面中。

修改用户信息的页面效果如图 15-9 所示。

图 15-9　修改用户信息页面效果图

15.7.3　用户信息查看

查看用户信息的结果页面 myinf.jsp，其主要功能是显示用户信息，这里为了简单操作，仅显示用户名和邮箱等信息，源代码如下：

```
<%@ page language="java" import="java.util.*" pageEncoding="UTF-8"%>
<!DOCTYPE HTML PUBLIC "-//W3C//DTD HTML 4.01 Transitional//EN">
<html>
    <head>
```

```
                <title>查看用户</title>
        </head>
        <body>
            <div align="center" style="width: 60%; padding-left: 10%">
                <fieldset>
                    <legend>
                        个人信息
                    </legend>
                    <div align="left" style="padding-left: 20%">
                        <p>
                            <label>
                                  用户名:
                            </label>${uname }<br/>
                            <label>
                                电子邮箱:
                            </label>${email }
                        <p>
                    </div>
                </fieldset>
            </div>
        </body>
</html>
```

上述代码利用 EL 标签来显示用户名和邮箱。业务中的方法类 ShowUserAction.java 的源代码如下:

```
public class ShowUserAction implements Action{
    public String execute(HttpServletRequest request,
            HttpServletResponse response) throws ServletException, IOException {
        try{
            //根据用户名查询用户
            Users user = DAOFactory.getUserDAOInstance().queryByName(
                    String.valueOf(request.getSession().getAttribute("uname")));
            request.setAttribute("email", user.getEmail());
        }catch(Exception e){
            e.printStackTrace();
        }
        return "user/myinf.jsp";
    }
}
```

上述代码根据 session 中已经登录过的用户,通过 UserService 方法查询出用户,并将邮箱输出到页面中。

15.7.4　用户密码修改

修改用户密码的页面 editpasswd.jsp,提供 form 表单,表单中有密码输入框,根据比对密码的合法性,判断是否修改成功,页面跳转到 EditPasswdAction 类方法中。

EditPasswdAction 类的源代码如下:

```java
package com.eshore.action.user;
//······省略 import 代码
public class EditPasswdAction implements Action{
    public String execute(HttpServletRequest request,
            HttpServletResponse response) throws ServletException, IOException {
        //获取用户的 ID
        int uid = Integer.parseInt(String.valueOf(
                request.getSession().getAttribute("uid")));
        //获取旧密码
        String oldPasswd = request.getParameter("oldPasswd");
        //获取新密码
        String passwd = request.getParameter("passwd1");
        String confirdPasswd = request.getParameter("passwd2");
        try{
            //根据用户名查询用户
            Users user =DAOFactory.getUserDAOInstance().
                queryByName(String.valueOf(
                        request.getSession().getAttribute("uname")));
            //判断输入的旧密码跟原来的旧密码是否一致,
            //如果一致进行修改
            if(user.getPasswd().equals(oldPasswd)){
                if(isValidPassword(passwd,confirdPasswd)){  //验证密码
                    request.setAttribute("status", "密码为空或者密码不一致! ");
                }
                if(DAOFactory.getUserDAOInstance().
                        editPasswd(uid, passwd)==1){        //密码修改成功
                    request.setAttribute("status", "密码修改成功! ");
                }else{                                      //密码修改失败
                    request.setAttribute("status", "密码修改操作失败, 请重试! ");
                }
            }else{                                          //输入密码错误
                request.setAttribute("status", "原密码错误, 你不能修改密码! ");
            }
        }catch(Exception e){
            e.printStackTrace();
        }
        return "shoppingcart?action=lookbus";
    }
    //验证密码, 如果密码为空且长度小于 6 并且跟确认密码不统一
    //返回 true
    public boolean isValidPassword(String passwd,String confirdPasswd){
        return passwd==null||confirdPasswd==null
        ||passwd.length()<6||confirdPasswd.length()<6
        ||!passwd.equals(confirdPasswd);
    }
}
```

上述代码中, 首先获得 session 中已登录用户的 ID, 然后获取页面中输入的密码值; 接着

通过 UserService 方法验证密码的合法性，若验证通过，则修改成功，否则提示相应的错误信息。

用户修改密码页面如图 15-10 所示。

图 15-10　修改密码页面效果图

15.8　购物车模块

购物车模块包括添加购物车、删除购物车、查看购物车、修改购物车等功能。

15.8.1　添加购物车

为了保证代码的可维护性和可读性，只建立一个 ShoppingCartServlet，利用 action 来标识跳转到哪个方法中。ShoppingCartServlet.java 的源代码如下：

```
@WebServlet(
    urlPatterns = { "/shoppingcart" },
    name = "shoppingCartServlet"
)
public class ShoppingCartServlet extends HttpServlet {
    private static final long serialVersionUID = 1L;
    public void doGet(HttpServletRequest request, HttpServletResponse response)
            throws ServletException, IOException {
        this.doPost(request, response);
    }
    public void doPost(HttpServletRequest request, HttpServletResponse response)
            throws ServletException, IOException {
        String uids = String.valueOf(request.getSession().getAttribute("uid"));
        String action = String.valueOf(request.getParameter("action"));
        Action targetAction =null;
        String path = null;
        try{
            if (uids == null || uids.equals("null")) {
                path = "login.jsp";
            } else {
                if (action.equals("deletebus")) {           //删除购物车
                    targetAction = new DeleteShoppingCartAction();
                    path=targetAction.execute(request, response);
                }else if (action.equals("good")) {          //单击立即购买
```

```
                targetAction = new PayGoodAction();
                path=targetAction.execute(request, response);
            }else if (action.equals("pay")) {          //支付表单处理
                targetAction = new PayAction();
                path=targetAction.execute(request, response);
            }else if (action.equals("intobus")) {       //单击加入购物车时处理
                targetAction = new InsertShoppingCartAction();
                path=targetAction.execute(request, response);
            }else if (action.equals("lookbus")) {       //查看购物车
                targetAction = new ShowShoppingcartAction();
                path=targetAction.execute(request, response);
            }else if (action.equals("editbus")) {       //修改购物车(商品数量)
                targetAction = new EditShoppingCartAction();
                path=targetAction.execute(request, response);
            }else if (action.equals("deleteall")) {     //删除购物车所有商品
                targetAction = new DeleteallAction();
                path=targetAction.execute(request, response);
            }else if (action.equals("paid")) {          //查看已支付的商品
                targetAction = new ShowPaidAction();
                path=targetAction.execute(request, response);
            }else if(action.equals("payall")){          //支付所有商品
                targetAction = new PaidAllAction();
                path=targetAction.execute(request, response);
            }
        }
    }catch(Exception e){
        e.printStackTrace();
    }
    request.getRequestDispatcher(path).forward(request, response);
    }
}
```

上述代码中，首先获得页面传入的 action 标识，根据 action 值跳转到相应的方法中。InsertShoppingCartAction.java 代表添加到购物车中，源代码如下：

```
public class InsertShoppingCartAction implements Action {
    public String execute(HttpServletRequest request,
            HttpServletResponse response) throws ServletException, IOException {
        //获取商品的 ID
        int gid = Integer.parseInt(String.valueOf(request
                .getParameter("gid")));
        //获取商品的数量
        int number = Integer.parseInt(String.valueOf(request
                .getParameter("number")));
        //获取登录用户的 ID
        String uids = String.valueOf(request.getSession().getAttribute("uid"));
        int uid = Integer.parseInt(uids);
        try{
            ShoppingCart bus = DAOFactory.getShoppingCartDAOInstance().
                    getGoodsId(uid, gid, 0);
            if (bus.getId() == 0) {          //如果购物车中不存在则加入购物车
```

```
                    DAOFactory.getShoppingCartDAOInstance().addBus(gid, uid, number);
                } else {                              //否则修改未付款的商品数量
                    DAOFactory.getShoppingCartDAOInstance().updatebus(bus.getId(),
                        bus.getNumber() + number, 0);
                }
            }catch(Exception e){
                e.printStackTrace();
            }
            request.setAttribute("status", "已将该宝贝添加到您的购物车……");
            return "goods?sid=" + gid
                + "&action=goodslist-select";
        }
    }
```

上述代码中,首先分别获取商品的 ID、数量及登录用户 id;然后判断该商品是否存在于购物车中,如果不存在则直接添加,否则修改购物车中该商品的数量;最后返回商品的列表页面。DAOFactory 获得 ShoppingCartService 类,其作用就是进行连接数据库和关闭数据库操作,源代码如下:

```
public class ShoppingCartService implements ShoppingCartDao {
    private DBConnection dbconn = null;                    //定义数据库连接类
    private ShoppingCartDao dao = null;                    //声明 dao 对象
    // 在构造方法中实例化数据库连接,同时实例化 dao 对象
    public ShoppingCartService() throws Exception {
        this.dbconn = new DBConnection();
        this.dao = new ShoppingCartDaoImpl(this.dbconn.getConnection());   //实例化 GoodDao 的实现类
    }
    ......
    public PageObject getPageObject(String curPage, PageObject pageObject,
        List<Object> listObject) {
        pageObject = this.dao.getPageObject(curPage, pageObject, listObject);
        return pageObject;
    }
}
```

上述代码中,首先建立数据库连接,然后实现具体的数据库操作。具体的数据执行动作位于 ShoppingCartDaoImpl 类中,源代码如下:

```
public class ShoppingCartDaoImpl implements ShoppingCartDao {
    private Connection conn = null;                        //数据库连接对象
    private PreparedStatement pstmt = null;                //数据库操作对象
    ResultSet rs = null;
    Vector<ShoppingCart> busVector = new Vector<ShoppingCart>();

    // 通过构造方法取得数据库连接
    public ShoppingCartDaoImpl(Connection conn) {
        this.conn = conn;
    }
    //删除指定的购物车信息
    public int deleteGoods(int gid, int uid,int status) throws Exception{
```

```
        String sql = "delete from shoppingcart where uid=? and gid=? and status=?";
        int result = 0;
        this.pstmt = this.conn.prepareStatement(sql);        //获取 PreparedStatement 对象
        this.pstmt.setInt(1, uid);
        this.pstmt.setInt(2, gid);
        this.pstmt.setInt(3, status);
        result = pstmt.executeUpdate();                      //执行数据库操作
        this.pstmt.close();                                  //关闭 PreparedStatement 操作

        return result;
    }
    ......
}
```

上述代码就是对购物车中的数据进行具体的数据操作。接口 ShoppingCartDao 的源代码如下：

```
public interface ShoppingCartDao {
    ///根据购物车状态、用户 ID 查询购物车
    public Vector<ShoppingCart> getAppointedGoods(int uid, int status)throws Exception;
    //根据用户 ID 获取所有的商品
    public Vector<ShoppingCart> getAllGoods(int uid)throws Exception;
    //根据购物车状态、商品 ID、用户 ID 查询购物车
    public ShoppingCart getGoodsId(int uid, int gid, int status)throws Exception;
    //根据购物车状态、商品 ID、用户 ID 删除购物车
    public int deleteGoods(int gid, int uid, int status)throws Exception;
    //根据用户 ID，购物车状态删除购物车
    public int deleteAll(int uid, int status)throws Exception;
    //添加购物车
    public int addBus(int gid, int uid, int number)throws Exception;
    //修改购物车信息
    public int updatebus(int id, int number, int status)throws Exception;
    //更新购物车信息
    public int updateShopcarts(String ids,int status) throws Exception;
    //购物车的分页对象
    public PageObject getPageObject(String curPage,PageObject pageObject,List<Object> listObject);
}
```

上述代码用于定义接口所用到的方法。

15.8.2　删除购物车

DeletShoppingCartAction 类是删除购物车的方法，首先获取商品的 ID 值和登录用户的 ID，从库中查询出指定的商品，然后再删除，源代码如下：

```
public class DeletShoppingCartAction implements Action {
    public String execute(HttpServletRequest request,
            HttpServletResponse response) throws ServletException, IOException {
        //获取商品的 ID
        int gid = Integer.parseInt(String.valueOf(request
                .getParameter("gid")));
        //获取登录用户的 ID
```

```
        String uids = String.valueOf(request.getSession().getAttribute("uid"));
        int uid = Integer.parseInt(uids);
        try{
            if (DAOFactory.getShoppingCartDAOInstance().
                    deleteGoods(gid, uid, 0) == 1) {      //删除购物车中指定的商品
                request.setAttribute("status", "已从购物车中删除商品");
            } else {                                       //删除失败
                request.setAttribute("status", "删除商品操作失败，请重试");
            }
        }catch(Exception e){
            e.printStackTrace();
        }
        return "shoppingcart?action=lookbus";
    }
}
```

在上述代码中，首先用于获得商品的 ID，然后获取登录用户的 ID，根据 ShoppingCartService 删除指定商品。

15.8.3 查看购物车

ShowShoppingcartAction 类用于查看购物车列表类，根据登录用户的 ID 获取购物车列表，然后进行遍历，获取相关的信息，源代码如下：

```
public class ShowShoppingcartAction implements Action {
    public String execute(HttpServletRequest request,
            HttpServletResponse response) throws ServletException, IOException {
        //新建 TempGoods 对象
        Vector<TempGoods> tempVector = new Vector<TempGoods>();
        //获取登录用户的 ID
        String uids = String.valueOf(request.getSession().getAttribute("uid"));
        int uid = Integer.parseInt(uids);
        float countPrice = 0.0f;
        try{
            //获取用户的所有未支付的购物车列表
            Vector<ShoppingCart> busVector = DAOFactory.getShoppingCartDAOInstance().
                    getAppointedGoods(uid, 0);
            for (int i = 0; i < busVector.size(); i++) {
                ShoppingCart cart = new ShoppingCart();
                cart = (ShoppingCart) busVector.get(i);      //获取购物车
                Goods good=new Goods();
                TempGoods tempGoods = new TempGoods();
                Vector<Goods> gVector=DAOFactory.getGoodDAOInstance().
                        queryGoodBySid(cart.getGid());        //获取指定商品
                if(gVector.size()>0&&gVector!=null)
                    good =(Goods)gVector.get(0);
                //组合 TempGoods 对象
                tempGoods.setGood(good);
                tempGoods.setNumber(cart.getNumber());
                tempVector.add(tempGoods);
```

```
                    countPrice+=cart.getNumber()*good.getPrice(); //计算价格
                }
            }catch(Exception e){
                e.printStackTrace();
            }
            request.setAttribute("goods", tempVector);
            request.setAttribute("countPrice",countPrice);
            return "shoppingcart/bus.jsp";
        }
    }
```

上述代码的 for 循环中，首先获取购物车列表集合，然后遍历购物车中的列表集合，并获得指定商品；最后组合 TempGoods 对象。在该方法中，还使用到了两个类 TempGoods 和 ShoppingCart 的 JavaBean，源代码分别如下：

```
public class ShoppingCart {
    private int id;              //购物车 ID
    private int gid;             //商品 ID
    private int uid;             //用户 ID
    private int number;         //物品的数量
    private int status;          //1 表示已付款；0 表示未付款
//省略 get 和 set 方法
}
```

以上代码列出了 ShoppingCart 对象的属性。

临时购物车对象 TempGoods 的源代码如下：

```
public class TempGoods {
    private Goods good;          //商品对象
    private int number;          //购买的数量
    //省略 get 和 set 方法
}
```

以上代码列出了 TempGoods 对象的属性。

物品对象 Goods 的源代码如下：

```
public class Goods {
    private int gid;
    private String kinds;         //类型
    private String gname;         //名字
    private String gphoto;        //实物图片
    private String types;         //型号
    private String producer;      //生产商
    private String paddress;      //出产地
    private String described;     //描述
    private Date pdate;           //生产日期
    private float price;          //单价
    private float carriage;       //运费
    private int keyclass;         //小类别
    private int big_keyclass;     //大类别
    private String keyword;       //类别名称
```

```
        //省略 get 和 set 方法
    }
```

以上代码列出了 Goods 对象的属性。

15.8.4　修改购物车

EditShoppingCartAction 类是修改购物车类，先获取商品的 ID 和商品的数量，再根据登录用户的 ID 获取购物车列表，取得购物车列表信息。源代码如下：

```
public class EditShoppingCartAction implements Action {
    public String execute(HttpServletRequest request,
            HttpServletResponse response) throws ServletException, IOException {
        //获取商品的 ID
        int gid = Integer.parseInt(String.valueOf(request.getParameter("gid")));
        //获取商品的数量
        int number = Integer.parseInt(String.valueOf(request.getParameter("number")));
        //获取登录用户的 ID
        String uids = String.valueOf(request.getSession().getAttribute("uid"));
        int uid = Integer.parseInt(uids);
        try{
            //获得指定的购物车列表
            ShoppingCart bus = DAOFactory.getShoppingCartDAOInstance().
                    getGoodsId(uid, gid, 0);
            DAOFactory.getShoppingCartDAOInstance().      //更新购物车中的商品数量
                    updatebus(bus.getId(), number, 0);
        }catch(Exception e){
            e.printStackTrace();
        }
        return "shoppingcart?action=lookbus";
    }
}
```

上述代码分别获取页面中商品的 ID 和数量，然后对指定的购物车进行修改，修改成功后跳转到查看购物车方法汇总。

1. 删除购物车中的所有商品

DeleteallAction 类用于删除购物车中的所有商品，根据登录用户的 ID 获取购物车对象，并进行删除操作，源代码如下：

```
public class DeleteallAction implements Action {
    public String execute(HttpServletRequest request,
            HttpServletResponse response) throws ServletException, IOException {
        //获取登录用户的 ID
        String uids = String.valueOf(request.getSession().getAttribute("uid"));
        int uid = Integer.parseInt(uids);
        try{
            if (DAOFactory.getShoppingCartDAOInstance().
                    deleteAll(uid, 0) > 0) {      //删除购物车商品
                request.setAttribute("status", "您的购物车中没有商品。");
```

```
                } else {                              //删除失败
                    request.setAttribute("status", "删除商品操作失败，请重试。");
                }
        }catch(Exception e){
                e.printStackTrace();
        }
        return "shoppingcart?action=lookbus";
    }
}
```

上述代码用于删除购物车中的商品。

2. 显示购物车中的商品信息

查看购物车页面 bus.jsp，主要是显示购物车中的商品信息，包括商品的价格、购买的数量等，源代码如下：

```
<%@ page language="java" import="java.util.*" pageEncoding="UTF-8"%>
<%@page import="com.eshore.pojo.Goods"%>
<%@taglib prefix="c" uri="http://java.sun.com/jsp/jstl/core" %>
<%
String path = request.getContextPath();
%>
<!DOCTYPE HTML PUBLIC "-//W3C//DTD HTML 4.01 Transitional//EN">
<html>
    <head>
        <title>淘淘—开心淘！</title>
        <jsp:include page="../common/common.jsp"/>
        <script type="text/javascript" src="js/shopcart/bus.js"></script>
    </head>
    <body>
        <div id="top">
            <jsp:include page="../head.jsp"/>
        </div>
        <p>
        <div>
            <jsp:include page="../logo_select1.jsp"/>
        </div>
        <input id="status" type="hidden" name="status" value="${status }">
        <div align="center">
            <div style="width: 80%; height: 78%;">
                <div id="left" align="left">
                    <div style="padding-top: 2px;">
                        <div id="title">
                            个人信息
                        </div>
                        <ul id="myinf">
                            <li>
                                <a href="user?action=show">我的信息</a>
                                <p>
                            <li>
```

```
                                  <a href="user?action=edit">修改基本信息</a>
                                  <p>
                              <li>
                                  <a href="user/editpasswd.jsp">修改密码</a>
                          </ul>
                          <p>
                          <div id="title">
                                  我的购物车
                          </div>
                          <ul>
                              <li>
                                  <a href="shoppingcart?action=lookbus">购物车</a>
                                  <p>
                              <li>
                                  <a href="shoppingcart?action=paid">已购买的宝贝</a>
                                  <p>
                          </ul>
                      </div>
                  </div>
                  <div id="right" align="left" style="width: 100%;height:100%">
                      <div
                          style="padding-right: 3%; padding-left: 5%; width: 92%; height: 100%;">
                          <div align="center">
                              <div id="title" align="left">
                                  <table width="90%">
                                      <tr style="text-align: center">
                                          <td width="100px" >图片</td>
                                          <td width="180px">宝贝详细</td>
                                          <td width="90px">单价(元)</td>
                                          <td width="150px">数量</td>
                                          <td width="100px">总计(元)</td>
                                          <td colspan="2" width="150px">操作</td>
                                      </tr>
                                  </table>
                              </div>
                              <form action="shoppingcart" method="post" id="bus">
                                  <table width="100%" border="0" >
                              //省略表单代码……
                  <div id="foot">
                      <jsp:include page="../foot.jsp"/>
                  </div>
              </div>
          </div>
      </body>
  </html>
```

运行程序，页面效果如图 15-11 所示。

图 15-11　bus.jsp 页面效果图

15.9　商品模块

商品模块内容包括查询商品列表、查询单个商品等。

15.9.1　查询商品列表

GoodServlet 类是商品的 Servlet 类，同样可通过 action 标识来决定是查询商品列表，还是查询单个商品，源代码如下：

```
/**
 * 商品的 Servlet 类
 */
@WebScrvlet(
    urlPatterns = { "/goods" },
    name = "goodsServlet"
)
public class GoodServlet extends HttpServlet {
    private static final long serialVersionUID = 1L;
    public void doGet(HttpServletRequest request, HttpServletResponse response)
            throws ServletException, IOException {
        this.doPost(request, response);
    }
    public void doPost(HttpServletRequest request, HttpServletResponse response)
            throws ServletException, IOException {
    //判断 action 类型
    String action=request.getParameter("action");
    String path=null;
    Vector<Goods> gVector=new Vector<Goods>();
    try{
        if(action.equals("index-select")){                //查询商品列表
            String keyWord=request.getParameter("keyWord");   //获取查询的输入值
            String keyClass=request.getParameter("keyClass"); //获取查询类别
```

```
                    gVector=DAOFactory.getGoodDAOInstance().        //获得所有商品
                        queryAll(keyWord, keyClass);
                    request.setAttribute("goods", gVector);
                    path="goods/goodslist.jsp";
                }else if(action.equals("goodslist-select")){        //指定商品列表
                    Goods good=new Goods();
                    String sid=request.getParameter("sid");          //获得商品的 ID
                    gVector=DAOFactory.getGoodDAOInstance().         //获得指定的商品对象
                        queryGoodBySid(Integer.valueOf(sid));
                    if(gVector.size()>0&&gVector!=null)
                        good =(Goods)gVector.get(0);
                    request.setAttribute("good", good);
                    path="goods/good.jsp";
                }
            }catch(Exception e){
                e.printStackTrace();
            }
            request.getRequestDispatcher(path).forward(request, response);
        }
    }
```

上述代码中，通过获取 action 标识，根据 action 的值跳转到相应的方法中。index-select 表示查询商品列表，通过 GoodService 查询所有商品的方法，跳转到 goodslist.jsp 页面中。GoodService 类的源代码如下：

```
public class GoodService implements GoodDao {

    private DBConnection dbconn = null;                              //定义数据库连接类
    private GoodDao dao = null;                                      //声明 dao 对象
    // 在构造方法中实例化数据库连接，同时实例化 dao 对象
    public GoodService() throws Exception {
        this.dbconn = new DBConnection();
        this.dao = new GoodDaoImpl(this.dbconn.getConnection());    //实例化 GoodDao 的实现类
    }
    public PageObject getPageObject(String curPage, PageObject pageObject,
            List<Object> listObject) {
        pageObject = this.dao.getPageObject(curPage, pageObject, listObject);
        return pageObject;
    }
    public Vector<Goods> queryGoodBySid(int sid) throws Exception {
    ......
    }
......
}
```

上述代码中，GoodService 类主要实现 GoodDao 接口，并在构造方法中实例化 GoodDao 对象，例如在方法实现中调用 GoodDao 的相应方法。GoodDaoImpl 是具体的商品数据操作类，其源代码如下：

```
public class GoodDaoImpl implements GoodDao {
```

```
        private Connection conn = null;              //数据库连接对象
        private PreparedStatement pstmt = null;      //数据库操作对象
        ResultSet rs = null;
        // 通过构造方法取得数据库连接
        public GoodDaoImpl(Connection conn) {
            this.conn = conn;
        }
        public PageObject getPageObject(String curPage,PageObject pageObject,List<Object> listObject){
            SetPageObject setPageObject = SetPageObject.getInstance();//获取分页对象 PageObject
            pageObject = setPageObject.setPageObjectData(curPage, pageObject, listObject);
            return pageObject;
        }
        //根据商品 ID 查询指定商品
        public Vector<Goods> queryGoodBySid(int sid) throws Exception {
    ......
        }
    }
```

在上述代码中，主体的思想是获得 PreparedStatement 对象，然后执行数据库操作方法，得到结果返回值，将返回值设置到容器中。接口 GoodDao 中的方法定义了 Goods 中用到的各个方法，其源代码如下：

```
public interface GoodDao {
    //添加商品
    public int addGood(Goods good) throws Exception;
    //删除指定商品
    public int deleteGood(int gid) throws Exception;
    //更新指定商品
    public int updateGood(Goods good) throws Exception;
    //根据商品的 ID 查找商品
    public Vector<Goods> queryGoodBySid(int sid) throws Exception;
    //根据类型，输入关键字查询商品列表
    public Vector<Goods> queryAll(String keyWord, String keyClass) throws Exception;
    //分页显示商品列表
    public PageObject getPageObject(String curPage,PageObject pageObject,List<Object> listObject);
}
```

通过上述代码可以清楚地了解接口中的方法。

goodslist.jsp 是显示商品列表的页面，利用 JSTL 中的 forEach 进行遍历结果集操作，其源代码如下：

```
<%@ page language="java" import="java.util.*" pageEncoding="UTF-8"%>
<%@taglib prefix="c" uri="http://java.sun.com/jsp/jstl/core" %>
<!DOCTYPE HTML PUBLIC "-//W3C//DTD HTML 4.01 Transitional//EN">
<html>
    <head>
        <title>淘淘—开心淘！</title>
        <link rel="stylesheet" type="text/css" href="css/styles.css">
    </head>
    <body>
```

```
<div align="center">
    <div id="top">
        <jsp:include page="../head.jsp"/>
    </div>
    <p>
    <div id="logoselect">
        <jsp:include page="../logo_select1.jsp"/>
    </div>
    <div>
        <div style="background-color: #E1F0F0; width: 1000px; height: 35px; font-size: 25px; color: red">
            <table width="1000px">
                <tr>
                    <td width="13%">图片</td>
                    <td width="21%">产品</td>
                    <td width="18%">单价</td>
                    <td width="19%">运费</td>
                    <td width="18%">型号</td>
                    <td >出产地</td>
                </tr>
            </table>
        </div>
        <div id="main">
            <table width="1000px" border="0" id="list">
                <c:choose>
                    <c:when test="${empty goods}">
                        <div align="left">
                            <span>抱歉，没有找到符合您条件的商品，请看看别的</span>
                            <br>
                            <jsp:include page="../recommend.jsp"/>
                        </div>
                    </c:when>
                    <c:otherwise>
                        <c:forEach items="${goods}" var="good">
                        <tr height="100px">
                            <td width="13%">
                                <a href="goods?sid=${good.gid}&action= goodslist-select">
                                    <img src="${good.gphoto}" width="100px" height="100px"
                                    border="0">
                                </a>
                            </td>
                            <td width="21%">
                                <a href="goods?sid=${good.gid}&action= goodslist-select">
                                    ${good.gname}</a>
                                <br>
                                ${good.described}
                                <br>
                                出厂日期：${good.pdate}
                            </td>
                            <td width="18%">${good.price} ￥
                            </td>
```

```
                                    <td width="19%">${good.carriage} ￥
                                    </td>
                                    <td width="18%">${good.types}</td>
                                    <td>${good.paddress}</td>
                                </tr>
                            </c:forEach>
                        </c:otherwise>
                    </c:choose>
                </table>
            </div>
            <div id="foot">
                <jsp:include page="../foot.jsp"/>
            </div>
        </div>
    </div>
    </body>
</html>
```

在上述代码中，页面只负责显示商品的列表，而业务中的操作交给后台处理，页面中不出现 JSP 代码。

15.9.2　查询单个商品

查询单个商品的 Servlet 与查询商品列表是一样的，将 goodslist.jsp 页面中循环遍历的代码删除就是 good.jsp 页面的代码。

15.10　支付模块

支付模块包括支付商品、查看已支付商品、支付中的页面等。

15.10.1　支付商品

PayAction 类是一个支付单个商品的方法，其源代码如下：

```
public class PayAction implements Action {
    public String execute(HttpServletRequest request,
            HttpServletResponse response) throws ServletException, IOException {
        //获得参数 flag 标识
        String flag = request.getParameter("flag");
        //获取登录用户的 ID
        String uids = String.valueOf(request.getSession().getAttribute("uid"));
        int uid = Integer.parseInt(uids);
        if(flag.equals("payall")){                              //支付全部
            String shopcartId = request.getParameter("shopcartId");    //获得所有购物车的 ID
            try{
                if (DAOFactory.getShoppingCartDAOInstance().
                        updateShopcarts(shopcartId, 1) != 0) {       //更新购物车中的状态
                    request.setAttribute("status", "交易成功!您可以继续选购宝贝。");
```

```
                    }
                }catch(Exception e){
                    e.printStackTrace();
                }
            }else{                                              //支付单个商品
                int gid = Integer.parseInt(String.valueOf(request
                        .getParameter("gid")));                 //获得商品的 ID
                int number = Integer.parseInt(String.valueOf(request
                        .getParameter("number")));              //获得购买商品的数量
                try{
                    ShoppingCart bus = DAOFactory.getShoppingCartDAOInstance().
                            getGoodsId(uid, gid, 0);            //获得指定的购物车
                    if (DAOFactory.getShoppingCartDAOInstance().
                            updatebus(bus.getId(), number, 1) != 0) {    //更新购物车中的状态
                        request.setAttribute("status", "交易成功!您可以继续选购宝贝");
                    }
                }catch(Exception e){
                    e.printStackTrace();
                }
            }
            return "index.jsp";
        }
    }
```

15.10.2　查看已支付商品

ShowPaidAction 类是查看已支付商品的方法,其源代码如下:

```
public class ShowPaidAction implements Action {
    public String execute(HttpServletRequest request,
            HttpServletResponse response) throws ServletException, IOException {
        Vector tempVector = new Vector();
        //获取登录用户的 ID
        String uids = String.valueOf(request.getSession().getAttribute("uid"));
        int uid = Integer.parseInt(uids);
        //获取分页对象 PageObject
        PageObject pageObject = PageObject.getInstance(request);
        try{
            //获取该用户已经支付的购物车列表
            Vector<ShoppingCart> busVector = DAOFactory.getShoppingCartDAOInstance().
                getAppointedGoods(uid, 1);
            //遍历购物车列表
            for (int i = 0; i < busVector.size(); i++) {
                ShoppingCart cart = new ShoppingCart();
                cart = (ShoppingCart) busVector.get(i);
                Goods good=new Goods();
                TempGoods tempGoods = new TempGoods();
                Vector<Goods> gVector=DAOFactory.getGoodDAOInstance().
                    queryGoodBySid(cart.getGid());              //获取指定商品
                if(gVector.size()>0&&gVector!=null)
```

```
                    good =(Goods)gVector.get(0);
                //设置 TempGoods 对象值
                tempGoods.setGood(good);
                tempGoods.setNumber(cart.getNumber());
                tempVector.add(tempGoods);
            }
            String curPage = request.getParameter("curPage");          //获取当前页
            pageObject = DAOFactory.getGoodDAOInstance().              //向页面传送分页内容
                getPageObject(curPage, pageObject, tempVector);
        }catch(Exception e){
            e.printStackTrace();
        }
        request.setAttribute("pageObject", pageObject);
        return   "shoppingcart/paidbus.jsp";
    }
}
```

上述代码遍历已经支付的商品，把商品对象存放到分页对象中，页面用分页的方式显示。

查看已支付商品列表页面 paidbus.jsp，其源代码和 bus.jsp 类似，只是在 paidbus.jsp 中增加了分页标签。

15.10.3 支付中的页面

支付中的页面 pay.jsp，用于显示快递的地址、支付的金额等信息，部分源代码如下：

```html
<html>
    <head>
        <title>淘淘网—开心淘！</title>
        <jsp:include page="../common/common.jsp"/>
        <script type="text/javascript" src="js/shopcart/pay.js"></script>
    </head>
    <body>
        <div id="top">
            <jsp:include page="../head.jsp"/>
        </div>
        <p>
        <div>
            <jsp:include page="../logo_select1.jsp"/>
        </div>
        <div align="center">
            <div style="width: 80%; height: 100%;">
                <table width="100%" align="center" border="0">
                    <tr>
                        <td width="30%">
                            <div align="center" style="border: 1px solid #c1eae8;">
                                <div id="title" align="left">
                                    宝贝信息
                                </div>
                                <a id="img-link"
                                    href="goods?sid=${good.gid}&action=goodslist-select">
```

```
                                    <img src="${good.gphoto}" width="115" height="115" border="0">
                                </a>
                                <div style="padding-left: 5%" align="left">
                                    <p>
                                        宝贝名称：
                                        <a
                                            href="goods?sid=${good.gid}&action=goodslist-select">
                                            ${good.gname}<br>${good.described}</a>
                                    <p>
                                        宝贝单价：
                                        <font id="price" color="blue">${good.price}</font>元
                                    <p>
                                        宝贝运费：
                                        <font id="carriage" color="blue">${good.carriage}</font>元

                                    <p>
                                        出产地：
                                        <font color="blue">${good.producer}</font>
                                    <p>
                                        出厂日期：
                                        <font color="blue">${good.pdate}</font>
                                </div>
                            </div>
                        </td>
                        <td width="70%">
                            <form action="shoppingcart" method="post" id="pay" name="pay">
                                <input type="hidden" name="gid" value="${good.gid}">
                                <input type="hidden" name="action" value="pay">
                                <div style="padding-left: 3%; padding-top: 3px; ">
                                    <div>
                                        <div id="title">
                                            确认收货地址
                                        </div>
                                        <br>
         ......
                                                <td colspan="2" align="center">
                                                    <input type="submit" value="确认无误,购买"
                                                        style="background-image:
url(image/button1.jpg); width: 150px; height: 35px; border-style: none; font-weight: bold;">
                                                </td>
                                            </tr>
                                        </table>
                                    </div>
                                </div>
                            </form>
                        </td>
                    </tr>
                </table>
            </div>
            <div id="foot">
```

```
                <jsp:include page="../foot.jsp"/>
            </div>
        </div>
    </body>
</html>
```

在上述代码中，显示了购买的地址、总金额，然后单击"确认无误，购买"按钮，页面效果如图 15-12 所示。

到目前为止，系统中的代码基本介绍完毕，剩余的只是页面样式和 JavaScript 代码，这些代码用于增加页面的美观性和易操作性，因此在此不做展开介绍。

图 15-12　pay.jsp 页面效果图

15.11　本章小结

本章以购物网站的开发和实现为主线，从系统需求、系统总体架构、数据库设计、系统详细设计这 4 个方面逐步深入分析，详细讲解了该系统的实现过程。

读者在学习本章时最需要注意的地方是：如何将前面学习的内容串联起来，为将来的实战工作打下较好的基础。

参考文献

[1] 林龙. JSP+Servlet+Tomcat 应用开发从零开始学[M]. 北京：清华大学出版社，2015.

[2] 明日科技. Java Web 从入门到精通[M]. 3 版. 北京：清华大学出版社，2019.

[3] 明日科技. Java Web 项目开发全程实录[M]. 北京：清华大学出版社，2019.

[4] 明日科技. Java 从入门到精通[M]. 6 版. 北京：清华大学出版社，2021.

[5] 林信良. JSP & Servlet 学习笔记：从 Servlet 到 Spring Boot[M]. 3 版. 北京:清华大学出版社，2019.

[6] 贾振华，庄连英. Java 编程从入门到实战[M]. 北京：中国水利水电出版社，2022.

[7] 张洪亮. 深入理解 Java 核心技术：写给 Java 工程师的干货笔记(基础篇)[M]. 北京：电子工业出版社，2022.

[8] 凯·S. 霍斯特曼. Java 核心技术：原书第 11 版[M]. 北京：机械工业出版社，2020.

[9] Eckel B. Java 编程思想[M]. 陈昊鹏，译. 4 版. 北京：机械工业出版社，2007.

[10] 宋金玉. 数据库原理与应用[M]. 3 版. 北京：人民邮电出版社，2022.

[11] 陈志泊. 数据库原理及应用教程. 4 版. 北京：人民邮电出版社，2017.

[12] 何玉洁. 数据库原理与应用[M]. 3 版. 北京：机械工业出版社，2017.

[13] 周屹. 数据库原理及开发应用[M]. 2 版. 北京：清华大学出版社，2013.

[14] 李雁翎，刘征，翁彧，等. MySQL 数据库从入门到实战[M]. 北京：中国水利水电出版社，2021.

[15] 西泽梦路. MySQL 基础教程[M]. 卢克贵，译. 北京：人民邮电出版社，2020.

[16] Schwartz B，Zaitsev P，Tkachenko V. 高性能 MySQL[M]. 宁海元，周振兴，彭立勋，等译. 3 版. 北京：电子工业出版社，2013.

[17] 杜亦舒. MySQL 数据库开发与管理实战[M]. 北京：中国水利水电出版社，2022.

[18] 埃里克·伽玛，理查德·赫尔姆，拉尔夫·约翰逊，等. 设计模式：可复用面向对象软件的基础[M]. 李英军，马晓星，蔡敏，等译. 北京：机械工业出版社，2019.

[19] 王争. 设计模式之美[M]. 北京：人民邮电出版社，2022.